花生钙素营养调控理论与技术

王建国 杨 莎 等著

上海科学技术出版社

图书在版编目（CIP）数据

花生钙素营养调控理论与技术 / 王建国等著.
上海：上海科学技术出版社，2025.5. -- ISBN 978-7
-5478-7183-6
Ⅰ. S565.201
中国国家版本馆CIP数据核字第2025NZ9226号

花生钙素营养调控理论与技术
王建国　杨　莎　等著

上海世纪出版（集团）有限公司
上海科学技术出版社　出版、发行
（上海市闵行区号景路159弄A座9F-10F）
邮政编码 201101　www.sstp.cn
山东京沪印刷科技有限公司印刷
开本 787×1092　1/16　印张 14.25
字数：300千字
2025年5月第1版　2025年5月第1次印刷
ISBN 978-7-5478-7183-6/S·298
定价：100.00元

本书如有缺页、错装或坏损等严重质量问题，
请向工厂联系调换

内容简介

本书共分七章，概述了花生钙素营养调控理论与技术；阐述了钙在花生免疫反应响应过程中的调控作用、缓解花生非生物逆境胁迫的生理与分子机制；从群体质量建成、荚果发育、产量构成因素及品质、碳氮代谢、养分吸收与利用、土壤肥力等方面，系统地论述了钙在花生抗逆高产和减肥增效栽培方面的理论依据；详细介绍了花生土壤钙素活化技术与钙肥调控技术。

本书理论与生产紧密结合，可供广大花生科技工作者、花生生产和管理者、农技人员、农业院校师生等阅读参考。

著作者名单

主　著
王建国　杨　莎

副主著
万书波　张佳蕾　李　林

参　著
郭　峰　刘登望　崔　利　曾宁波
邹　洁　刘珂珂　李新国　尤召阳
李元高　伊　淼　刘　颖　刁瑞宁
王　权

前　言

花生是我国主要油料与经济作物之一,种植面积、总产、单产、总产值、花生油产量持续增长,2023年总产突破1900万吨,综合优势进一步扩大。在国内植物油和蛋白质供给严重不足的市场背景下,花生产业的发展对于调整种植结构、保障油料供给、增加农民收入、促进农业可持续发展、保障粮食安全等意义重大。

目前,花生栽培过程中侧重氮、磷、钾肥施用,而作为花生必需的钙元素却长期被忽视,土壤可交换钙无法得到补充。土壤中可交换钙不足易引起花生空荚或籽仁不饱满,导致花生减产降质,严重制约了花生产业的发展及农民收入的提高。生产中单一、盲目的施肥会造成土壤板结,钙离子得不到活化和释放,影响花生对钙素的吸收,导致严重减产,成为花生高产栽培中的主要限制因素之一。因此,研究花生钙素营养调控理论,阐明钙在荚果发育中的作用及抗逆机理,创建花生土壤钙素活化技术与钙肥调控技术体系,对于促进土壤健康、花生单产与品质提升、增加农民收入和花生产业健康发展等意义重大。

本书作者依据花生生物学特性,在充分总结已有科研成果的基础上,研究了花生钙素营养生理生态及高效栽培关键技术,力求体现花生钙素调控关键技术的科学性、重要性、实用性,以达到理论研究脉络清晰、技术要点明确、可操作性强等目的,便于读者参考。全书共分七章:第一章介绍了近十年我国花生生产发展概况(种植面积、总产、单产水平)、钙在花生抗逆高产和减肥增效栽培中的应用及花生钙素营养吸收、积累特征及亏缺判定标准;第二章介绍了钙在花生响应免疫反应过程中的调控作用;第三章介绍了施钙缓解花生非生物逆境胁迫的生理与分子机制;第四章介绍了施钙对花生群体质量、产量及品质的影响;第五章介绍了施钙对花生碳氮代谢、养分吸收与利用的影响;第六章介绍了钙对花生根瘤固氮及土壤肥力的影响;第七章介绍了花生土壤钙素活化技术与钙肥调控技术。

本书理论和实践相结合,所涉及的研究内容和结果均是通过室内试验、大田试验等得出的,希望能够为广大科研人员、农业院校师生、农技人员、广大花生种植者等提供参考。

在本书相关内容的研究过程中,得到国家花生产业技术体系(CARS-13)、国家自然科学基金面上项目(31671634、32272020)、山东省"筑峰计划"顶尖人才培育入选项目/重点研发计划(重大科技创新工程)项目(ZFJH202310)、泰山学者工程(tspd20221107、tsqn202408305)等项目资助,在此表示感谢!

本书虽经多次讨论、修改,但由于作者水平所限,错误和疏漏之处在所难免,恳请专家、同仁和广大读者提出宝贵意见和建议。

著　者

2025 年 3 月

目　录

第一章·概述

第一节　近十年我国花生生产发展概况 002
　　一、种植面积总体升高 002
　　二、总产保持连续增长 004
　　三、单产水平稳中有升 005
　　四、钙对改良土壤与提升花生单产的贡献 006

第二节　钙在花生抗逆高产和减肥增效栽培中的应用 007
　　一、钙在花生抗逆高产栽培中的作用 007
　　二、钙在花生减肥增效栽培中的作用 008

第三节　花生钙素营养吸收、积累特征及亏缺判定标准 010
　　一、花生植株钙素营养吸收、积累特征 010
　　二、土壤和花生植株钙素盈缺判定标准 011

参考文献 012

第二章·钙在花生响应免疫反应过程中的调控作用

———— 015 ————

第一节 钙在 flg22 触发花生叶片免疫通路中的作用 016
  一、钙参与响应 flg22 对花生叶片病原相关基因表达的影响 016
  二、钙参与 flg22 对花生叶片活性氧含量的影响 017
  三、钙促进 flg22 对花生光合反应中心活性的影响 017
  四、钙参与调控 flg22 对花生叶片光合相关基因表达的影响 021

第二节 钙在壳六糖触发花生叶片免疫通路中的作用 024
  一、钙处理条件下壳六糖对花生叶片病原相关基因表达的影响 024
  二、钙处理条件下壳六糖对花生叶片活性氧含量的影响 025
  三、钙处理条件下壳六糖对单位 PSⅡ 反应中心活性的影响 025
  四、钙处理条件下壳六糖对反应中心密度的影响 026
  五、钙处理条件下壳六糖对叶片吸收光能性能指数的影响 027
  六、钙处理条件下壳六糖对能量耗散的影响 027
  七、钙处理条件下壳六糖对 PSⅠ 受体侧量子产额的影响 028
  八、钙处理条件下壳六糖对光能综合性能指数的影响 029
  九、钙处理条件下壳六糖对光合相关基因表达的影响 029

参考文献 030

第三章·施钙缓解花生非生物逆境胁迫的生理与分子机制

———— 033 ————

第一节 光合作用的光抑制与光破坏 034
  一、光抑制的特征及其与光破坏的关系 034
  二、环境胁迫加重了光抑制 035
  三、光抑制和光破坏的防御机制 035
  四、高等植物体内的叶黄素循环 040

第二节　高温强光胁迫下施钙缓解花生光抑制 044

　　一、花生植株干重、鲜重及花生叶片和根中钙含量的测定 044

　　二、高温强光下钙对PSⅡ光抑制的影响 045

　　三、高温强光下钙对活性氧及其清除酶活性的影响 046

　　四、高温强光下钙对花生植株类囊体膜蛋白组分的影响 047

　　五、高温强光下钙调素对植物叶黄素循环过程的影响 051

第三节　施钙缓解花生盐胁迫的生理机制 052

　　一、施钙对盐胁迫下花生植株农艺性状和生物积累量的影响 052

　　二、施钙对盐胁迫下花生根系活力的影响 054

　　三、施钙对盐胁迫下花生叶绿素含量的影响 055

　　四、施钙对盐胁迫下花生叶片抗氧化酶活性的影响 055

　　五、施钙对盐胁迫下花生叶片细胞膜完整性的影响 057

　　六、施钙对盐胁迫下花生产量的影响 058

第四节　施钙缓解花生盐胁迫的分子调控机制 060

　　一、AhCaM与AhSAMS1相互作用验证 060

　　二、*AhSAMS1*基因表达分析 061

　　三、盐胁迫处理下过表达*AhSAMS1*表型鉴定 062

　　四、盐胁迫处理下过表达*AhSAMS1*影响净离子通量 064

　　五、利用RNA-Seq检测WT和转*AhSAMS1*基因株系中差异表达基因 066

第五节　施钙缓解花生干旱胁迫的生理机制 068

　　一、施钙对干旱胁迫下花生光合作用的影响 068

　　二、施钙对干旱胁迫下花生叶绿素相对含量的影响 071

　　三、施钙对干旱胁迫下花生产量的影响 072

参考文献 072

第四章 · 施钙对花生群体质量、产量及品质的影响

第一节　花生根系发育与形态 077

　　一、施钙对不同土壤类型花生根系形态的影响 077

　　二、施钙与覆膜对低钙红壤花生根系形态的影响 078

　　三、氮与钙配施对花生根系形态的影响 084

　　四、减氮增钙对花生根系生物量与形态的影响 087

第二节　花生农艺性状 090

　　一、不同钙肥类型及钙肥施用时期对花生农艺性状的影响 090

　　二、施钙与覆膜对低钙红壤花生农艺性状的影响 092

　　三、外源钙与 AMF 协同对连作花生植株性状的影响 092

第三节　花生干物质生产与分配 094

　　一、施钙对花生叶绿素含量及光合速率的影响 094

　　二、不同钙肥类型及施钙时期对花生干物质积累与分配的影响 095

　　三、施钙与覆膜对低钙红壤花生干物质积累的影响 099

　　四、氮钙互作对花生干物质积累与分配的影响 100

　　五、减氮增钙对花生干物质积累的影响 105

　　六、外源钙与 AMF 协同对连作花生干物质积累的影响 106

第四节　花生产量及产量构成 108

　　一、不同钙肥类型与施钙时期对花生产量及产量构成的影响 108

　　二、施钙与覆膜对低钙红壤花生产量的影响 111

　　三、氮钙互作对花生产量的影响 113

　　四、减氮增钙对花生产量及产量构成的影响 116

　　五、外源钙与 AMF 协同对连作花生产量的影响 117

第五节 钙调控花生荚果发育的转录组分析 119
　　一、转录组测序数据概述 120
　　二、unigenes 功能注释 121
　　三、差异表达基因分析 122
　　四、差异表达基因 qRT-PCR 验证 123
　　五、GD 和 GS 中差异表达基因分析 125
　　六、PD 和 PS 中差异表达基因分析 125

第六节 施钙对花生品质的影响 127
　　一、施钙与覆膜对缺钙红壤花生籽仁品质的影响 127
　　二、氮肥与钙肥互作对花生籽仁品质的影响 128
　　三、外源钙与 AMF 协同对连作花生籽仁品质的影响 132
　　四、荚果产量与花生籽仁品质组分含量的相关分析 132

参考文献 134

第五章 · 施钙对花生碳氮代谢、养分吸收与利用的影响

第一节 花生叶片氮代谢酶活性 140

第二节 花生植株钙素营养特性 143
　　一、施钙对不同土壤类型花生不同器官钙素吸收利用的影响 143
　　二、施钙与覆膜对花生不同器官钙素吸收利用的影响 146
　　三、氮钙互作对花生钙素积累和钙素分配的影响 152

第三节 施钙对花生氮、磷、钾养分吸收利用的影响 155
　　一、施钙与覆膜对花生氮、磷、钾素吸收利用的影响 155
　　二、氮钙互作对花生氮素吸收利用的影响 163

第四节 施钙对花生镁、铁、锌养分吸收利用的影响 170
　　一、花生植株不同器官中镁、铁、锌含量 170

二、花生植株镁、铁、锌积累 173

三、花生植株钙与镁、铁、锌协同吸收关系 176

参考文献 177

第六章 · 钙对花生根瘤固氮及土壤肥力的影响

179

第一节 施钙对花生结瘤固氮的影响 180

一、转录组学数据概述 181

二、差异表达基因分析 181

三、差异表达基因的 GO 功能注释分析 182

四、差异表达基因的 KEGG 通路富集分析 183

五、代谢组检测中差异代谢物的筛选 184

六、差异代谢物的富集分析 185

七、转录组学和代谢组学联合分析 186

八、钙处理下花生根部生长素含量测定 187

九、钙对花生结瘤固氮的调控 187

第二节 施钙对土壤肥力及土壤生物学特性的影响 189

一、对土壤耕层质量的影响 189

二、对酸性土壤钙素活化的影响 190

三、对土壤酶活性的影响 192

四、对土壤微生物群落结构与数量的影响 196

参考文献 197

第七章 · 花生土壤钙素活化技术与钙肥调控技术

199

第一节 不同土壤类型钙肥施用配比 200

一、盐碱地 200

二、酸性土壤 200

　　三、中性土壤 201

第二节　钙肥施用技巧 202

　　一、北方花生生产区域 202

　　二、南方花生生产区域 203

第三节　花生钙肥调控关键技术 204

　　一、花生增钙与防早衰适期晚收高产栽培技术 204

　　二、春花生"两减一增"绿色高效栽培技术 206

　　三、酸化土壤花生"补钙降酸杀菌"施肥技术 208

参考文献 209

第一章

概　述

自 20 世纪 50 年代以来,我国花生科研单位及农业技术推广机构,探索了花生全生育期钙素营养吸收、积累及分布特征,摸清了花生钙素营养生理生态与分子机制,阐明了施钙缓解花生逆境胁迫的生理与分子机制,提出了土壤钙素活化技术及酸性土壤、盐碱土壤等种植花生的科学施钙关键技术,创建了以提高抗逆性、促进荚果饱满度、提升钙素利用效率为目标的钙肥调控关键技术。

第一节
近十年我国花生生产发展概况

花生（*Arachis hypogaea* L.）主产国主要有印度、中国、美国、尼日利亚、苏丹、坦桑尼亚和阿根廷等。从种植面积来看，印度花生种植面积约 667 万 hm^2（1 亿亩），居全球首位；中国约 467 万 hm^2（7 000 万亩），居第 2 位；尼日利亚约 220 万 hm^2（3 300 万亩），居第 3 位。从总产来看，因中国单产较高，总产达 1 923 万吨（2023 年），居全球首位；印度虽种植面积最大，但因单产较低，总产约 660 万吨，居第 2 位；尼日利亚总产约 290 万吨，居第 3 位；美国总产约 170 万吨，居第 4 位。

花生是我国主要油料与经济作物之一，尤其近十年来再跨上新台阶，种植面积、总产、单产、总产值、花生油产量持续增长，综合优势进一步扩大。在国内植物油和蛋白质供给严重不足的市场背景下，花生生产与产业的发展对调整种植结构、保障油料供给、增加农民收入、促进农业可持续发展等均发挥了重要作用（廖伯寿，2020）。

一、种植面积总体升高

我国花生种植分布广泛，主要生产区域可划分为 4 个：黄淮海花生产区，其中以河南、山东、河北为核心的北方产区（含苏北和淮北）面积和产量均占全国的一半以上；华南花生产区，含广东、广西、福建、海南及湘南、赣南地区；长江流域花生产区，含四川、湖北、湖南、江西、重庆、贵州及江淮地区；东北花生产区，近十年来主要为东北农牧交错带。

按 2023 年国家统计局发布的数据（图 1-1），近十年来（2014—2023 年），全国花生播种面积从 2014 年的 436.97 万 hm²（6 554.6 万亩）增长到 2023 年的 479.78 万 hm²（7 196.7 万亩），十年增长 9.8%。目前，花生面积在国内位于大宗农作物玉米、水稻、小麦、大豆、油菜、马铃薯之后，居第 7 位；在油料作物中位于大豆、油菜之后，居第 3 位。

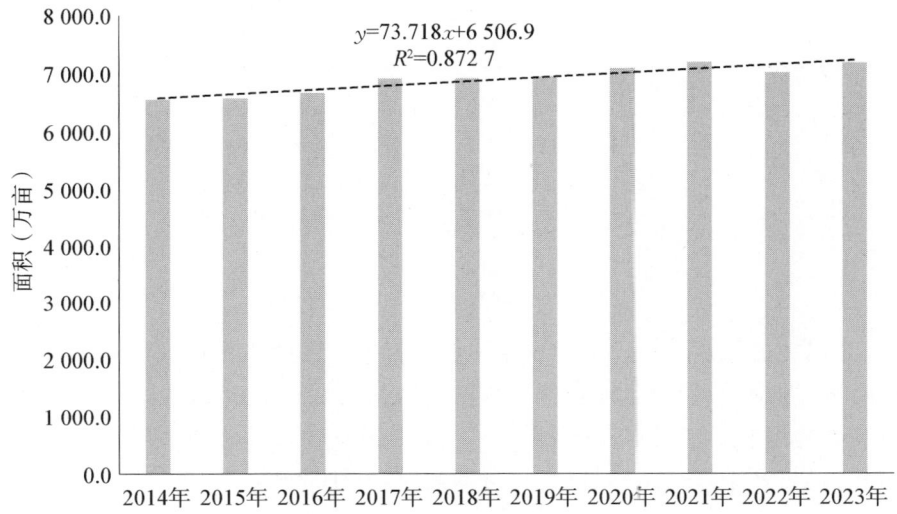

图 1-1 2014—2023 年全国花生播种面积

全国有 14 个省份花生播种面积超过 6.67 万 hm²（100 万亩）。按国家统计局发布的数据（2014—2023 年），面积排序依次为河南、山东、广东、辽宁、四川、湖北、河北、广西、吉林、江西、安徽、湖南、江苏、福建（表 1-1）。

表 1-1 2014—2023 年花生播种面积超过 100 万亩的省份

省份	2014 年	2015 年	2016 年	2017 年	2018 年	2019 年	2020 年	2021 年	2022 年	2023 年
河南	1535.4	1535.9	1576.5	1727.9	1804.8	1834.7	1892.8	1939.4	1930.7	1960.6
山东	1109.2	1084.3	1078.4	1063.8	1042.9	999.7	976.3	947.6	914.6	919.9
广东	470.9	474.9	471.8	478.7	498.7	510.8	521.4	524.5	520.2	530.3
辽宁	360.5	371.2	404.7	407.5	429.1	433.7	459.3	498.5	462.9	475.9
四川	385.2	386.7	390.3	391.7	395.2	397.1	425.1	435.3	443.0	459.0
湖北	327.6	332.5	348.2	345.8	348.9	365.4	373.1	367.0	364.4	384.3
河北	431.4	415.0	406.0	400.2	387.1	375.3	369.1	370.9	348.6	349.4
广西	282.5	293.3	299.7	309.0	317.2	327.8	335.0	339.4	337.0	349.5
吉林	278.3	329.4	403.0	499.0	367.3	351.7	358.8	363.9	320.7	340.3

(续表)

省份	2014年	2015年	2016年	2017年	2018年	2019年	2020年	2021年	2022年	2023年
江西	243.8	246.2	240.7	243.7	250.9	247.7	257.2	265.8	271.5	273.5
安徽	285.6	286.7	208.0	208.3	216.2	213.3	218.7	219.3	219.2	221.7
湖南	160.4	158.5	156.5	159.2	163.8	166.4	169.1	171.0	173.0	178.4
江苏	133.1	131.0	135.2	132.2	147.6	155.3	149.6	145.8	141.3	142.7
福建	108.9	105.8	102.1	100.6	104.5	107.3	109.8	110.6	111.4	113.3

二、总产保持连续增长

花生已成为我国总产仅次于大豆的油料作物。随着种植面积的持续扩大和单产水平的不断提高，近十年来全国花生年总产实现较大幅度的增长，从2014年的1590.1万吨增长到2023年的1923.1万吨（国家统计局数据，2023），十年增长20.9%。而且花生在国内油料作物（包括油菜、花生、芝麻、向日葵和胡麻，不包括大豆）总产中的比例不断提高。2021年，全国花生总产突破1800万吨；2023年，总产突破1900万吨。2023年，花生总产超过50万吨的省份依次为河南、山东、辽宁、广东、河北、湖北、吉林、四川、广西、安徽、江西（表1-2）。

表1-2 2023年花生总产超过50万吨的省份及近十年总产水平

省份	2014年	2015年	2016年	2017年	2018年	2019年	2020年	2021年	2022年	2023年
河南	466.1	477.1	494.3	529.8	572.4	576.7	594.9	588.2	615.4	638.9
山东	323.9	313.4	312.1	313.5	306.7	284.8	286.6	281.8	270.1	276.8
辽宁	55.4	55.4	75.9	80.0	76.8	96.4	98.7	115.5	112.6	127.2
广东	91.8	94.5	95.5	98.4	104.4	108.7	112.1	115.9	115.9	119.5
河北	105.5	102.8	102.7	103.4	98.5	96.5	96.8	96.3	92.6	94.2
湖北	73.8	73.2	78.0	78.4	80.7	85.7	87.1	86.3	85.4	93.1
吉林	67.4	70.8	86.8	109.3	80.3	76.9	78.3	83.3	79.4	86.3
四川	63.1	64.1	64.8	66.0	67.7	68.4	73.8	76.3	78.5	82.7
广西	52.9	55.2	58.4	60.8	62.7	67.2	69.2	71.1	71.7	75.5
安徽	94.4	94.4	68.7	68.5	71.1	70.6	72.3	71.8	72.4	73.3
江西	45.7	46.4	45.6	46.8	48.1	48.2	50.9	53.6	54.6	57.8

三、单产水平稳中有升

由于科技创新能力、栽培技术（群体质量优化、施肥技术等）、病虫害高效防控技术的推动和种植效益的带动，近十年来我国花生单产持续提高，平均单产从2014年的3 638.8 kg/hm^{2}提高到2023年的4 008.2 kg/hm^2（国家统计局数据），十年提高10.1%（表1-3）。尽管，近年来局部地区发生高温、干旱、渍涝等自然灾害，但多数产区气候较好，保障了花生单产水平的稳步提高。2023年，花生单产超过4 000 kg/hm^{2}的省份主要有新疆、安徽、河南、山东、江苏、河北、辽宁，且南方和西南省份单产明显低于全国平均水平。目前，我国花生单产水平与美国相当，高于其他国家。自2013年开始，山东省农业科学院花生栽培与生理生态创新团队连续组织高产攻关，产量（实收单产）相继突破11 250 kg/hm^2、11 700 kg/hm^2、12 000 kg/hm^2，其中2023年最高达12 982 kg/hm^2，创花生单产世界纪录（张佳蕾等，2024）。高产纪录的产生主要是栽培技术提升与创新，集成应用了单粒精播、全程可控施肥、生物菌剂耦合、"三防三促"调控等高产栽培技术体系，通过充分发挥单株生产潜力、构建高质量群体来实现高产，为下一步单产突破13 500 kg/hm^{2}提供技术支撑。

表1-3 2023年花生单产超过3 000 kg/hm^{2}的省份及近十年单产水平

省份	2014年	2015年	2016年	2017年	2018年	2019年	2020年	2021年	2022年	2023年
新疆	4 564.2	5 952.8	5 562.3	5 136.9	4 449.4	4 071.6	4 935.6	4 886.4	5 030.9	5 183.2
安徽	4 954.7	4 940.9	4 955.1	4 951.1	4 929.2	4 962.3	4 960.0	4 912.9	4 952.5	4 957.8
河南	4 553.6	4 659.5	4 702.7	4 599.4	4 757.7	4 715.2	4 714.8	4 549.4	4 781.3	4 887.9
山东	4 380.7	4 335.4	4 341.4	4 420.7	4 410.7	4 272.6	4 404.1	4 461.0	4 429.6	4 513.9
江苏	3 800.0	3 870.8	3 909.6	3 945.8	3 997.6	4 124.9	4 074.3	4 142.1	4 190.6	4 279.4
河北	3 666.9	3 716.1	3 794.0	3 876.0	3 814.8	3 855.1	3 934.7	3 894.2	3 984.0	4 043.1
辽宁	2 303.6	2 240.1	2 814.5	2 945.5	2 685.2	3 335.3	3 224.6	3 475.4	3 647.2	4 009.0
吉林	3 630.2	3 223.3	3 232.2	3 284.9	3 278.2	3 281.9	3 273.6	3 432.9	3 715.5	3 804.2
湖北	3 380.8	3 302.8	3 359.4	3 399.2	3 468.0	3 518.2	3 501.8	3 525.8	3 516.2	3 633.6
广东	2 923.0	2 984.5	3 035.9	3 084.2	3 140.1	3 191.6	3 223.9	3 313.6	3 342.8	3 381.7
广西	2 811.4	2 825.0	2 922.8	2 951.1	2 963.7	3 075.6	3 099.5	3 143.5	3 190.7	3 240.1
福建	2 692.9	2 728.4	2 732.5	2 791.9	2 917.8	2 942.1	2 962.5	3 012.5	3 021.9	3 044.8
江西	2 808.4	2 827.4	2 842.4	2 879.0	2 873.2	2 919.9	2 968.8	3 022.5	3 014.8	3 169.7

四、钙对改良土壤与提升花生单产的贡献

土壤改良剂中常用、重要的组成成分通常都有生石灰、石膏等。其中,生石灰、熟石灰等适用于酸性土壤,调节 pH 并提供钙,还可降低铝的毒性,减轻其对作物根系的伤害,促进作物生长;石膏适用于碱性土壤,提供钙素并改善土壤结构。含钙肥料,如硝酸钙、过磷酸钙等,通过施肥补充钙。总的来说,钙能调节土壤 pH、改善土壤结构、促进养分有效性和微生物活动、提高土壤颗粒团聚体数量、增强土壤通气性和透水性、减少土壤板结,利于作物根系生长。

钙是作物必要的营养元素,花生、80%的果树和蔬菜对钙的需要量都超过磷。作物根系发育、茎叶生长、果实膨大等对钙的需求很大,钙不足已成为制约我国农作物产量和品质提升的主要因素之一。花生需钙量仅次于氮和钾,居第三位。据研究,每形成 100 kg 荚果吸收的钙高达 2.0~2.5 kg,比磷还多(张二全等,1994)。钙可增强细胞壁强度、减少病原菌侵染、降低病害发生率,直接影响花生荚果的形成和发育。充足的钙供应能提高花生荚果的数量和品质。施钙对提升花生单产效果显著,并在花生抗逆高产和减肥增效栽培中作用重大。

第二节
钙在花生抗逆高产和减肥增效栽培中的应用

本节简述了钙在花生抗逆高产和减肥增效栽培中的应用效果,探讨增施钙肥对酸性土壤、缺钙土壤、盐碱地及干旱胁迫等逆境条件下花生的生长发育、生理代谢和产量的影响,分析减施氮肥+增施钙肥实现减肥协同增效的可行性。提出了花生化肥减施的理论与技术依据,从充分发挥花生固氮和挖掘土壤潜能入手,活化土壤养分,提高土壤供肥能力,同时研发氮钙控释肥,推进花生全程可控施肥技术,做到一次施肥、全程可控,以提高肥料利用率。

花生栽培过程中经历了不施氮肥→施氮肥→多施氮肥的过程。过量施用氮肥严重抑制了根瘤菌的固氮作用,并给生态环境带来巨大压力。在过于重视施用氮、磷、钾肥的同时,作为花生必需的钙元素却长期被忽视,土壤可交换钙流失却无法得到补充。而且单一、盲目施肥造成土壤板结,钙离子得不到活化和释放,进而影响花生根系、果针和荚果对钙素的吸收,成为花生高产栽培中的主要限制因素之一。相关研究表明,钙肥在花生抗逆栽培中发挥了关键作用(王建国等,2020)。本科研团队在总结前人研究的基础上,进一步归纳了近年来花生在抗逆高产和减施化肥等方面的研究进展,主要包括钙在花生抗逆和减肥栽培中的作用,以及钙肥施用关键技术等,以期为花生减肥增效栽培提供理论依据。

一、钙在花生抗逆高产栽培中的作用

钙在植物抗逆中具有重要作用(万书波和李新国,2018)。在缺钙条件下,植物叶绿素含量减少、光合速率下降,而施钙后植物净光合速率、胞间二氧化碳浓度、气孔导度、叶绿素含量都提高(张海平,2003;周录英等,2008),还可稳定叶肉细胞膜和叶绿体超微结构(周卫和林葆,1996;宰学明等,2005)。缺钙时,植物叶肉细胞液泡膜破裂、叶绿体松散膨胀、被膜断裂,基粒片层结构破坏且含钙减少;严重缺钙时,叶片细胞体积增大,甚至会导致细胞结构破坏。也有研究表明,外源钙对叶片细胞超微结构的影响存在一个度,低于或超过适宜范围都会不同程度破坏叶片线粒体、叶绿体等细胞器及细胞壁,影响植物的光合作用(廖汝玉等,2008)。缺钙会导致苗期花生上部叶下表皮气孔数量减少,使光合作用和蒸腾作用受到影响(李东霞等,2014;Hetherington and Woodward,2003;沈竹夏,2009)。钙离子(Ca^{2+})能有效降低高温胁迫下花生的叶绿素含量,提高 Ca^{2+}-ATP 酶的活性(Hetherington and Woodward,2003)。酸性土增施钙肥,花生叶片的 SS(蔗糖合成酶)和 SPS(蔗糖磷酸合成酶)活性达到峰值的时间明显早于不施钙肥处理(SS 平均提早 10 天,SPS 平均提早 12 天)。

通过对南方酸性红壤进行多年多点取样研究发现,土壤有效钙含量在 144.2~578.6 mg/kg,pH 变化范围在 4.2~6.2,属于缺钙土壤。相关试验研究表明,缺钙的酸性土壤施钙能提高土壤的 pH,有机质、碱解氮、有效钾含量均有所提高(张博文等,2020)。花生不同生育时期在干旱胁迫下,施用钙肥均可降低干旱胁迫对植株的伤害,增强植株的抗性;干旱后复水,增施钙肥能显著提高植株总干物质积累量,促使补偿性生长产生的干物质更多地向生殖体中积累,进而提高花生花针期、结荚期、饱果期的抗旱系数,降低干旱对产量的影响(表 1-4)。

表 1-4 不同钙肥梯度对干旱胁迫下花生抗旱系数的影响

年份	处理	花针期干旱	结荚期干旱	饱果期干旱
2015	Ca_0	0.69	0.72	0.56
	Ca_{375}	0.89	0.75	0.74
	Ca_{750}	0.82	0.73	0.70
2016	Ca_0	0.76	0.59	0.75
	Ca_{375}	0.85	0.63	0.79
	Ca_{750}	0.87	0.72	0.77

二、钙在花生减肥增效栽培中的作用

增施钙肥能明显增加花生荚果和籽仁产量,且以中等施肥量(300 kg/hm²)产量最高(周录英等,2008)。施钙能增加双仁果数和百果重,减少花生空果、秕果数,提高出仁率和饱满度。增施钙肥且作基肥条件下,减施氮肥28.6%+花针期追施氮肥处理(基施 N 67.5 kg/hm²+基施 CaO 450 kg/hm²+追施 N 45 kg/hm²)可明显提高花生结荚期根瘤数量和鲜重,促进叶片中碳、氮酶活性提高,产量提高4.0%以上,且荚果氮素积累量降低不明显,但显著提高花生的氮肥农学利用效率及氮肥偏生产力,说明减氮增钙并配合氮素运筹可提高花生的氮素利用率(刘颖等,2020)。南方红壤旱地花生产区,氮肥减施28.6%+基施钙肥(CaO 568 kg/hm²)条件下,产量提高27.7%。因此,无论是北方黄淮海花生产区,还是南方红壤旱地花生产区,增施钙肥是可作为氮肥减施后保障花生稳产的重要栽培措施。盐碱地补充钙肥一般用石膏,不仅可补充活性钙,而且可调节酸碱度,减少土壤溶液中过量的钠盐对花生根系的危害。施用量一般为300~450 kg/hm²,可作基肥施用。花生抗逆高产栽培和减肥增效栽培中,首先选择营养高效品种,合理耕作、增施有机肥;其次改进肥料性能和施肥技术(花生全程可控精准施肥技术),因地制宜发展水肥一体化技术。同时,通过提升土壤基础肥力、活化土壤养分、改善土壤结构等,以提高土壤供肥能力和花生根瘤固氮能力,达到稳定花生产量的目的。

第三节
花生钙素营养吸收、积累特征及亏缺判定标准

钙是植物生长发育过程中必需的营养元素之一,参与从种子萌发、生长分化、形态建成到开花结果等全过程。钙在花生体内流动性差,并不能从一侧移动到另一侧,即叶片和茎中的钙素不能转运到荚果。花生每形成 100 kg 荚果,植株吸收的钙为 2.0~2.5 kg,比磷还多(张二全等,1994)。已有研究表明,花生荚果所需钙素的 90% 以上来自果针(或荚果)从介质中直接吸收(Smal et al.,1989;Zharare et al.,2012),故土壤供钙不足对生殖生长影响较大(周卫和林葆,2001)。在正常条件下,花生吸收钙素主要是充实荚果而使其饱满,对花生种子成熟及种子质量十分重要。花生缺钙严重影响籽粒的发育,造成荚果空秕,影响花生产量(高芳等,2011;Chamlong et al.,1999)。

一、花生植株钙素营养吸收、积累特征

在花生整个生育期内,植株不同器官钙素含量随生育天数的增加呈现不同的变化规律。其中,叶片、生殖器官(果针、果壳及果仁)钙素含量呈逐渐上升趋势,而根系和茎呈先降低后升高趋势。除根系外,其他器官钙素含量均在成熟期达到峰值。钙在花生体内的分布情况为叶片>茎>根>果壳>籽仁。叶片中钙素含量最高(成熟期钙素含量在 25.0 mg/g 以上),其次是茎、果针、根系、果壳、果仁(0.6 mg/g 左右)。在良好的水分条件或干旱胁迫下,施钙可显著提高花生不同植株钙素含量,表现为施钙水平越高,植株钙素含量增幅越大。在成熟期,施钙处理花生的根、茎、叶、果针、荚果钙素含量分别提高 5.2%、22.8%、11.8%、9.5%、32.0%。以上

表明,施钙可提高花生各器官对钙素的吸收,进而提高植株及群体钙素积累量,为产量形成奠定基础。但是,栽培方式和施钙处理对植株钙素向根、果针、果壳中的分配没有特定的影响规律(王建国,2017)。

二、土壤和花生植株钙素盈缺判定标准

(一) 土壤钙素盈缺的判定

土壤酸化和钙素缺乏是一个恶性循环,即土壤酸化会加速钙的流失,而钙流失反过来又导致 pH 降低(陈志才等,2012)。土壤钙素的缺乏与 pH 偏低是导致花生空壳现象发生的主要原因(王秀珍等,2010)。南方红壤地区土壤矿化强烈,钙、镁、钾、钠等阳离子随水土流失而被严重淋失,但铝、铁离子以胶体状态沉积下来;同时,侵蚀模数越大,土壤 pH 越低,交换性钙离子淋失量也越大(孙雁君等,2011)。从初步统计数据来看,湖南、福建、贵州、四川及海南等花生栽培区域内的红壤、砂壤土等土壤缺钙严重,面积约 37.2 万 hm^2。同时,山东沿海地区土壤酸性较强,土壤交换性钙含量低,面积也较大。如何利用这些土地提高花生产量和品质是当前的重要工作。Bekker et al. (1994)研究发现,土壤交换性钙在 1.5~1.6 cmol Ca^{2+}/kg 为花生生长的临界浓度。周卫和林葆(2001)研究土壤供钙结果发现,供钙 0.6 cmol(+)/kg 可影响花生总花数,当土壤钙含量低于 1.2 cmol(+)/kg 时,钙主要通过影响总花数或可育花数而影响花生产量。当土壤钙含量高于 1.2 cmol(+)/kg 时,土壤饱和浸提液 Ca/TC 可能成为产量的限制因子。花生缺钙土壤诊断的适用指标为土壤饱和浸提液 Ca^{2+} 与阳离子(Ca^{2+}、Mg^{2+}、Na^+、K^+)总量(TC)的比值,临界值为 0.25;而植株诊断的临界值为 1.7 g/kg 鲜重(指标是 9 叶期水溶性钙含量)(林葆和周卫,1997)。

根据吴礼书等(2011)对土壤肥力质量主要性状指标分级标准将土壤钙含量分为 5 个等级:交换性钙含量>2 000 mg/kg 的地块为偏高、2 000 mg/kg>交换性钙含量>1 000 mg/kg 的地块为丰富、1 000 mg/kg>交换性钙含量>250 mg/kg 的地块为中等、250 mg/kg>交换性钙含量>100 mg/kg 的地块为缺乏、交换性钙含量<100 mg/kg 的地块为极缺。

美国国际化服务公司(ASI)指出,土壤阳离子交换量>5 cmol/kg 时,土壤钙

缺乏的浓度为低于 800 mg/kg；土壤阳离子交换量＜5 cmol/kg 时，土壤有效钙含量低于 520 mg/kg 可视为土壤缺钙（何电源，1994）。笔者认为，土壤中 Ca^{2+} ＜ 250 mg/kg 时，需要增施钙肥，以保障花生稳产。

（二）花生植株缺钙的判定

判断花生是否缺钙，需考虑品种、土壤质地、施肥方式及不同植株器官所处的生育期等。主要方法是目测法，即观察花生植株的表现和性状。在营养生长发育时期，缺钙的花生植株生长缓慢，根系短、小、粗而呈黑褐色，侧根少，地上部顶叶黄化并有焦斑（周卫和林葆，1996；张海平，2003）；生育后期，大田低钙环境对荚果发育的影响重于地上部，轻度缺钙会减少花生的总花数和可育花数（万书波，2003；张君诚，2004），植株出现返绿与再次开花的现象（张佳蕾等，2015），空果、烂果、秕果、单仁果增多；严重缺钙会导致胚芽变黑、败育（万书波，2003；周卫和林葆，2001）。大田调查发现，南方红壤旱地缺钙花生空荚、烂果多，贪青晚熟，而施钙明显促进花生荚果发育，表现为饱果多、烂果少；不同花生品种对缺钙的敏感反应不一致，重敏感品种对缺钙反应强烈，整株荚果空壳。

参考文献

陈志才，邹晓芬，陈忠平，等. 红壤旱地花生空荚原因分析及其防治措施. 农业科技通讯，2012,10:160-161.

高芳，张佳蕾，杨传婷，等. 钙对镉胁迫下花生生理特性、产量和品质的影响. 应用生态学报，2011,22(11):2907-2912.

何电源. 中国南方土壤肥力与栽培植物施肥. 北京:科学技术出版社,1994.

林葆，周卫. 棕壤中花生钙素营养的化学诊断与施钙量问题的探讨. 土壤通报,1997,3:32-35.

李东霞，杨伟波，付登强，等. 钙对两种基因型花生苗期生物量和叶片气孔数目的影响. 热带农业科学,2014,34(6):27-30.

廖汝玉，尹兰香，金光，等. 不同浓度钙处理对枇杷小苗叶片超微结构及叶绿体色素含量的影响. 福建农业学报,2008,23(3):302-305.

廖伯寿. 我国花生生产发展现状与潜力分析. 中国油料作物学报,2020,42(02):161-166.

刘颖,伊淼,王建国,等.氮、钙配施对花生根系生长及氮肥利用的影响.聊城大学学报(自然科学版),2020,33(04):98-104.

沈竹夏.钙信号对气孔调控作用机制的探讨.杭州:浙江大学,2009.

孙雁君,张勇,杨宇芳.南方红壤区环境因子及其侵蚀特征研究.山西水土保持科技,2011,4:19-22.

王建国.水钙互作对南方红壤旱地花生产量影响机制.长沙:湖南农业大学,2017.

王建国,唐朝辉,杨莎,等.钙在花生抗逆高产和减肥增效栽培中的应用.中国油料作物学报,2020,42(06):951-955.

万书波.中国花生栽培学.上海:上海科学技术出版社,2003.

万书波,李新国.花生抗逆栽培理论与技术.北京:中国农业科学技术出版社,2018.

吴礼书,谭启玲.土壤肥料学.北京:中国农业出版社,2011.

王秀贞,王传堂,张建成,等.花生空荚原因分析.花生学报,2010,39(1):33-35.

宰学明,钦佩,吴国荣,等.外源钙对高温胁迫下花生幼苗叶绿体 Ca^{2+}-ATPase、Mg^{2+}-ATPase 活性及 Ca^{2+} 分布的影响.中国油料作物学报,2005,27(4):41-44.

张博文,穆青,刘登望,等.施钙对瘠薄红壤旱地花生土壤理化性质的影响.中国油料作物学报,2020,42(05):896-902.

张二全,武占社,李英霞,等.土壤钙素水平对花生施钙效果的影响.花生科技,1994,(02):4-6.

张君诚.受钙影响花生(Arachis hypogaea L.)胚胎败育的分子机理研究.福州:福建农林大学,2004.

张海平.钙调控花生(Arachis hypogaea L.)生长发育的细胞生理机制研究.福州:福建农林大学,2003.

张佳蕾,郭峰,孟静静,等.酸性土施用钙肥对花生产量和品质及相关代谢酶活性的影响.植物生态学报,2015,39(11):1101-1109.

张佳蕾,王建国,李元高,等.花生高产攻关实收单产 12 982 kg/hm² 技术分析.中国油料作物学报,2024,46(03):443-449.

中华人民共和国国家统计局数据.2023 年.

周录英,李向东,王丽丽,等.钙肥不同用量对花生生理特性及产量和品质的影响.作物学报,2008,34(5):879-885.

周卫,林葆.花生缺钙症状与超微结构特征的研究.中国农业科学,1996,29(4):53-57.

周卫,林葆.受钙影响的花生生殖生长及种子素质研究.植物营养与肥料学报,2001(02):205-210.

Bekker A W, Hue N V, Yapa L G G, et al. Peanut growth as affected by liming, Ca-Mn interactions, and Cu plus Zn applications to oxidic Samoan soils. Plant and Soil, 1994, 164

(2):203-211.

Chamlong K, Sorasak M, Bunlua S, et al. Effect of calcium rate on the decreasing of unfilled pod of peanut (Arachis hypogaea L.) grown in sandy loam soil in Yasothorn province. Thai Journal of Soils and Fertilizers, 1999,21(4):184-192.

Hetherington A M, Woodward F I. The role of stomata in sensing and driving environmental change. Nature, 2003,424:901-908.

Smal H, Kvien C S, Sumner M E, et al. Solution calcium concentration and application date effects on pod calcium uptake and distribution in Florunner and Tifton-8 peanut. Journal of Plant Nutrition, 1989,12(1):37-52.

Zharare G E, Blamey F C, Asher C J. Effects of pod-zone calcium supply on dry matter distribution at maturity in two groundnut cultivars grown in solution calture. Journal of Plant Nutrition, 2012,35(10):1542-1556.

第二章

钙在花生响应免疫反应过程中的调控作用

花生在我国农作物和油料作物中占有重要地位。在花生生育后期常常会看到叶片上形成黑褐色的斑点,这是花生叶斑病所致。花生受叶斑病侵染会加快叶片的衰老及脱落,严重影响花生的光合作用及产量。

植物本身为防止病原微生物进一步扩散而使侵染点周围细胞快速地程序性死亡,这种现象叫超敏反应,是植物免疫反应的常见机制。在植物细胞表面具有激发免疫反应的识别受体,能够被这种受体识别的病原微生物保守成分称为病程相关性分子模式(PAMPs),如鞭毛蛋白 flg22、壳聚糖等。这种免疫触发模式相对保守,是植物长期进化的结果。

第一节
钙在 flg22 触发花生叶片免疫通路中的作用

一、钙参与响应 flg22 对花生叶片病原相关基因表达的影响

去离子水培养约4天后去膜,然后分为有钙(CA)和无钙(NC)两组。CA组浇完全 Hoagland 营养液;NC组将 Hoagland 营养液里面的四水硝酸钙去除,用碳酸氢铵平衡氮。浇灌前将各部分营养液母液混合稀释到终浓度后调 pH 到 6.5,大塑料盆中每天更换新的营养液。PR 基因可以编码病原相关蛋白,当植物体被病原微生物侵染时,这种蛋白被诱导参与植物的防御反应(Tornero et al., 1997)。如图 2-1 所示,CA 组花生幼苗经 flg22 处理后,在 1h、2h 和 4h 时 PR-4 基因都显著上调,尤其是处理 1h 和 2h 上调幅度最大,处理 4h 相对 1h 和 2h 有所缓和。NC组花生幼苗在 flg22 处理后,在 1h 和 2h 时 PR-4 基因都显著上调,但上调幅度明

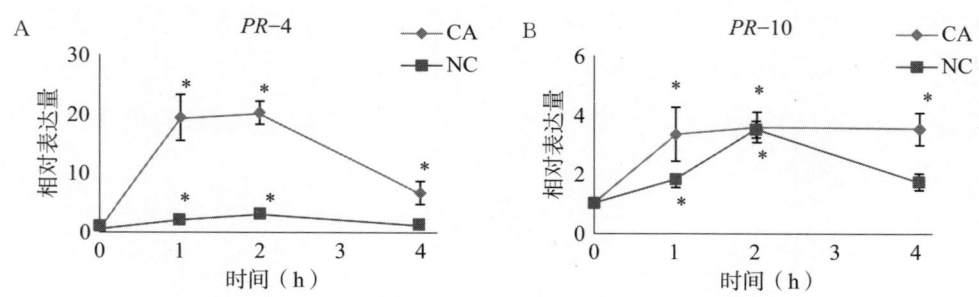

图 2-1 flg22 处理对花生叶片中病原相关基因表达的影响

* 表示差异显著($P<0.05$)

显不如 CA 组,到了 4h 则不显著。无论是 CA 组还是 NC 组,幼苗的 PR-10 基因表达都呈显著上升趋势,但是 CA 组趋势相对较为稳定。结果表明,flg22 诱导花生叶片 PR 基因表达,并且 Ca^{2+} 可能起到稳定免疫反应的作用。

二、钙参与 flg22 对花生叶片活性氧含量的影响

活性氧(ROS)在植物促进组织修复和抵抗病原微生物上扮演重要角色,且在植物早期免疫反应中往往伴随着活性氧的暴发(Vera-Jimenez et al.,2013)。结果由图 2-2A 可知,flg22 处理 1h 和 2h 后,CA 组和 NC 组花生叶片中 H_2O_2 均呈显著上升趋势,其中 1h 上升幅度相对其他时间更高,之后活性氧含量开始降低,在 4h 时恢复正常,两者趋势基本一致。图 2-2B 显示,flg22 处理后的花生叶片中活性氧离子含量均显著上升,且 CA 组的含量明显低于 NC 组。结果表明,flg22 触发的免疫反应会引起花生叶片中活性氧暴发,且 Ca^{2+} 对活性氧离子的积累有明显的抑制作用,这可能与活性氧清除系统有关(Zhao and Tan,2005)。

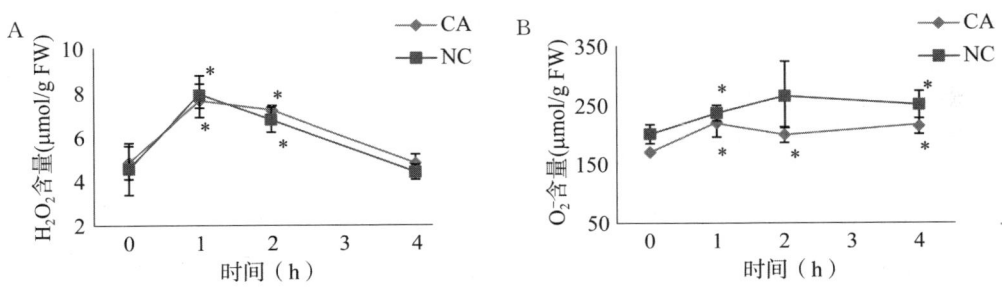

图 2-2 flg22 处理下花生叶片中活性氧含量的变化

三、钙促进 flg22 对花生光合反应中心活性的影响

(一) 单位 PSⅡ 反应中心的活性

绿色植物细胞中的天线色素将吸收的捕获能量传递给反应中心,反应中心利

用这部分能量还原 Q_A,如此将电子传递给后面的光合反应通路,ABS/RC、TR_O/RC、ET_O/RC 三个参数分别表示以上几个过程,DI_O/RC 则表示单位反应中心的能量耗散。由图 2-3 可知,ABS/RC、TR_O/RC、DI_O/RC 三个参数变化趋势相同,在 flg22 处理后的 1 h 和 4 h,CA 组参数均显著上升,而 NC 组只在 4 h 显著上升。CA 组中的 ET_O/RC 只在 1 h 出现显著上升,虽在 2 h、4 h 也有上升趋势,但不显著;NC 组在 4 h 显著上升。结果表明,flg22 处理会增加花生叶片单位 PSⅡ 反应中心的活性,且 Ca^{2+} 可能加快这部分的响应速度。

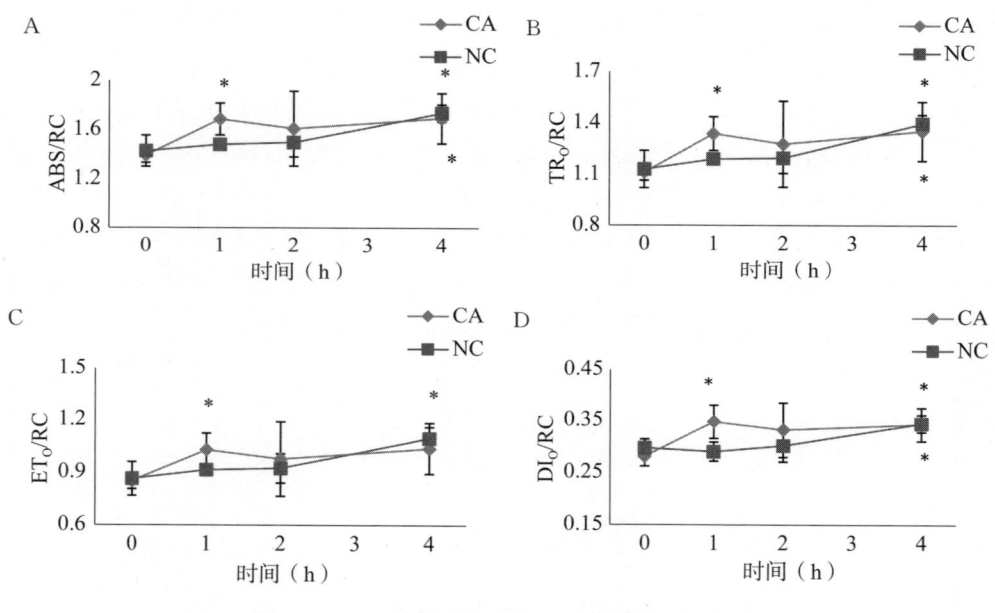

图 2-3　flg22 处理下花生单位 PSⅡ 反应中心的活性

(二) 反应中心密度

RC/CS 表示反应单位面积中反应中心的数量,RC/CS_O 和 RC/CS_M 分别表示 $t=0$ 和 $t=t_{FM}$ 对应的反应中心密度。由图 2-4A 可知,在 flg22 处理后 1 h,CA 组 RC/CS_O 显著下降,NC 组则是 4 h 后显著下降。在图 2-4B 中,CA 组中 RC/CS_M 在 1 h 和 4 h 时显著下降,NC 组则是在 4 h 时显著下降。结果表明,flg22 触发的免疫反应降低了反应中心密度,而反应中心数量的减少肯定会增加单个反应中心的负担,这可能是单个 PSⅡ 反应中心活性增加的原因。处理前期,CA 组反应中心密度明显低于 NC 组,这可能是因为 Ca^{2+} 对 flg22 触发的免疫反应有积极的响应,能够更快地调动资源用于免疫通路,而影响到反应中心密度。

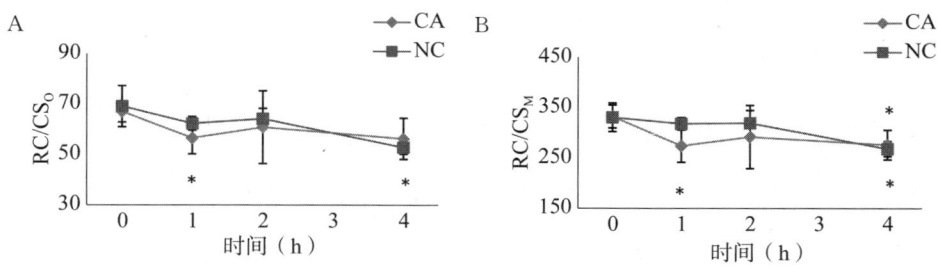

图 2-4　flg22 处理下花生叶片反应中心密度变化

(三) 叶片吸收光能的性能指数

$PI_{(abs)}$ 是可以综合反映 PSⅡ 反应中心密度、光吸收及电子传递的重要参数。由图 2-5 可知,CA 组叶片 $PI_{(abs)}$ 先降低后基本保持稳定,而 NC 组则基本保持不变,表明在 flg22 诱导的免疫通路响应过程中,Ca^{2+} 信号传导途径会降低 PSⅡ 反应中心的还原力。钙离子是植物免疫通路的重要离子信号(Gao *et al*.,2014),所以 CA 组免疫通路的触发会比 NC 组更加迅速,影响范围也会更广,而 Ca^{2+} 缺乏则会缓和免疫通路对 PSⅡ 带来的伤害。

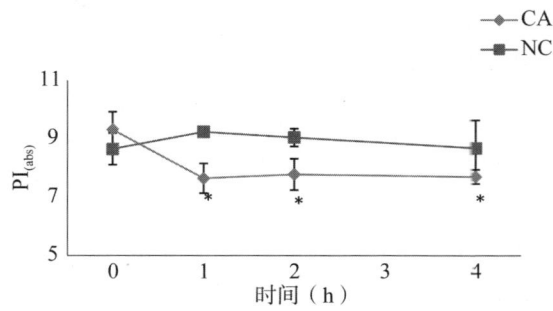

图 2-5　flg22 处理下花生叶片 $PI_{(abs)}$ 变化

(四) 能量耗散

DI_O/CS_O 和 DI_O/CS_M 分别代表 $t=0$ 和 $t=t_{FM}$ 对应的单位面积热耗散。由图

2-6可以看出,只有NC组中在flg22处理4 h时DI_O/CS_O和DI_O/CS_M显著下降,而CA组中则都下降不显著。以上结果表明,Ca^{2+}对flg22处理下花生叶片的单位面积热耗散影响不大。

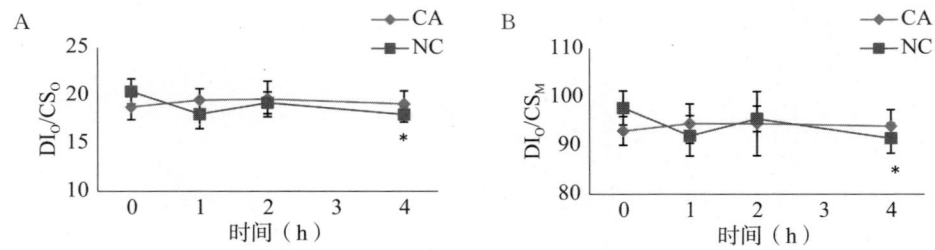

图2-6　flg22处理下花生叶片单位面积的能量耗散变化

非光化学猝灭(NPQ)能够消耗植物体过剩的能量,它与PsbS蛋白和叶黄素循环有关(Hieber,2004)。由图2-7可知,1 μmol/L flg22处理2 h和4 h,CA组中叶片的NPQ显著降低,而NC组中的NPQ高于CA组叶片,表明Ca^{2+}参与降低flg22激发的免疫响应过程中非光化学能量耗散(Yang et al.,2013)。以上结果表明,flg22诱导的免疫途径降低了花生叶片的能量耗散,且NPQ的下调需要Ca^{2+}参与。

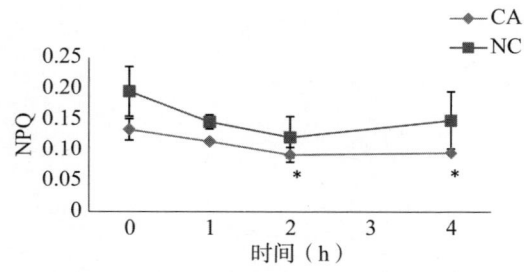

图2-7　flg22处理下花生叶片NPQ的变化

(五) PSⅠ受体侧末端电子受体的量子产额

φR_O是还原PSⅠ受体侧末端电子受体的量子产额,可以反映PSⅠ的相对活性。由图2-8可知,1 μmol/L flg22处理1 h和2 h,CA组中叶片的φR_O显著降低,而NC组中在flg22处理2 h时φR_O显著降低,其余处理时间则下降不显著。结果表明,flg22诱导的免疫调节降低了PSⅠ的相对活性,而Ca^{2+}的响应速度似乎更积极。

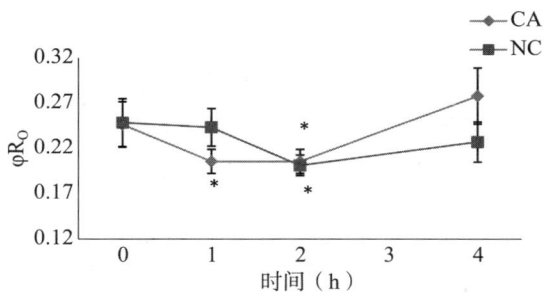

图 2-8　flg22 处理下花生叶片 φR_O 的变化

(六) 综合性能指数

$PI_{(total)}$ 是综合反映从 PSⅡ 的能量吸收到 PSⅠ 受体侧末端的电子传递能力的参数。由图 2-9 可知，在 1 μmol/L flg22 处理 1 h、2 h 和 4 h 时，CA 组中叶片的 $PI_{(total)}$ 显著降低，而 NC 组中在 2 h 时 $PI_{(total)}$ 显著降低，其余处理时间则降低不显著。结果表明，flg22 诱导的免疫调节降低了花生叶片的光合活性，而 Ca^{2+} 响应更为积极。

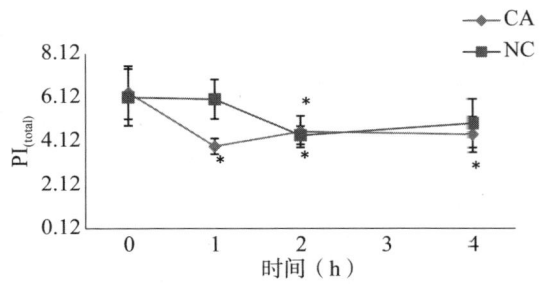

图 2-9　flg22 处理下花生叶片 $PI_{(total)}$ 的变化

四、钙参与调控 flg22 对花生叶片光合相关基因表达的影响

PsbO 和 PsbP 是 PSⅡ 外周蛋白，与 PSⅡ 的功能性稳定有重要关系。图 2-

10A中，在1h和4h时，CA组和NC组中叶片的 $PsbO$ 基因显著上调，而NC组中上升幅度更大。图2-10B中，$PsbP$ 基因表达呈相同趋势。结果表明，在 Ca^{2+} 信号完整的情况下，flg22触发的免疫调节上调PSⅡ外周蛋白基因 $PsbO$ 和 $PsbP$ 的表达；在 Ca^{2+} 信号缺失的情况下，上调幅度更大，这样可能会更快地促进PSⅡ的修复。

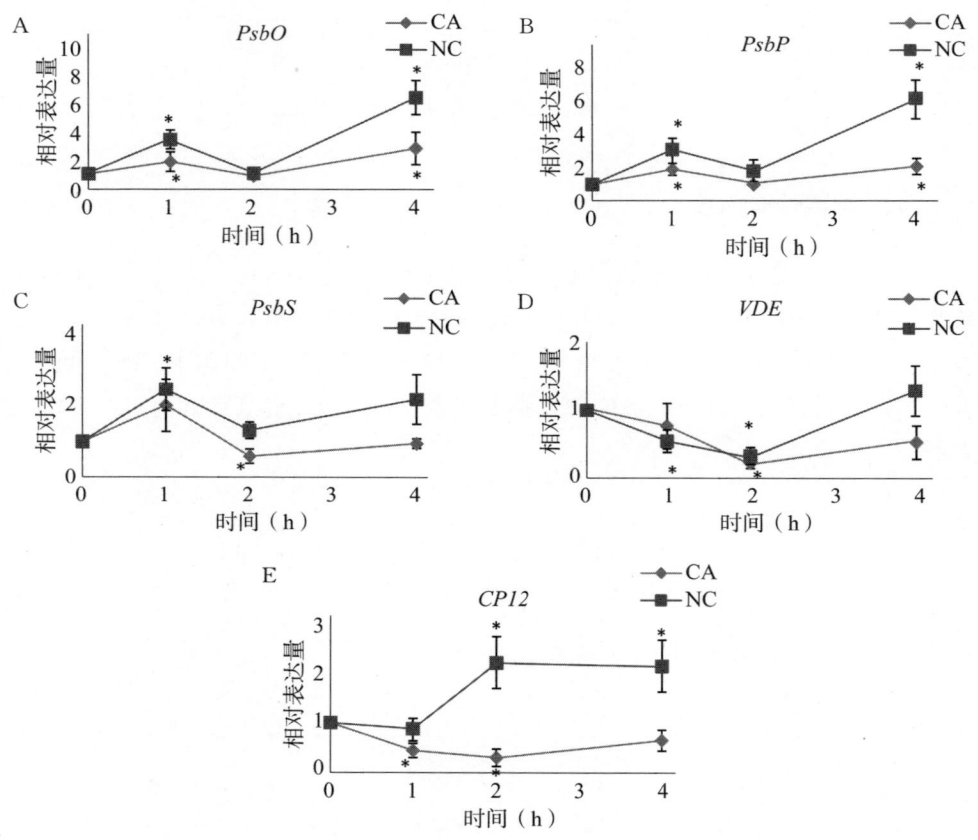

图2-10　flg22对花生叶片光合相关基因表达的影响

PSⅡ蛋白PsbS和紫黄质脱环氧化酶(VDE)是非光化学猝灭(NPQ)组分。由图2-10C可知，NC组在flg22处理1h时，$PsbS$ 显著上调，而CA组叶片中该基因表达在2h显著下调。图2-10D，CA组中 VDE 基因表达在2h显著下调，NC组叶片中该基因表达在1h和2h时显著下调。由于它们都与NPQ有关，CA组在2h时两者都下调，而NC组两者基本互补，这表明在 Ca^{2+} 完整的情况下，flg22触发的免疫响应中，NPQ 可能会受到抑制。

CP12 是核酸编码的叶绿体蛋白，它可以与甘油醛-3-磷酸脱氢酶相互作用参与卡尔文循环(Wedel et al., 1997)。由图 2-10E 可知，CA 组在 flg22 处理 1 h 和 2 h 时 *CP12* 表达显著下调，NC 组在 2 h 和 4 h 时显著上调。以上结果表明，在免疫响应过程中，Ca^{2+} 存在会下调 *CP12* 基因的表达，而 Ca^{2+} 缺乏会诱导 *CP12* 基因的表达。

第二节
钙在壳六糖触发花生叶片免疫通路中的作用

一、钙处理条件下壳六糖对花生叶片病原相关基因表达的影响

利用壳六糖处理花生幼苗叶片,对病原相关基因进行检测。由图 2-11A 可以看到,花生幼苗经壳六糖处理后,CA 组叶片在 1 h、2 h 和 4 h 时 *PR-4* 和 *PR-10* 基因都显著上调,NC 组叶片在 4 h 时 *PR-4* 基因显著上调;CA 组 *PR-10* 基因表达在 4 h 时显著上升,NC 组相对 CA 组上升幅度较小(图 2-11B)。结果表明,壳六糖诱导了花生叶片 *PR* 基因表达,且 Ca^{2+} 信号可能介导了壳六糖对花生叶片病原相关基因表达的调控。

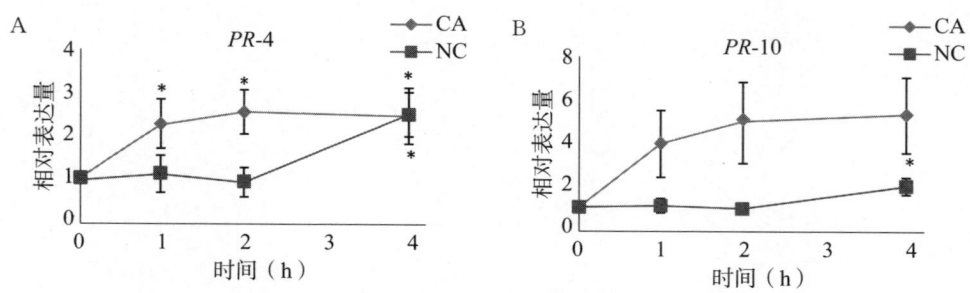

图 2-11　壳六糖处理下花生叶片中病原相关基因的表达模式

二、钙处理条件下壳六糖对花生叶片活性氧含量的影响

经壳六糖处理后,对花生叶片进行了活性氧含量的测定。由图 2-12A 可知,用壳六糖处理花生叶片,在 1 h 和 2 h 时花生叶片中 H_2O_2 都呈显著上升趋势,在 4 h 时 H_2O_2 含量降低到初始水平,且 CA 和 NC 组无明显差异。由图 2-12B 显示,花生叶片经壳六糖处理后,O_2^- 含量在开始时有所上升,然后呈现下降趋势,且 CA 和 NC 组差异不显著。以上表明,壳六糖触发的免疫反应会引起花生叶片中活性氧的暴发,但似乎与 Ca^{2+} 信号途径无关。

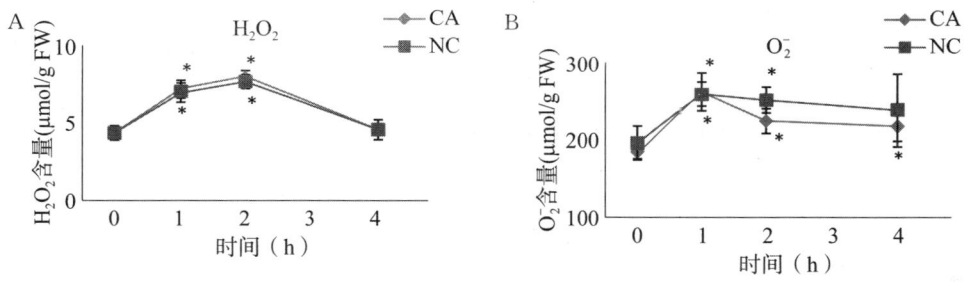

图 2-12 壳六糖处理下花生叶片中活性氧含量的变化

三、钙处理条件下壳六糖对单位 PSⅡ 反应中心活性的影响

由图 2-13A 可知,经壳六糖处理后,ABS/RC 在 CA 和 NC 组中均有所上升;由图 2-13B 可知,经壳六糖处理后,CA 和 NC 组中 TR_O/RC 都出现上升;图 2-13C 显示,经壳六糖处理后,CA 和 NC 组中 ET_O/RC 上升趋势与 ABS/RC 和 TR_O/RC 相似;图 2-13D 显示,经壳六糖处理后,NC 组中 DI_O/RC 整体上升不明显,CA 组在 2 h 后显著上调。以上结果表明,经壳六糖处理后,会一定程度增加花生叶片单位 PSⅡ 反应中心的活性,但似乎与 Ca^{2+} 信号关系不大。

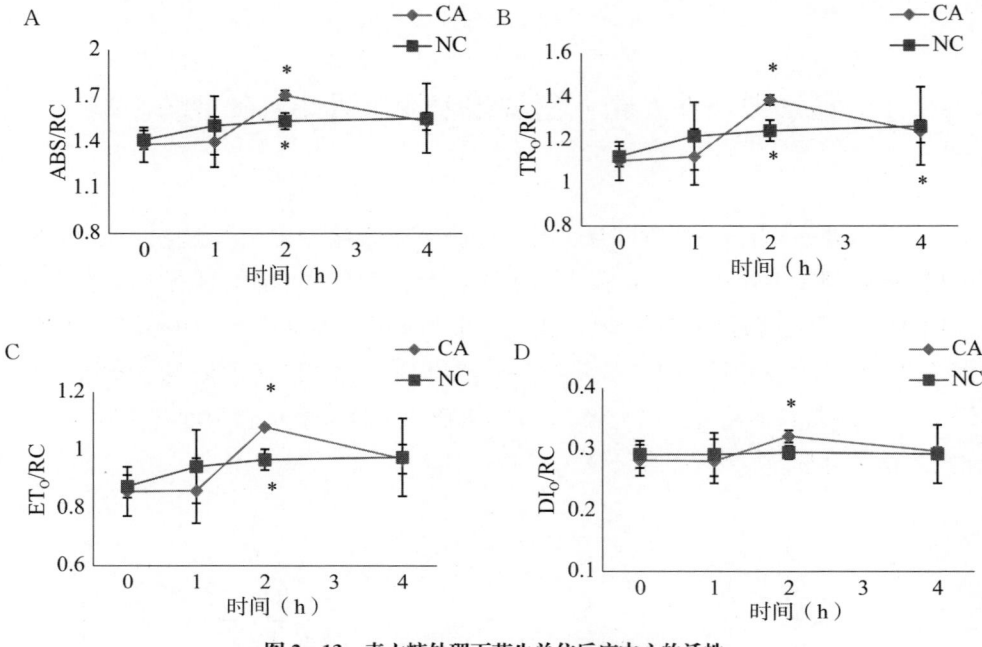

图 2-13 壳六糖处理下花生单位反应中心的活性

四、钙处理条件下壳六糖对反应中心密度的影响

经壳六糖处理后,CA 和 NC 组中 RC/CS_O 在 2 h 和 4 h 时均出现显著下调(图 2-14A),而 CA 组的 RC/CS_M(图 2-14B)在 2 h 时出现显著下调。以上结果表明,壳六糖触发的免疫反应降低了反应中心密度,增加了单个反应中心的负担,但

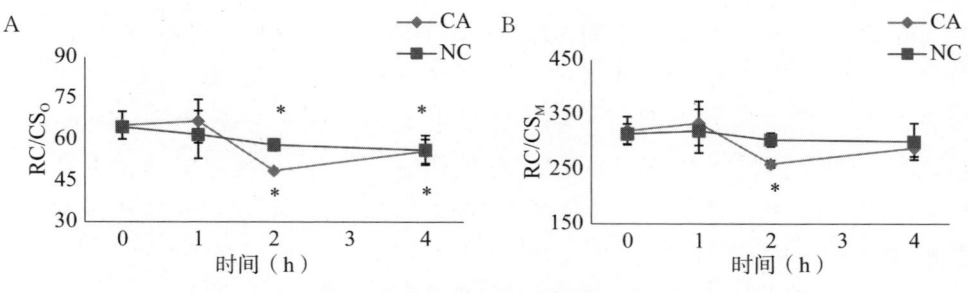

图 2-14 壳六糖处理下花生叶片反应中心密度的变化

与 Ca^{2+} 信号途径关系不大。

五、钙处理条件下壳六糖对叶片吸收光能性能指数的影响

与前面 flg22 不同,经壳六糖处理后,虽然反应中心减少、单个反应中心活性增加,但是叶片吸收光能综合性能指数 $PI_{(abs)}$ 并没有改变(图 2-15)。以上结果表明,壳六糖诱导的免疫通路没有对 $PI_{(abs)}$ 产生影响。通过 PR 基因的相对表达情况看出,壳六糖引起的免疫反应程度可能没有 flg22 触发的免疫明显,这可能是壳六糖不像 flg22 处理后 $PI_{(abs)}$ 产生差异性的原因。

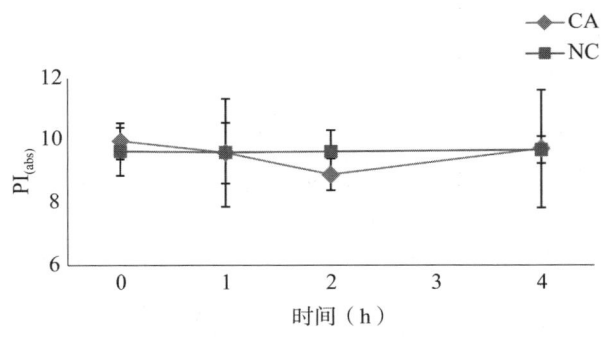

图 2-15 壳六糖处理下花生叶片 $PI_{(abs)}$ 的变化

六、钙处理条件下壳六糖对能量耗散的影响

经壳六糖处理后,CA 组 DI_O/CS_O 在 2 h 和 4 h 时出现显著下调,DI_O/CS_M 在 2 h 时出现显著下调;NC 组 DI_O/CS_O 在 4 h 时出现显著下调(图 2-16)。以上结果表明,壳六糖处理后会引起单位面积热耗散的降低,但可能与 Ca^{2+} 的作用关系不大。由图 2-16C 可知,经壳六糖处理后,CA 组叶片的 NPQ 明显低于 NC 组叶片。以上结果表明,壳六糖诱导的免疫响应反应过程中,Ca^{2+} 参与花生叶片 NPQ 的下调。以上表明,壳六糖诱导的免疫途径降低了花生叶片的能量耗散,且与 flg22 处

理的结果基本一致,这说明在免疫响应过程中,非光化学能量耗散不是唯一散热机制(吴锡冬等,2006)。

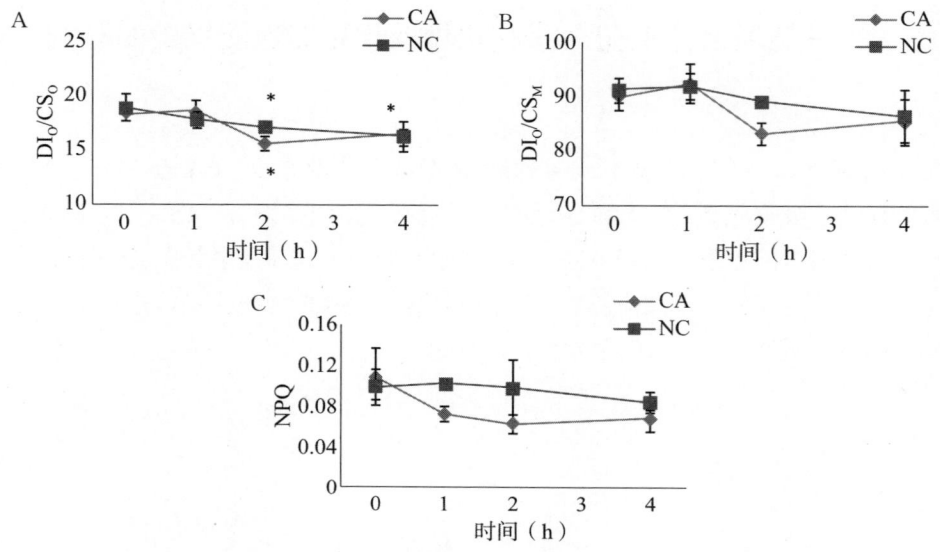

图 2-16 壳六糖处理下花生叶片单位面积热耗散的变化

七、钙处理条件下壳六糖对 PS I 受体侧量子产额的影响

图 2-17 显示,φR_O 在壳六糖处理前后 CA 和 NC 组间差异不显著,表明壳六

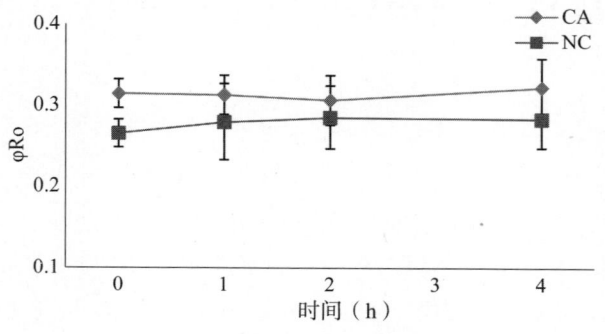

图 2-17 壳六糖处理下花生叶片 φR_O 的变化

糖处理不会影响花生叶片 PSⅠ的受体侧量子产额。

八、钙处理条件下壳六糖对光能综合性能指数的影响

由图 2-18 可知,壳六糖处理花生叶片前后 CA 和 NC 组的光能综合性能指数 [$PI_{(total)}$] 差异不显著,表明壳六糖处理不会影响花生叶片的光能综合性能指数。

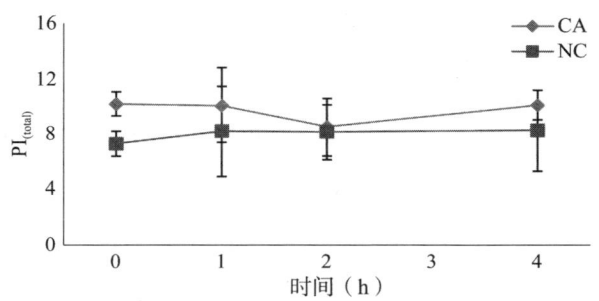

图 2-18 壳六糖处理下花生叶片 $PI_{(total)}$ 的变化

九、钙处理条件下壳六糖对光合相关基因表达的影响

由图 2-19A 可知,壳六糖处理后 1h 时 CA 组 *PsbO* 显著下降,而 NC 组在 4h 时显著下降;图 2-19B 中,CA 组经过壳六糖处理 1h 和 4h 时 *PsbP* 显著下降,而 NC 组 1h、2h 和 4h 时都显著下降。以上结果表明,无论有钙还是无钙,壳六糖处理均会引起 *PsbO* 和 *PsbP* 显著下调。从前面的参数可以看出,壳六糖触发的免疫调控不如 flg22 明显,部分光合参数没有出现显著差异,可能壳六糖处理并没有对 PSⅡ外周蛋白 PsbO 和 PsbP 造成太多影响,所以不需要加快 PSⅡ蛋白的修复。图 2-19C 显示,在壳六糖处理后,CA 和 NC 组 *PsbS* 基因都显著下调,且两者差异不明显;图 2-19D 则显示,NC 组叶片 1h 和 4h 时出现显著上调,而 CA 组 *VDE* 基因表达都出现显著上升,且上升更显著。以上结果表明,壳六糖诱导的免疫通路

引起 $PsbS$ 基因下调及 VDE 基因上调,而 Ca^{2+} 对 VDE 基因表达的调控作用更明显。由图 2-19E 可知,CA 组在壳六糖处理后 4 h 时 $CP12$ 出现显著下调,NC 组叶片在处理后 2 h 和 4 h 时均有显著下调。以上结果表明,壳六糖引起的免疫调节抑制 $CP12$ 基因表达,而 Ca^{2+} 可能减缓了这种作用。

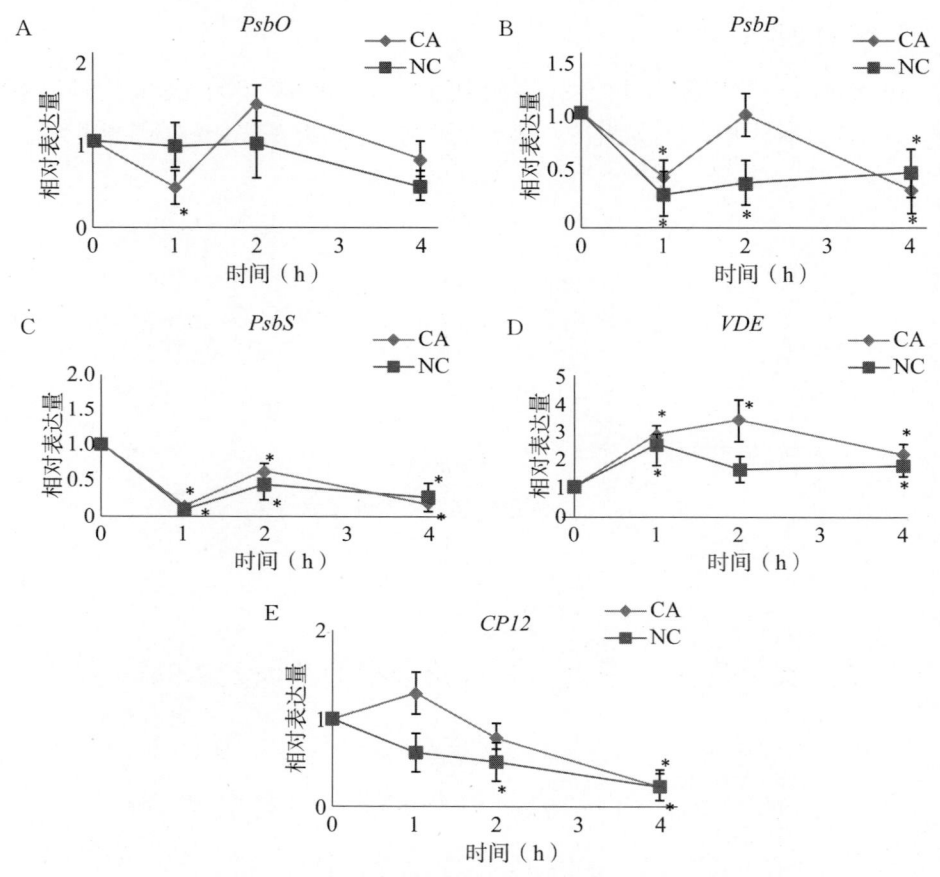

图 2-19　钙处理后壳六糖对花生叶片光合相关基因表达的影响

参考文献

吴锡冬,代金明,孙宁,等. 乙烯诱导衰老过程中大豆叶片快速叶绿素荧光诱导动力学和 PS

Ⅱ光化学特征. 天津师范大学学报:自然科学版,2006,26(1):28-32.

Conesa A, Gotz S, Garcia-Gomez J M, et al. Blast2GO: a universal tool for annotation, visualization and analysis in functional genomics research. Bioinformatics, 2005, 21(18): 3674-3676.

Gao X, Kevin C, He P. Functions of Calcium-Dependent Protein Kinases in Plant, Innate Immunity. Plants, 2014,3(1):160-176.

Hieber A D. Significance of the Lipid Phase in the Dynamics and Functions of the Xanthophyll Cycle as Revealed by PsbS Overexpression in Tobacco and In-vitro Deepoxidation in Monogalactosyldiacylglycerol Micelles. Plant & Cell Physiology, 2004, 45(1):92-102.

Tornero P, José Gadea, Conejero V, et al. Two PR-1 genes from tomato are differentially regulated and reveal a novel mode of expression for a pathogenesis-related gene during the hypersensitive response and development. Molecular Plant-Microbe Interactions: MPMI, 1997,10(5):624.

Vera-Jimenez N I, Nielsen M E. Carp head kidney leukocytes display different patterns of oxygen radical production after stimulation with PAMPs and DAMPs. Molecular Immunology, 2013,55(3-4):231-236.

Wedel N, Soll J, Paap B K. CP12 provides a new mode of light regulation of Calvin cycle activity in higher plants. Proceedings of the National Academy of Sciences of the United States of America, 1997,94(19):10479-10484.

Xia H, Zhao C, Hou L, et al. Transcriptome profiling of peanut gynophores revealed global reprogramming of gene expression during early pod development in darkness. BMC Genomics, 2013,14:517.

Yang S, Wang F, Guo F, et al. Exogenous calcium alleviates photoinhibition of PSⅡ by Improving the Xanthophyll Cycle in Peanut (*Arachis Hypogaea*) leaves during heat stress under high irradiance. Plos One, 2013,8(8): e71214.

Yang S, Wang F, Guo F, et al. Calcium contributes to photoprotection and repair of photosystem Ⅱ in peanut (*Arachis hypogaea* L.) leaves during heat stress under high irradiance. J Integr Plant Biol, 2015,57(5):486-495.

第三章

施钙缓解花生非生物逆境胁迫的生理与分子机制

第一节
光合作用的光抑制与光破坏

一、光抑制的特征及其与光破坏的关系

当绿色植物光合机构吸收的光能超过其所利用的量时,就会发生光合效率和光合功能的降低,这种现象被称为光抑制,主要表现为碳同化的光量子效率、PSⅡ光化学效率及饱和光强下光合速率的降低(Powles *et al.*,1984)。

光抑制最显著的特征是,光系统Ⅱ(PSⅡ)的光化学效率和碳同化的光量子效率降低。在自然条件下,晴天中午植物上层叶片常常发生光抑制。当强光和其他环境胁迫因素(如高温、低温和干旱等)同时存在时,光抑制更严重,即使在中、低光强下也会发生。

在过去相当长的一段时间内,不少人一提到光抑制就把其与光合机构的破坏联系在一起,似乎光抑制和光破坏是一回事。也有一些人认为,光抑制是 D1 蛋白降解速度超过其重新合成、修复速率的结果,也就是 D1 蛋白净损失的结果,即光抑制仅仅在破坏速率超过修复速率时才发生。然而,用室内生长的植物与田间生长的植物做实验的结果都清楚地表明,光合活性的降低、光抑制的发生并不伴随 D1 蛋白的净损失。以上表明,不能把光抑制和光破坏等同起来。

二、环境胁迫加重了光抑制

许多研究表明,低温、高温、干旱、盐渍等环境胁迫都加重了光抑制甚至会引起光合器官的光氧化破坏。Takahashi 和 Murata(2008)研究指出,该过程是由 PSⅡ 的光损伤速率与其修复速率之间的平衡决定的。环境胁迫并不影响光损伤的速率,而是通过抑制 PSⅡ 合成相关蛋白来影响其修复过程。此外,D1 蛋白会通过直接抑制其翻译水平或阻碍 CO_2 的固定来实现其翻译水平的下调。与此同时,阻碍 CO_2 的固定会触发叶绿体中的活性氧系统,从而影响 PSⅡ 相关蛋白的合成。

三、光抑制和光破坏的防御机制

高等植物生活在光强经常发生大幅度变化的环境中。在漫长的进化过程中,它们既形成了一些适应弱光的方法,也形成了多种防止或减轻强光破坏的方法,构成了一个防御系统。植物的光保护机制主要有减少吸收、提高光合能力、减少向 PSⅡ 的光能分配、加强耗能代谢、清除活性氧、修复 D1 蛋白、光呼吸和 Mehler 反应等。

(一) 通过状态转换向 PSⅠ 分配较多的光能

PSⅠ 主要定位于非垛叠的基质片层上,而 PSⅡ 则主要定位于垛叠的基粒片层上。植物能够在两个光系统之间将吸收的光能进行重新分配。当吸收的光能超过 PSⅡ 利用的能力时,就会出现 LHCII 由 PSⅡ 向 PSⅠ 的动态转移,这种暂时和可逆再分配被称为状态转换。当光合机构吸收的光能在 PSⅠ 和 PSⅡ 之间的分配处于平衡时,光能的转化效率最高。在波长大于 700 nm 的远红光下,PSⅠ 吸收的光能多于 PSⅡ,可诱导激发能向 PSⅡ 分配的比例增加,称为状态Ⅰ;在波长 650 nm 的红光下,PSⅡ 吸收的光能多于 PSⅠ,可使激发能向 PSⅠ 分配的比例增加,称为状态Ⅱ。当 PSⅡ 光能过剩时,部分色素蛋白复合体可以与 PSⅡ 反应中心分离而与 PSⅠ 结合,并将过剩光能传递给 PSⅠ,即从状态Ⅰ转化到状态Ⅱ。这种转换减少了PSⅡ中的过剩光能,对PSⅡ起一定的保护作用。小麦在强光外加微弱的红光或远红光下能够诱导状态转换,太阳光谱中的红光和远红光的光强在总光强中所占的比例在一天中总是随时间而变化,这种变化有利于作物在光抑制最严重时向状态Ⅱ转变,以缓解光抑制。PSⅡ色素蛋白复合体的磷酸化可以增加分配给PSⅠ的光能,避免PSⅡ反应中心的过度激发。

(二)减少光吸收,增加光能利用能力

适应强光环境的植物叶片通常以特有的形态学特征和生理功能来减少光吸收,同时增加光能利用能力。如叶片变小直至成针状、变厚直至肉质化,叶表面生长绒毛或者积累盐分,以尽量减少对光能的吸收。另外,植物体也可以通过叶运动(改变与入射光之间的角度)或叶绿体运动等对强光的快速响应以减少对光的吸收,从而避免光抑制。

另一方面,植物可以通过提高光合作用能力、调整捕光天线大小、提高电子传递和碳同化能力、提高Rubisco的含量和活性等方式提高光能的利用效率,从而减少过剩光能。有研究表明,增施CO_2和在叶片上喷施无机磷可以减少晴天午间棉花叶片的光抑制程度。

(三)依赖于叶黄素循环的热耗散

逆境条件下反应中心的光能转化效率和叶片光合效率的下降可能是由于一些光破坏防御机制的运转引起的,如作为光破坏防御机制的热耗散,由于耗散掉了过剩的激发能,所以能在很大程度上使PSⅡ光化学效率和量子效率降低。依赖叶黄素循环的非辐射能量耗散在逆境胁迫中对植物起着非常重要的保护作用。光能被捕获以后,主要有三条相互竞争的出路:光化学电子传递、叶绿素荧光发射和热耗散。依赖能量的叶绿素荧光猝灭与光合作用的量子效率呈负相关,表明了一种调节机理,即降低光饱和条件下PSⅡ的光化学效率,可以避免光抑制、光破坏的发生。但由于叶绿素荧光只消耗捕获光能的很少一部分,因此在光化学反应受阻时,热耗散就成了消耗过剩光能的重要途径。热耗散可以用叶绿素荧光的非光化学猝灭(NPQ)来检测,它的增加依赖跨类囊体膜的ΔpH和叶黄素循环向玉米黄质(Z)的转化。

叶黄素循环(xanthophyll cycle)是耗散过剩光能的主要方式。Demmig-Adams等(1992)发现,在强光下非光辐射能量耗散增加的同时,玉米黄素含量增加,荧光参数F_v、F_o和F_v/F_m均降低,推测玉米黄素与激发态的叶绿素作用可以耗

散其激发能,使光合机构免受过量光能破坏。有实验表明,无氧条件下照光的菠菜类囊体膜PSⅡ电子传递会发生严重的光抑制,但D1蛋白没有降解,而置暗环境中1~2h后,PSⅡ活性可以完全恢复,并不发生蛋白质的从头合成。这种光抑制可能就是热耗散增加的一个迹象。另外,以D1蛋白功能改变为特征的PSⅡ反应中心可逆性失活也是一种主要的热耗散机制。如大豆就是以这种PSⅡ反应中心可逆性失活进行过剩光能耗散的。

热耗散可以耗散过剩光能,使植物的光合机构免受破坏,但同时也引起光合碳同化量子效率和PSⅡ光化学效率下降,即光抑制现象。反言之,光抑制不一定使光合机构受到破坏,也可能是植物在长期进化中形成的一种保护机制。

Thayer和Björkman(1992)报道,棉花叶片和玉米叶片的PSⅠ碎片中也含有叶黄素循环组分和存在V~Z的转换,表明PSⅠ内部也可能发生叶黄素循环。在低温胁迫下,冷敏感植物和耐冷植物中叶黄素循环组分玉米黄质随NPQ的升高而增加,对PSⅡ起保护作用。至于低温、弱光下叶黄素循环对PSⅠ是否也有保护作用,值得进一步研究。

有研究表明,VDE活性可能受环境温度的制约。在植物正常生长的温度范围内,此酶的活性较强,而在低温或高温条件下,其活性明显受到抑制,这可能是高温或低温下酶钝化所致。另外,也有研究表明,低温抑制Z的生成,增加植物对光抑制的敏感性。Sarry $et\ al.$ (1994)在光下用3℃处理马铃薯叶片,结果只有少量的Z生成,表明低温似乎并不能完全抑制VDE酶的活性。有研究表明,在低温胁迫下,依赖叶黄素循环的NPQ仍然能有效耗散过剩能量,对PSⅡ起到有效保护的作用,而且叶黄素循环库明显增加。

(四)活性氧清除系统

通常情况下,光合机构的光破坏是由过剩光能导致的活性氧引发的。植物对氧化胁迫的抗性与活性氧清除能力的大小密不可分,即使在正常的条件下,植物体光合器官除产生O_2外,还生成具有破坏性的活性氧。引发光氧化损害的两类活性氧是超氧阴离子O_2^-和单线态氧$^1O_2$。O_2^-主要由Mehler反应产生,$^1O_2$则是由O_2^-与三线态叶绿素或三线态$P680^+$作用产生的。当逆境胁迫加重时,如果依赖叶黄素循环的热耗散不能及时耗散掉过剩能量,或光合碳同化受阻,就会导致过剩激发能传递给O_2产生活性氧。活性氧的积累会导致细胞膜系统的膜质过氧化伤害,造成膜结构破坏和功能丧失,结果表现为膜透性增大和离子泄漏。若这种破坏严重，会引起抗氧化剂的降解和色素的漂白，称为光氧化。有关各种逆境胁迫因子对植物的伤害，特别是低温光胁迫对植物的伤害，有研究表明，主要是由于逆境条件下产生的大量活性氧所致。

低温胁迫下，活性氧的产生与 PSⅠ的光抑制密切相关。Jakob 和 Heber (1996)利用菠菜类囊体膜和完整的叶绿体作为材料，研究发现 PSⅠ光抑制与活性氧的积累有关，认为活性氧的破坏作用是造成 PSⅠ光抑制的原因。对冷敏感植物来说，低温弱光下引起 PSⅠ反应中心伤害的原因可能是 PSⅠ产生的过氧化物和/或单线态氧。Golbeck et al.(1987，1991)的实验表明，当 PSⅠ受体侧完全还原后，$P700^+/A_0^-$ 或 $P700^+/A_1^-$ 重组产生三线态 P700，此种三线态的叶绿素也可与分子氧反应生成单线态氧，从而引起 PSⅠ的光抑制伤害。有研究认为，叶绿体过氧化物产生位点是 PSⅠ还原侧，而清除活性氧的酶，如超氧化物歧化酶（SOD）和抗坏血酸过氧化物酶（APX）也位于或接近 PSⅠ反应中心。

为了防止活性氧对植物造成伤害，植物体内存在酶促与非酶促两大清除活性氧系统。非酶类抗氧化物质主要有抗坏血酸、谷胱甘肽、类黄酮、类胡萝卜素和 α-生育酚等。另外，还存在一些清除酶类，主要包括超氧化物歧化酶（SOD）、过氧化氢酶（CAT）、抗坏血酸过氧化物酶（APX）、谷胱甘肽还原酶（GR）等。除了这些酶类外，还需要抗坏血酸（AsA）和还原性谷胱甘肽（GSH）等活性氧清除物质。这些抗氧化物质能够及时清除活性氧，以减轻或避免活性氧对植物所造成的光氧化破坏。SOD 是植物氧代谢中一种极为重要的酶，它歧化 O_2 为 H_2O_2 和 O_2^-，从而影响植物体内 O_2 和 H_2O_2 的浓度。SOD 活性变化与植物低温伤害和耐冷性存在密切关系。APX 在利用 AsA 作为电子供体的情况下，将 H_2O_2 还原，生成单脱氢抗坏血酸残基，后者又可以在水——水循环中被 PSⅠ通过铁氧还蛋白直接还原。APX 是植物叶绿体中 H_2O_2 解毒最关键的酶。叶绿体中 50% 以上的 APX 是膜结合型的，因此，低温胁迫下类囊体膜脂从液晶态向凝胶态的转变可能会影响膜结合的 APX 的活性，从而影响活性氧的清除。

（五）D1 蛋白的周转

关于光抑制现象，人们更多地关注于 PSⅡ反应中心蛋白，特别是叶绿体编码蛋白（D1 蛋白）的研究。当热耗散等其他一些保护机制不能有效地保护光合器官时，D1 蛋白的修复可被看作是反应中心防御强光破坏的最后一道防线。D1 蛋白和 D2 蛋白是两种重要组分，它们构成了 PSⅡ反应中心的基本框架。与 D1 蛋白相连的反应中心 P680 是原初电子供体；去镁叶绿素 Phe 和 QB 作为初级和次级电子受体也分别与D1蛋白相连。所以,位于PSⅡ反应中心的D1蛋白不仅能够为各种辅助因子提供结合位点,维持PSⅡ反应中心构象的稳定,而且还与原初电荷分离和传递有关。

编码D1蛋白的 $PsbA$ 基因位于叶绿体内,它有高度保守性。有实验表明,D1蛋白存在两种形式,即D1:1和D1:2。值得注意的是,D1:1蛋白光能捕获率较低,抗光抑制能力差,但在弱光下占优势;而D1:2蛋白有较高的光能捕获效率,在光抑制条件下能够提高周转速率,在强光下占优势。因此,D1:2可能参与激发能的耗散。有关D1蛋白突变体的研究表明,突变体依赖叶黄素循环的耗散能力降低,对光抑制更加敏感。有资料显示,光下D1蛋白突变体中QB的亲和力下降不能正常发挥作用,QA还原程度增加,电子传递速率较低,最终导致跨膜pH梯度的下降;同时,用二硫苏糖醇处理后发现,依赖叶黄素循环的能量耗散受到抑制,分析叶黄素库成分表明,强光下突变体中的叶黄素脱环化程度减少。导致这种现象的原因可能是,D1蛋白的突变体通过影响电子传递和跨膜pH梯度而影响依赖叶黄素循环的热耗散。D1蛋白周转是调节PSⅡ反应中心功能的主要因素,所以只要D1蛋白的降解速率大于其合成速率,即发生D1蛋白净降解,导致PSⅡ反应中心失活。研究还证明,几乎所有的光抑制过程中都积累失活的反应中心。因此,人们推测失活的反应中心可能耗散过剩激发能,从而保护相邻而又相连的反应中心免遭光破坏。许大全(1992)也通过实验证明PSⅡ反应中心的可逆失活很可能是一种重要的耗散机制。这种耗散机制可能与天线复合物从PSⅡ反应中心脱落、D1蛋白的磷酸化及去磷酸化,以及PSⅡ复合物单体与双体的相互转化有关。

植物体中存在着多种光破坏防御机制,不同的耗散过剩激发能机制可能同时存在,相互协调,共同起作用。用CAP(氯霉素,叶绿素蛋白合成抑制剂)或DTT(二硫苏糖醇,叶黄素循环抑制剂)分别处理菠菜叶片,强光诱导的PSⅡ光化学效率降低,在弱光和黑暗条件下又逐渐恢复;用CAP+DTT同时处理,造成PSⅡ光化学效率不可逆下降,在DTT存在下,抑制了依赖叶黄素循环的能量耗散,蛋白的周转在光化学效率恢复过程中可能起主要作用;CAP处理下,叶黄素循环可能耗散过剩的激发能,对光化学效率的恢复起一定作用;在强光下,用CAP+DTT同时处理,另一种能量耗散机制(不依赖叶黄素循环)加强,由于其荧光参数 F_o 增加,推测可能是PSⅡ反应中心失活(包括LHCII与PSⅡ反应中心分离)耗散了一定比例的激发能。由于使用CAP处理,蛋白质的合成受到抑制,因此光化学效率的恢复是不可逆的。对缺乏VDE的突变体($npql$)进行研究发现,与野生型相比,NPQ减少了70%,也表明当叶黄素循环受到抑制时,仍有其他形式的能量耗散机制存在。

因此,在植物的叶绿体中,多种能量耗散机制往往是共存的。

四、高等植物体内的叶黄素循环

(一) 叶黄素循环的组成

高等植物体内除含有大量的叶绿素外,还存在着大量的类胡萝卜素。类胡萝卜素广泛存在于植物、一些非光合细菌及藻类中,主要包括胡萝卜素(carotenes)和叶黄素(xanthophylls)两大类。前者有 α-胡萝卜素和 β-胡萝卜素;后者是胡萝卜素的氧化衍生物,是类胡萝卜素中含有氧的一组多萜类的总称,包括双环氧的紫黄质(violaxanthin, V)、单环氧的花药黄质(antheraxanthin, A)、玉米黄质(zeaxanthin, Z)、新黄质(neoxanthin, N)、叶黄质(lutein, L)及 loroxanthin 等。在陆生绿色组织中,L 约占类胡萝卜素总量的 45%,β-胡萝卜素占 25%~30%,V 占 10%~15%,N 占 10%~15%。

类胡萝卜素可以直接充当捕光色素,以保证光合作用的正常进行,同时也可以在防御光破坏中发挥重要作用。类胡萝卜素在防御机制中起主要作用的组分就是叶黄素,主要由 3 个组分(V、A 和 Z)参与。

叶黄素循环就是指这三种组分在不同光照强度和 pH 条件下由紫黄质脱环氧化酶(violaxanthin de-epoxidase, VDE)和玉米黄质环氧化酶(zeaxanthin epoxidase, ZE)催化的相互转化。当出现过剩光能时,V 在 VDE 的作用下,经 A 转化成 Z,这是紫黄质的脱环化作用。Z 在植物叶黄素循环耗散光能过程中起关键作用,可以直接猝灭激发态叶绿素或改变类囊体膜的流动性及促进 PSⅡ 的 LHCII 聚集来增加非辐射能量的耗散。当光能不再过剩时,转化方向相反,Z 在 ZE 的催化作用下经 A 形成 V,Z 减少而 V 增加。这两个反应构成一个循环,在光和暗及两个酶催化下能同时发生(图 3-1)。

叶黄素循环在自然界中广泛存在,主要定位于所有高等植物、蕨类植物、苔藓及部分藻类植物的类囊体膜上。依赖光的叶黄素间的转换最早是由 Sapozhnikov 等在 1957 年发现的。1960—1980 年 Yamamoto 和 Hager 的实验小组首次证明了在植物中存在叶黄素循环:用色谱方法分析在不同条件下生长的植物叶片中类胡萝卜素含量的变化发现,在强光下,V 含量下降而 Z 含量增加,并发生脱环氧化

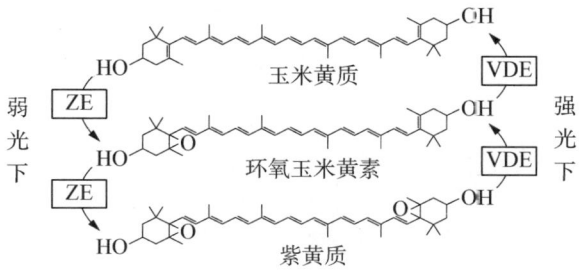

图 3-1 叶黄素循环

(de-epoxidation)作用；在暗中，Z 含量降低而 V 含量开始增加，并通过温度实验证明这些反应是酶促反应。之后虽然有过不少研究，但对这一循环的生理功能还不清楚。直到 1987 年，Demmig-Adams 等利用叶绿素荧光技术证实叶黄素循环在光抑制中具有调节过剩光能的作用，才引起人们对叶黄素循环的注意，并对其过程和在光合作用中过剩光能耗散机制有了深入的了解。

至于叶黄素循环色素组分的具体定位尚在争论之中。但考虑到整体植物的热耗散可能主要发生在 PSⅡ捕光天线部位，V、A、Z 可能主要结合于 LHC，尤其是 LHCII，使 LHC 以更有利的构象充分耗散过量的激发能。

(二) 叶黄素循环的主要功能

叶黄素循环存在于所有的高等植物中，是植物在长期进化过程中所保存下来的一种代谢过程。它具有多方面的功能，其中依赖叶黄素循环的热耗散是最主要的功能。

光能转变为化学能所导致的荧光猝灭被称为光化学猝灭(PQ)，而不参与光化学过程的荧光猝灭被称为非光化学猝灭(NPQ)。热耗散被认为是植物保护其光合机构免受过剩光能伤害的主要机制。在正常情况下，PSⅡ中吸收光能的 10% 会形成三线态叶绿素($3Chl^*$)，叶黄素可以消耗 $3Chl^*$ 的能量，在分离的 LHCII 中，这种耗散效率为 100%。在正午田间条件下，当只有强光为唯一胁迫因子时，植物叶片所吸收的光能中有约 75% 是通过热耗散途径使 $3Chl^*$ 去激发转变为热能消耗到体外的。缺乏有效热耗散的突变体对强光表现得更敏感，尤其是在强光和其他逆境胁迫因子同时存在的条件下更甚。很多实验证明，在高等植物光合机构中，以 NPQ 表示的热耗散强度与 Z+A 的含量呈正相关，Z(包括 A)在耗散过多的激发能中起着非常重要的作用。二硫苏糖醇(DTT)常可使植物叶片的 NPQ 抑制 80% 或更多，这种抑制程度因植物种类而不同。在抗坏血酸存在下，较高的 Z 形成速率使依赖叶黄素循环的热耗散更快、更有效地参与光保护。缺乏紫黄质脱环氧化酶的拟南芥突变体,其叶片 NPQ 水平大约只相当于野生型的 20%。目前大部分生理与分子生物学的实验结果支持 NPQ 依赖叶黄素循环的观点。

在菜豆(Phaseolus vulgaris)黄化叶中也有 VDE 酶的存在,其活性能被 DTT 抑制,说明在类囊体和光合活性形成之前就出现了 VDE 酶。关于叶黄素循环组分可能起到调整类囊体膜物理特性的观点,最早由 Yamamoto 提出。随后,Gruszecki 和 Strzalka 发现 V 的脱环氧化会引起类囊体膜流动性的改变。Z 的合成已经被发现与类囊体膜物理性质的调节有关。Havaux et al. (2004)研究表明,强光处理后膜流动性的下降与 Z 含量的增加密切相关。Havaux(1998)认为,Z 介导的膜流动性的下降可增加类囊体膜在强光和高温下的稳定性,从而提高其对光温的耐受力。另外,强光下 Z 的合成可能与 PSⅡ热稳定性的增加及膜的离子通透性都有关系。

类胡萝卜素及一些叶黄素有潜在的防止膜脂过氧化的能力,尤其是玉米黄质(Z)被认为能够保护膜脂不受光氧化破坏而降解。Z 是以非酶促的形式发生作用的,它能够猝灭三线态叶绿素($3Chl^*$)和多种活性氧分子。Havaux 等以 DTT 处理抑制 Z 的形成后会加剧过剩光能胁迫下植物叶片脂类的降解,促进不饱和脂肪酸的过氧化;Sarry et al. (1994)研究表明,在低温下用强光处理的马铃薯叶片 Z 能够有效防止膜脂过氧化,据此提出叶黄素循环起到保护脂类免受过氧化的观点。用紫外线照射使膜脂发生氧化,L 和 Z 都能够防止膜脂的氧化,但 Z 的保护能力比 L 强,这可能与它们和膜脂的组织状态有关。缺乏 VDE 活性的拟南芥突变体 npq1 比野生型膜脂过氧化程度高;而具有正常的叶黄素循环但缺乏 NPQ 的突变体 npq4 与 npq1 相比,对膜脂过氧化有更高的耐受力;双突变体 npq4 npq1 很容易受到光氧化破坏而造成膜脂过氧化。这些都说明叶黄素循环具有保护膜脂的作用。

Quinones 和 Zeiger 认为,叶黄素循环在植物中参与了蓝光的信号传导,并且认为 Z 是一种光受体(photoreceptor)。黑暗中生长的棉花胚芽鞘积累了 V,但缺少 Z,这种胚芽鞘对蓝光脉冲的响应没有产生弯曲,而对有不同含量 Z 的胚芽鞘用蓝光诱导后,其弯曲程度与 Z 的含量呈正相关。用 DTT 抑制 Z 的形成同样抑制了蓝光诱导的类囊体膜基质侧的开放程度,且这种开放程度与 Z 的浓度相关。

脱落酸(ABA)是一种与植物种子成熟及胁迫信号响应的植物激素。一系列研究发现,叶黄素循环中 V 和 Z 是植物激素 ABA 合成途径的中间产物,因此调节 ABA 的合成可能是叶黄素循环的又一功能。在过剩光能下,VDE 活性的增强可能会减少 ABA 的合成。Ivanov 等外施 ABA 后发现 Z 大量积累并且 PSⅡ的光保护增强了，因此推测 ZE 既参与叶黄素循环又参与 ABA 前体的合成。

（三）叶黄素循环能量耗散的分子机理

有研究表明，叶黄素循环组分 Z 与 NPQ 之间呈正线性关系，并进一步发现 A 和 Z 含量之和与 NPQ 之间有更好的线性关系。Thiele 和 Krause 提出，Z 不能直接猝灭过剩光能，只能通过增大依赖跨类囊体膜 pH 梯度的能量耗散起保护作用。一般认为，光能的有效耗散同时需要 ΔpH 和 A 与 Z 的存在，但关于 Z 与能量耗散之间的分子机理还不清楚，目前主要有两种有一定代表性的假说。一是直接猝灭机制。这种假说认为 Z（或 A）和激发态叶绿素（Chl）之间可以直接进行能量传递，它们之间存在着一个由 V→Chla→Z（或 A）的能量转移通道。Chla 吸收的过量激发能最终可以通过 Z 或 A 直接以热的形式耗散出体外。ΔpH 主要是诱导 Chla 和 Z 或 A 构象变化，使两者相互靠近，从而保证能量的顺利传递。二是间接猝灭机制。该假说认为 Z 或 A 并不能和 Chla 直接进行能量传递，而主要是通过跨类囊体的 pH 梯度变化激活 VDE 活性，促使 A 与 Z 的产生，Z 再与 pH 梯度一起促使 LHCII 发生构象变化，从聚光状态转换到耗能状态，形成耗散中心，过量的激发能以热的形式耗散掉。Demmig-Adams 等发现，女贞幼叶的 Z 或（A+Z）/Chl 比老叶的高 10 倍，但 NPQ 值是一样的。这些结果表明，叶黄素循环对过剩能量的耗散是有限的，在某些情况下起热能耗散作用的叶绿体色素不是 Z 而是叶黄素（lutein，L），因为缺失 L 的拟南芥突变体的 NPQ 值降低。Li et al.（2003）发现 Z 和 L 的双突变体几乎测不到依赖跨类囊体膜的 pH 梯度的 NPQ 值，因为这种双突变体缺少色素 Z 结合蛋白 CP22。将编码 CP22 的 PsbS 基因导入突变体后，它又恢复了热能耗散能力，表明 CP22 可能是 Z 起耗散作用的位点，也可能是 CP22 的结构变化促进依赖 Z 的其他捕光系统的耗散作用。

第二节
高温强光胁迫下施钙缓解花生光抑制

一、花生植株干重、鲜重及花生叶片和根中钙含量的测定

为了研究外源钙处理对花生植株生长形态的影响,本试验分析了正常生长条件下不同钙浓度处理后植株幼苗的生长状况。分别经过 0 mmol/L Ca(NO$_3$)$_2$(CK)和 6 mmol/L Ca(NO$_3$)$_2$(CA)处理生长 25 天的花生植株,测定不同浓度钙离子处理后的花生幼苗叶片及根中钙含量,结果表明:加钙(CA)处理的植株钙含量均高于缺钙(CK)植株(表 3-1),并且其长势也要明显优于缺钙植株,从干重、鲜重、分枝数等各方面都能体现出差异(图 3-2)。

表 3-1 花生植株根及叶片中钙含量的测定

Ca(NO$_3$)$_2$ 浓度(mmol/L)	Ca^{2+} 含量(%)	
	叶片	根
0	1.01±0.01	0.22±0.03
6	1.33±0.02	0.31±0.02

图 3-2　不同浓度 Ca²⁺ 对花生长势的影响

A. 不同浓度钙处理对花生长势的影响；B. 不同浓度钙处理下花生植株鲜重和干重测定

二、高温强光下钙对 PSⅡ 光抑制的影响

PSⅡ 最大光化学效率(F_v/F_m)可以衡量 PSⅡ 的光抑制程度。在正常生长条件下，CK 和 CA 的 F_v/F_m 没有明显差别，经过高温强光处理后，叶片 F_v/F_m 显著下降，在处理 2 h 时下降最为明显，表明高温强光胁迫下花生叶片发生了光抑制现象。处理 5 h 后，CK 和 CA 的 F_v/F_m 值与初始值相比较分别下降了 30.1% 和 23.5%（图 3-3）。与缺钙花生叶片相比，钙离子显著降低了高温强光胁迫下叶片 F_v/F_m 的下降程度，说明钙离子具有减轻光抑制的作用。

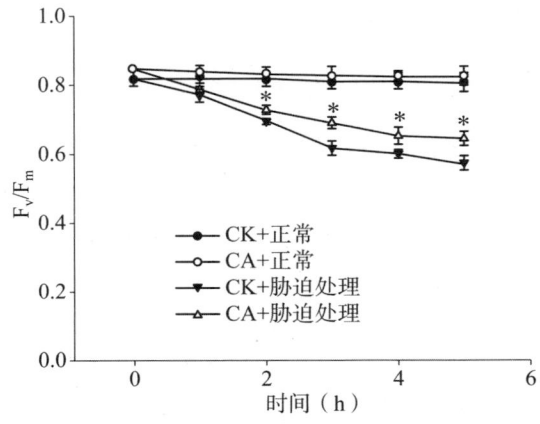

图 3-3　不同浓度 Ca²⁺ 对花生叶片最大光化学效率(F_v/F_m)的影响

三、高温强光下钙对活性氧及其清除酶活性的影响

在光合作用过程中,光系统反应中心吸收的光不能有效利用或耗散掉,过剩的能量会传递到氧中形成活性氧。活性氧是植物体内重要的氧化物质,同时少量的活性氧还是植物信号传递物质。植物在受到胁迫后,特别是高温强光胁迫下,过多的光能来不及耗散就会导致电子传递受阻而产生活性氧,其中超氧阴离子(O_2^-)经PSⅠ复合体直接产生,并能由基质内的过氧化物歧化酶(SOD)歧化成过氧化氢(H_2O_2)和O_2,而H_2O_2则可由抗坏血酸过氧化物酶(APX)还原为H_2O。大量的活性氧积累会对光合系统造成伤害。过量的活性氧会攻击膜上和细胞内的蛋白,从而导致CO_2同化酶失活。大量研究表明,钙离子可以清除活性氧,高温(40℃)强光[1 200 $\mu mol/(m^2 \cdot s)$]胁迫下,随着培养条件中Ca^{2+}浓度的升高,O_2^-和H_2O_2的含量明显降低,CA叶片中的O_2^-和H_2O_2含量都明显低于CK(表3-2)。

表3-2 CK和CA中H_2O_2和O_2^-含量测定

$Ca(NO_3)_2$浓度(mmol/L)	处理时间(h)	$H_2O_2(\mu mol/gFW)$	O_2^-(nmol/gFW)
0	0	0.348 9±0.003 5	4.710 5±0.014
	5	0.812 8±0.005 3	6.471 0±0.049
6	0	0.329 0±0.011	4.241 0±0.036
	5	0.718 9±0.004 9	5.571 2±0.15

高温强光处理后,植物体内有害物质积累,活性氧产生增多,那么植物体内的活性氧清除物质,即不同消除酶又会出现怎样的变化?钙离子浓度对它们有什么影响?为此,测定了高温强光下不同处理植株的酶编码基因的表达,结果如表3-3和图3-4中所示,随着处理时间的延长,活性氧清除酶活性及*APX*、*SOD*基因在CA中的表达量更高一些,对活性氧的清除能力更强,说明钙离子可以提高高温强光下不同酶的活性,以提高植物应对环境胁迫的能力。

表 3-3　高温强光胁迫下外源施钙对活性氧清除酶活性的影响

处理		APX [U/(min·gFW)]	SOD [U/(min·gFW)]	CAT [U/(min·gFW)]
对照	CK	18.15±1.46a	35.97±2.22a	27.86±1.94a
胁迫	CK	20.80±2.16a	38.04±2.71a	30.55±0.17b
	CA	26.87±3.63ab	45.85±5.92a	33.13±0.45a
	CA+EGTA	19.07±2.08f	37.58±1.82b	30.55±0.17b
	CA+LaCl$_3$	20.67±1.82de	39.18±1.13b	30.23±0.74b
	CA+CPZ	21.17±2.99de	40.37±1.92b	31.40±1.14b

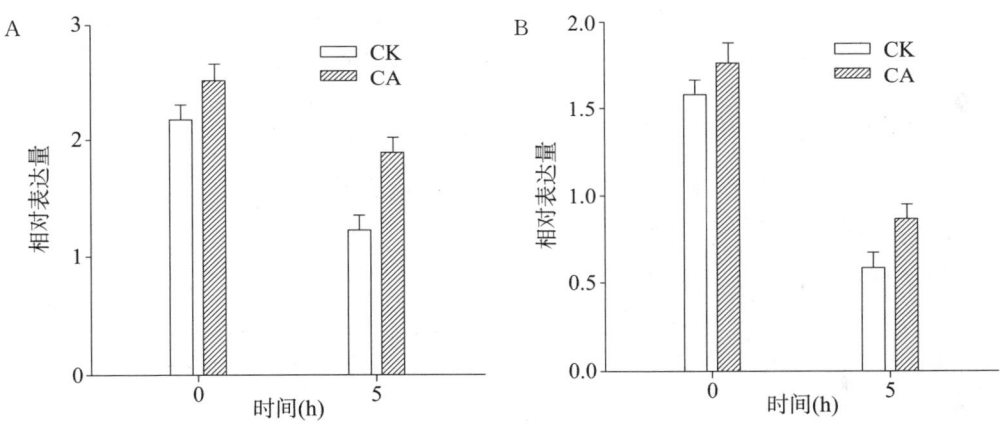

图 3-4　花生植株 CK 和 CA 叶片中活性氧响应基因的表达
A. AhAPX 的表达水平；B. AhSOD 的表达水平

四、高温强光下钙对花生植株类囊体膜蛋白组分的影响

叶绿体是一个高度专业化的细胞器，负责完成复杂的生物过程。同时，它又是一个能量转换器，将太阳能转化为化学能，主要是二氧化碳的固定、亚硝酸盐的还原及合成氧化物，如 ATP、氨基酸和脂质等。所有这些功能的顺利完成都离不开类囊体膜的参与。在叶绿体基质中，类囊体是单层膜围成的扁平小囊，也称为囊状结构薄膜。类囊体沿叶绿体的长轴平行排列。类囊体膜上含有光合色素和电子传

递链组分,光能向活跃的化学能的转化在此进行,因此类囊体膜亦称光合膜。类囊体可增大叶绿体的膜面积,增大光合作用率。植物的生物膜主要由脂类和蛋白质组成。其中,脂类和蛋白质之间依赖静电或疏水相互作用进行联系。当温度升高时,蛋白质移动的幅度增大,强度增加。当植物受到环境胁迫,特别是高温强光胁迫后,生物膜结构变化,功能键断裂甚至膜蛋白变性。遭受热胁迫会使类囊体膜的垛叠减少,膜整体结构分解。高温很容易导致PSⅡ活性的丧失,主要是外周天线和放氧复合体的脱落,都与膜质流动性增强和膜蛋白相互作用的改变有关。高温强光下钙离子可以保护植物的类囊体膜,使其免受环境的伤害。BN-PAGE是研究植物类囊体膜的重要方法,它可以分离分子量10～10 000 kDa的蛋白质复合体(Veronika Reisinger et al.,2006),通过直接分离类囊体膜的蛋白组分达到分析类囊体膜的目的,特别是叶绿体和线粒体内膜中负责电子和质子转移的蛋白复合体已经分离成功。实验按照Schagger(1991,1994)的方法稍做修改。首先是叶绿体的分离:将花生植株放在黑暗中1～2天,以减少细胞中淀粉的含量,然后将花生叶片放在高温强光下处理5 h,用10 ml遇冷的提取液提取类囊体膜,研磨至匀浆后用200目的过滤器过滤类囊体膜至50 ml试管中,5 000 g、4℃离心10 min。吸取上清液,用提取液重新悬浮类囊体膜3次。所有操作保持在4℃下进行。第二步是类囊体的洗涤:用洗涤液反复洗涤类囊体膜,以除去淀粉等杂质,12 000 g、4℃离心5 min。第三步是测定叶绿素浓度并制样。校正好叶绿体浓度的类囊体样品取50 μl(实际操作用100 μl)至1.5 ml管中,加入50 μl(实际操作用100 μl)增溶buffer,混匀,冰上放置30 min(其间间隔性轻轻混匀)。20 000 g离心5 min,取上清液至新管中,加入10%的Serva-G即可上样电泳。

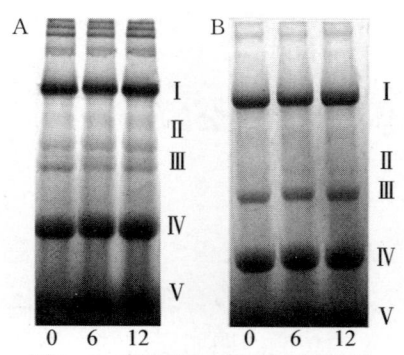

图3-5 高温强光下钙离子对花生类囊体蛋白的影响

实验结果如图3-5所示,其中A为处理前、B为高温强光处理后,Ⅰ是PSⅡ的二聚体和PSⅠ的单体,Ⅱ是PSⅡ的单体,Ⅲ是CP43缺失的PSⅡ的单体,Ⅳ是LHCⅡ三体,Ⅴ是LHCⅡ单体。从图中可以看出,处理后蛋白含量减少,特别是PSⅡ的单体蛋白受到高温强光后损失严重。

蓝绿胶分离结束后,卸下胶板,按照SDS-PAGE的方法,将一向胶条横置于浓缩胶的位置跑胶,以分离不同的蛋白。

图 3-6A 是处理前不同蛋白的分离,图 3-6B 是处理后不同蛋白的分离。从图 3-6A 和图 3-6B 的比较可以看出,高温强光处理后蛋白降解,与对照相比,实验组的蛋白降解明显较轻,说明钙离子可以保护花生类囊体膜中不同的蛋白组分。

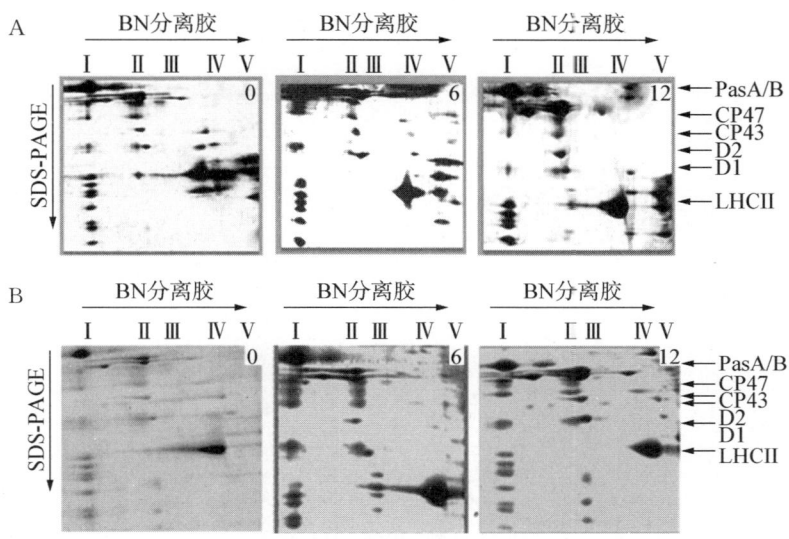

图 3-6 高温强光下钙离子对花生类囊体蛋白的影响

利用 BN-PAGE 直接分离类囊体膜,得到 5 种蛋白复合体,直观观察高温强光胁迫后钙离子对花生类囊体膜蛋白组分的影响,与处理前相比,高温强光处理后植物蛋白复合体受到严重损伤,同时处理前对照组和实验组由于蛋白被色素遮盖,没有明显的差别,处理后结果类似(图 3-5A 和 B)。二向处理后,进一步将蛋白复合体分离得到不同的蛋白单体(图 3-6A 和 B),处理前后对比结果与图 3-5A 和图 3-5B 对比所得结果类似,同时发现处理前 6 mmol/L Ca^{2+} 和 12 mmol/L Ca^{2+} 培养植株较 CK 钙离子处理植株所含蛋白较多,高温强光处理后差别更加明显,这说明正常生长条件下,缺钙会影响植株的蛋白含量,植株的生长代谢受到抑制。高温强光胁迫后钙离子可以缓解植物类囊体膜蛋白组分的降解,以维持植物正常的生理功能。而 Western blot 结果显示,处理前对照组蛋白 CP43、D1、D2、LHCII 较实验组相对含量少,经过 5 h 的高温强光处理后,与实验组相比,对照组蛋白降解严重,尤其是蛋白 CP43 和 LHCII 捕光天线,说明在缺钙条件下,高温强光胁迫后,捕光天线构象发生变化。Srivastava 和 Mohanty 等指出,高温可能导致捕光天线构象发生变化;磷酸化的 LHCII 数量增加,并且磷酸化的 LHCII 从堆垛区向非堆垛区迁移；另外，高温还会影响与基粒区相连的 LHCII 的捕光机制，从而抑制其正常的生理功能，表现为放氧复合体 OEC 活性丧失、PSⅡ受体侧 QA 到 QB 的电子传递受抑制，花生光合作用受阻。D1 蛋白被称作是防御光破坏的最后一道防线，高温强光破坏了 D1 蛋白的结构，可能影响了 D1 蛋白的磷酸化或 D1 蛋白的自我修复过程，导致 PSⅡ反应中心失活。实验组蛋白降解程度明显减弱，进一步验证了 BN-PAGE 的结果。

类囊体膜蛋白 CP43、D1、D2 都是由质基因编码的，其中 CP43 对于促进 PSⅡ 的组装是必需的；LHCII 是捕光色素复合体，对于光能的捕获有重要作用。从图 3-7 可以看出，高温强光下钙离子可以保护类囊体膜不同的蛋白组分。

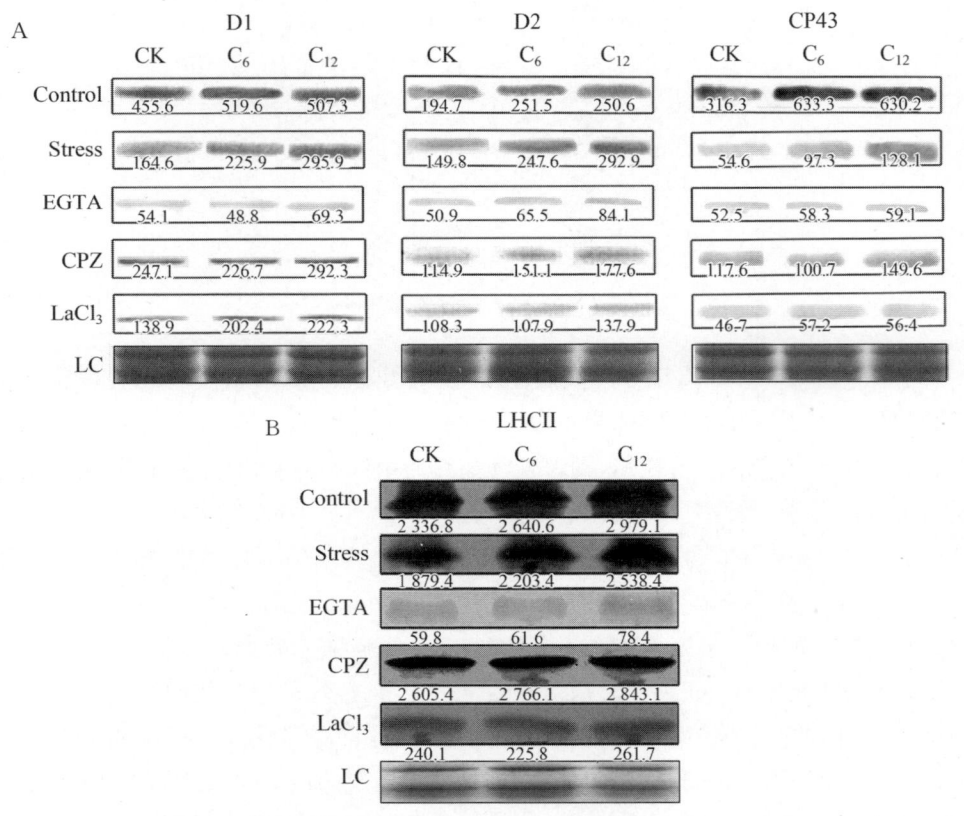

图 3-7 高温强光下钙离子对类囊体膜蛋白组分的影响

五、高温强光下钙调素对植物叶黄素循环过程的影响

克隆得到花生 VDE 基因全长序列;分别用钙离子螯合剂(EGTA)及钙离子通道阻断剂(LaCl$_3$)及钙调素抑制剂(氯丙嗪,CPZ)处理花生幼苗,对叶黄素循环脱环氧化状态及 VDE 基因的表达进行测定。结果表明,经过抑制剂处理的植株(A+Z)/(V+A+Z)下降(图 3-8A),说明 Ca^{2+}/CaM 信号系统对叶黄素循环过程起作用。为了进一步研究其所起的作用,用荧光定量 PCR 研究了 AhVDE 基因的表达情况(图 3-8B),发现该基因的表达受到 Ca^{2+} 和 CaM 的调控。

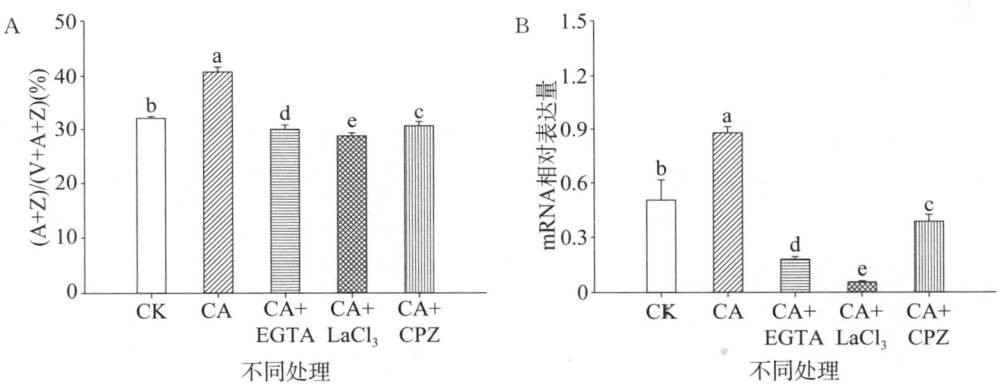

图 3-8 高温强光胁迫下 Ca^{2+}/CaM 与叶黄素循环之间的联系

第三节
施钙缓解花生盐胁迫的生理机制

土壤中盐分浓度过高会对植物造成渗透胁迫和干扰营养离子平衡,严重影响植物生长。盐胁迫通过渗透作用导致离子毒害,进而引起营养失衡及造成次级反应,如氧化胁迫等过程,最终抑制植物的生长。在盐胁迫条件下,植物体内会产生大量活性氧(ROS),此时植物体通过提高活性氧清除酶的活性以清除过多的活性氧,从而维持细胞膜的稳定性和功能。目前研究较多的抗氧化酶包括超氧化物歧化酶(SOD)、抗坏血酸过氧化物酶(APX)、过氧化氢酶(CAT)、过氧化物酶(POD)等。盐碱环境下钠离子大量积累,其产生的毒害作用可以使水解酶的活性降低,破坏细胞质膜的稳定结构及影响细胞的完整钙信号系统的发生和传递等,进而对植物体造成更大的伤害。钙是必要的植物营养元素,在植物抵御不良环境过程中发挥重要的作用。同时,钙作为细胞内第二信使,可通过多个通路调控基因的表达以响应盐胁迫。

一、施钙对盐胁迫下花生植株农艺性状和生物积累量的影响

试验设 6 个处理,CK:0 mmol/L NaCl+0 mmol/L Ca(NO$_3$)$_2$;C$_6$:0 mmol/L NaCl+6 mmol/L Ca(NO$_3$)$_2$;C$_{12}$:0 mmol/L NaCl+12 mmol/L Ca(NO$_3$)$_2$;NC$_0$:100 mmol/L NaCl+0 mmol/L Ca(NO$_3$)$_2$;NC$_6$:100 mmol/L NaCl+6 mmol/L Ca(NO$_3$)$_2$;NC$_{12}$:100 mmol/L NaCl+12 mmol/L Ca(NO$_3$)$_2$。

由表 3-4 可以看出,在非盐胁迫下,C$_6$ 和 C$_{12}$ 花生植株的主茎高、侧枝长及分

枝数都高于对照（CK），其中 C_{12} 增加幅度高于 C_6，与 CK 差异显著；C_{12} 较 CK 主茎高、侧枝长和分枝数分别增加 9.5%、12.3%、20.8%。在盐胁迫下，NC_0 的主茎高、侧枝长和分枝数均显著低于 CK，分别降低 17.9%、13.6%、30.1%，施 6 mmol/L、12 mmol/L 外源 Ca^{2+} 的 NC_6 和 NC_{12} 处理后主茎高、侧枝长及分枝数都显著高于 NC_0，其中 NC_{12} 的增幅大于 NC_6，且与 CK 的差异最显著；NC_{12} 较 CK 的主茎高、侧枝长和分枝数分别增加 15.4%、19.2% 和 20.2%。以上表明，盐胁迫抑制花生植株生长，而施钙后可促进花生农艺性状的改善，并且 12 mmol/L 比 6 mmol/L 外源 Ca^{2+} 处理的效果更明显。

表 3-4　外源钙对盐胁迫下花生植株农艺性状的影响

处理	主茎高（cm）	侧枝长（cm）	分枝数（个）
CK	31.7±0.71c	35.0±1.0c	14.3±0.3b
C_{12}	34.7±0.71a	38.75±0.7a	17.2±1.1a
NC_0	26.0±1.0f	29.5±0.5e	10.0±1.0e
NC_{12}	30.0±0.53d	35.17±0.14c	12.0±0.41c

注：同一列不同小写字母表示处理间差异显著（$P<0.05$）。

图 3-9 显示，各处理的生物积累量在整个生育时期呈增加的趋势，且在收获期达到最大值。在非盐胁迫下，C_{12} 的生物积累量高于 CK；在收获期（PF）增加幅度最大，达到 37.8%。在盐胁迫下，整个生育时期 NC_0 的生物积累量显著低于 CK，各生育时期分别降低 32.5%、24.4%、5.9%、26.1%、10.7%；在盐胁迫下，施

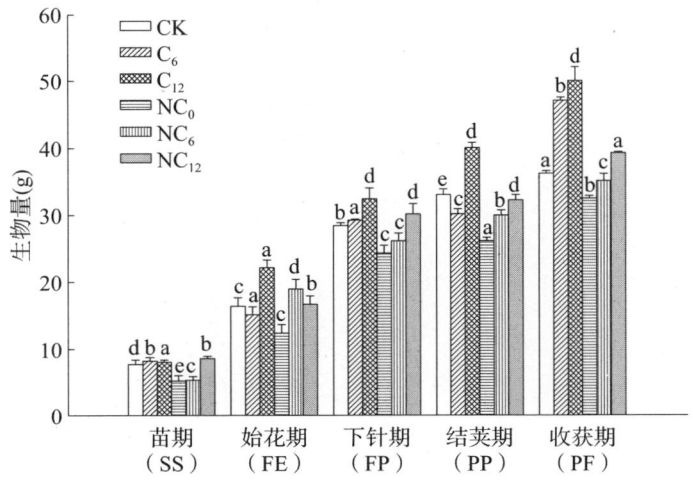

图 3-9　施钙对盐胁迫下花生生物量的影响

钙后生物积累量有所上升，NC_6 和 NC_{12} 的生物积累量高于 NC_0，以 NC_{12} 的增幅最大；在各生育时期分别增加 64.0%、34.9%、23.5%、22.9%、21.1%，其中苗期（SS）增加最为显著。以上表明，施钙有助于花生植株的生长，促进生物量的积累；盐胁迫严重抑制花生的生长，施钙可以有效缓解盐胁迫对花生生长的抑制，其中 12 mmol/L 比 6 mmol/L 外源 Ca^{2+} 处理的效果好。

二、施钙对盐胁迫下花生根系活力的影响

根系活力反映了植物根系的生长发育状况，是根系生命力的综合评定指标。由图 3-10 可以看出，在整个生育时期根系活力呈先升高后降低的趋势，且在下针期（FP）根系活力达到最大值。在正常生长条件下，C_6 和 C_{12} 的根系活力显著高于 CK。在盐胁迫条件下，NC_0 的根系活力显著低于 CK，各生育时期分别降低 15.5%、13.0%、16.2%、13.2%、18.7%；NC_6 和 NC_{12} 的根系活力高于 NC_0，收获期（PF）的 NC_6 与 NC_0 差异最显著，增幅高达 45.8%。以上表明，在正常生理条件及盐胁迫下，施钙可以提高根系活力；盐胁迫显著降低花生根系活力，施钙可以缓解盐胁迫对根系生长的抑制，其中施用 6 mmol/L 外源 Ca^{2+} 作用效果更显著。

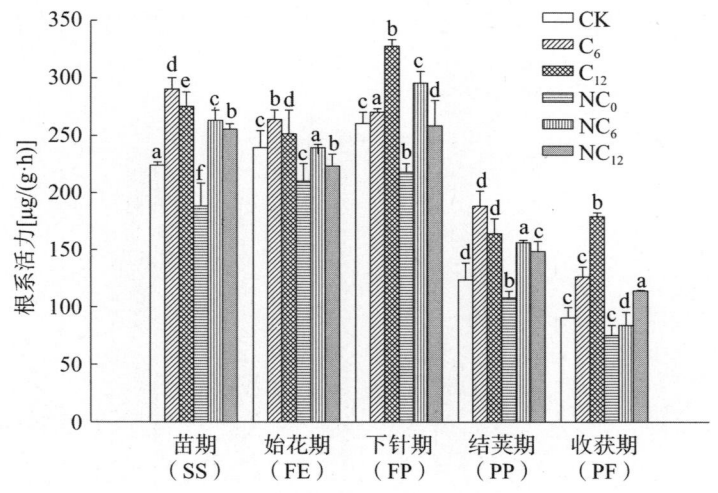

图 3-10 施钙对盐胁迫下花生根系活力的影响

三、施钙对盐胁迫下花生叶绿素含量的影响

由图 3-11 可以看出,叶绿素含量在整个生育时期呈先升高后降低的趋势,在苗期(SS)后迅速升高,在下针期(FP)和结荚期(PP)达到峰值之后迅速降低。在非盐胁迫下,施钙处理使叶绿素含量显著增加。在盐胁迫下,NC_0 的叶绿素含量显著低于 CK,各生育时期分别降低 12.5%、21.8%、24.8%、23.1%、44.2%;NC_6 和 NC_{12} 的叶绿素含量高于 NC_0,且在收获期(PF)升高幅度最高,分别为 31.9%、43.5%。以上表明,在正常生理条件及盐胁迫下,施钙都可以提高花生叶片叶绿素含量;盐胁迫显著抑制叶片叶绿素的合成,施钙可以缓解盐胁迫对叶绿素合成的抑制,进而促进花生叶片的光合作用,其中 12 mmol/L 外源 Ca^{2+} 作用效果更显著,叶绿素含量更接近 CK。

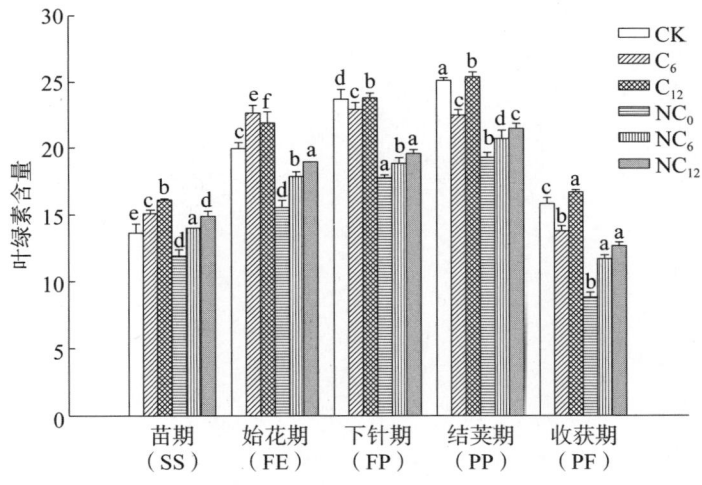

图 3-11 施钙对盐胁迫下花生叶片叶绿素含量的影响

四、施钙对盐胁迫下花生叶片抗氧化酶活性的影响

超氧化物歧化酶(SOD)、过氧化氢酶(CAT)活性在整个生育时期呈先升高后

降低的趋势,在下针期(FP)、结荚期(PP)活性最大(图3-12)。在非盐胁迫下,C_6和C_{12}的SOD活性显著高于CK,但C_{12}与CK差异更显著;在苗期(SS)和始花期(FE)C_{12}的SOD活性升高幅度最大,分别达到36.1%和38.7%;在下针期(FP)、结荚期(PP)、收获期(PF)的SOD活性升高幅度逐渐降低。在盐胁迫下,NC_0的SOD活性显著低于CK,各生育时期分别降低10.4%、7.1%、25.2%、19.2%、19.0%;NC_6和NC_{12}的SOD活性显著高于NC_0,且NC_6与NC_0的差异更显著,NC_6较NC_0的SOD活性在各生育时期分别升高33.3%、36.0%、11.5%、36.9%、21.2%。

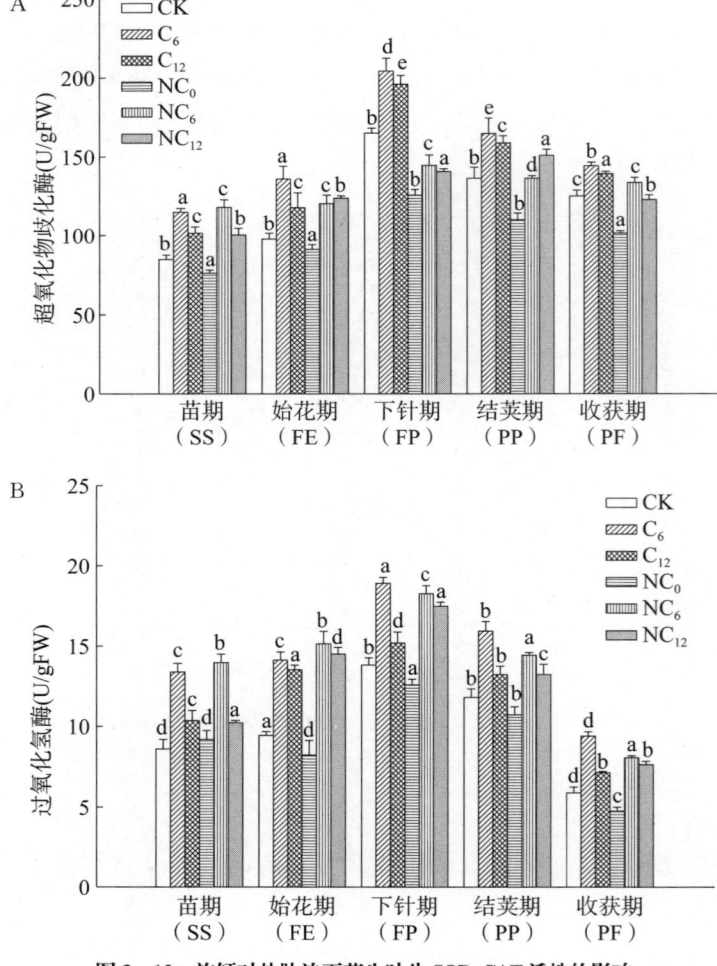

图3-12 施钙对盐胁迫下花生叶片SOD、CAT活性的影响

在非盐胁迫下，C_6 和 C_{12} 的 CAT 活性显著高于 CK，但 C_{12} 与 CK 差异更显著，在苗期（SS）和始花期（FE）C_{12} 的 CAT 活性升高幅度最大，分别达到 55.2% 和 48.8%，在下针期（FP）、结荚期（PP）、收获期（PF）的升高幅度逐渐降低。在盐胁迫下，NC_0 的 CAT 活性显著低于 CK，各生育时期分别降低 2.5%、12.1%、9.6%、9.1%、19.2%；NC_6 和 NC_{12} 的 CAT 活性显著高于 NC_0，且 NC_6 与 NC_0 的差异更显著，NC_6 较 NC_0 的 CAT 活性在各生育时期分别升高 54.2%、82.8%、45.5%、35.9%、69.3%。

五、施钙对盐胁迫下花生叶片细胞膜完整性的影响

电解质渗透率是反映细胞膜受损程度的直接指标。由图 3-13A 可以看出，在整个生育时期外渗率呈现先降低后升高的趋势，其中始花期（FE）最低、收获期（PF）最高。在非盐胁迫下，C_6 和 C_{12} 的电解质外渗率低于 CK，在始花期降低幅度最大，分别为 25.6% 和 28.7%，且 C_6 与 C_{12} 差异不显著；在其他生育时期 C_6 和 C_{12} 的电解质外渗率与 CK 差异不显著。在盐胁迫下，NC_0 的电解质外渗率显著高于 CK，各生育时期分别升高 8.8%、10.7%、28.9%、2.5%、8.0%，且在下针期（PP）升高最显著。盐胁迫下施钙比不施钙处理外渗率显著降低，NC_6 和 NC_{12} 的电解质外渗率高于 NC_0，且 NC_{12} 与 NC_0 差异更显著；在始花期（FE）外渗率下降最多，高达 20.9%。以上表明，施钙可以抑制正常生理条件及盐胁迫下细胞膜电解质的外渗，盐胁迫使电解质外渗率显著升高，破坏花生的细胞膜；施钙可以降低盐胁迫下花生叶片中的电解质外渗率，进而缓解盐胁迫对花生植株细胞膜的损害，促进植株生长。

丙二醛（MDA）是膜脂过氧化作用的产物，其含量的高低是体现质膜受损程度的重要指标。由图 3-13B 可以看出，在整个生育时期丙二醛（MDA）含量呈现先降低后升高的趋势，在始花期（FE）和下针期（FP）达到最低，在结荚期（PP）和收获期（PF）含量较高。在非盐胁迫下，C_6 和 C_{12} 的 MDA 含量低于 CK，在下针期降低幅度最大，分别为 16.9% 和 15.2%，且 C_6 与 C_{12} 差异不显著。在盐胁迫下，NC_0 的 MDA 含量显著高于 CK，各生育时期分别升高 21.5%、32.2%、10.9%、22.5%、14.2%。盐胁迫下施钙可减轻膜损伤程度，NC_6 和 NC_{12} 的 MDA 含量低于 NC_0，且 NC_{12} 与 NC_0 差异更显著；在始花期（FE）下降最大，达 19.8%，且接近 CK 的含量。以上表明，施钙可以抑制正常生理条件及盐胁迫下细胞膜的过氧化，盐胁迫会使 MDA 含量显著升高，破坏花生的细胞膜；施钙可以降低盐胁迫下花生叶片中的

MDA 含量，进而缓解盐胁迫对花生植株细胞膜的损害，促进植株生长。

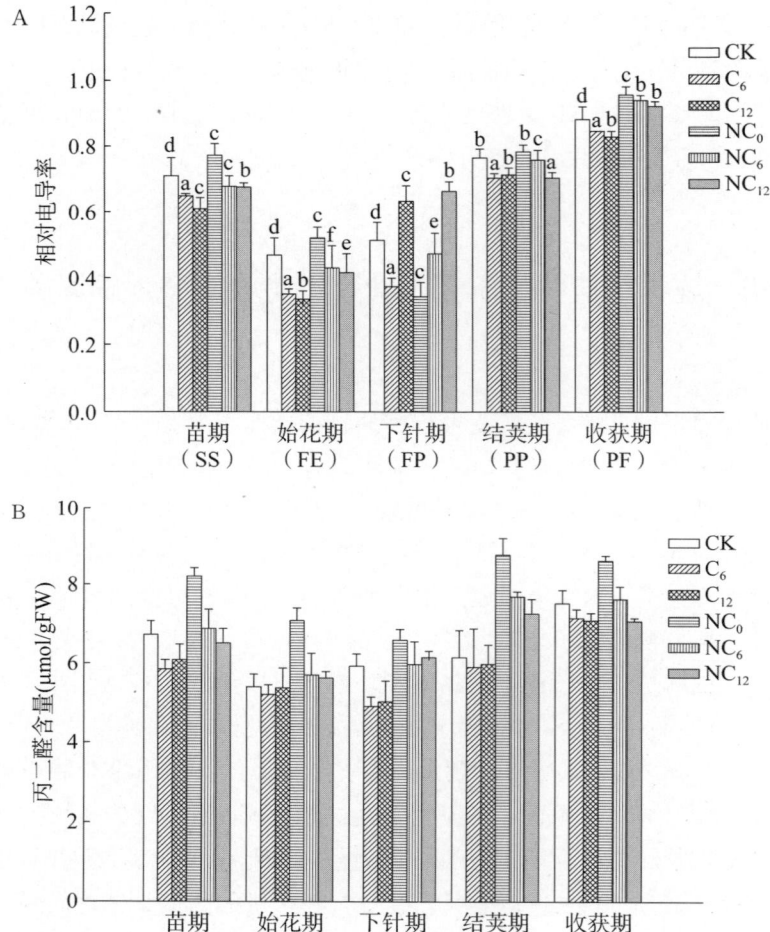

图 3-13 施钙对盐胁迫下花生叶片细胞膜透性和 MDA 含量的影响

六、施钙对盐胁迫下花生产量的影响

由表 3-5 可以看出，在非盐胁迫下，C_6 和 C_{12} 的单株生产力（产量）、单株饱果数、单株结果数、百果重、果针数均高于 CK,分别增加 17.3%、2.2%、16.6%、11.9%、28.8%,其中 C_{12} 增加幅度高于 C_6。在盐胁迫条件下,NC_0 的单株生产力(产量)、单株饱果数、单株结果数、百果重、果针数都显著低于 CK,分别降低 19.7%、35.6%、20.2%、29.8%、39.3%;施 6 mmol/L、12 mmol/L 外源 Ca^{2+} 的 NC_6 和 NC_{12} 的单株生产力(产量)、单株饱果数、单株结果数、百果重、果针数都显著高于 NC_0,NC_{12} 的增幅大于 NC_6,增幅为 23.5%。以上表明,施钙促进花生的生产,在非盐胁迫下施 12 mmol/L 比 6 mmol/L 外源 Ca^{2+} 效果好,但差异并不显著;盐胁迫严重影响花生的生产,施钙可显著缓解盐胁迫对花生产量和产量构成因素的抑制,其中 12 mmol/L 比 6 mmol/L 外源 Ca^{2+} 效果好,且差异显著。

表 3-5 外源钙对盐胁迫下花生产量以及产量构成因素的影响

处理	单株产量(g/株)	单株饱果数	单株结果数	百果重(g)	单株果针数
CK	47.57±0.43c	2.7±0.70a	39.7±0.54c	137.7±5.34b	67±2.0c
C_6	53±1.01b	24.3±0.15b	43±0.23b	208.3±4.73a	77±2.0b
C_{12}	55.73±0.96a	30.3±0.59a	46.3±1.3a	210.2±3.3a	86.3±1.3a
NC_0	38.15±0.15d	19.1±0.10c	31.7±0.3e	131.7±2.1e	40.7±0.3f
NC_6	46.2±1.21c	25.3±0.3b	37.3±1.1d	143.2±3.1d	55.5±0.91e
NC_{12}	47.1±0.56c	29.3±0.3a	37.7±0.45d	162.7±4.45c	63.5±0.43d

注:同列标注不同字母表示差异显著。

第四节
施钙缓解花生盐胁迫的分子调控机制

盐胁迫诱发细胞产生钙信号,同时诱导钙结合蛋白的表达。钙调蛋白(CaM)是目前研究较多的钙结合蛋白,能够与 CAT 结合提高其酶活性,清除胁迫条件下产生的过氧化氢,减轻其对植物的伤害。然而,钙调素本身并没有任何酶活性,只有活化后进一步与其靶蛋白中的短肽序列结合才能诱发其结构变化,从而调控植物细胞分裂、伸长、生长、发育和抗逆等,因此 Ca^{2+} - CaM 信号转导的差异性主要依赖它的靶蛋白。分离出更多的靶蛋白将有助于探明 Ca^{2+}/CaM 调控通路的分子机制,了解 CaM 的多种作用途径,为提高花生产量提供理论依据。作者团队从花生叶片中分离得到钙调素基因,通过酵母双杂交技术筛选出与花生 CaM 相互作用的蛋白 S 腺苷甲硫氨酸合成酶 1(SAMS1)。对其进行初步研究,为解决更多的钙介导相关基因调控问题、深入了解钙和钙/钙调素调节的基因网络打好基础,将有助于开发新的花生品种,以加强花生对环境胁迫的耐受性。

一、AhCaM 与 AhSAMS1 相互作用验证

从花生中扩增到编码与钙调蛋白互作的蛋白基因,分别构建 BD、AD 载体,通过酵母双杂交系统验证两个蛋白的互作。结果表明,经过 3~5 天培养,在 SD/-Trp/-Leu/-Ade/-His/x-α-gal/AbA(QDO/x/A)平板上只有共转化 pGBKT7-CaM、pGADT7-SAMS 及阳性对照的酵母菌株能够正常生长并且变蓝,说明两个蛋白间存在相互作用(图 3-14A);同时,用 Pull-Down 方法和双分子荧光互补技术(BiFC)进行验证,Pull-Down 实验中分别诱导蛋白表达后过 Ni 柱纯化蛋白,经

过诱饵蛋白和靶蛋白复合物的洗脱进行 Western blotting 检测（图 3-14B）；BiFC 实验中则将已构建好的载体注射烟草后在共聚焦显微镜下进行观察，只有互作的两个蛋白同时注射才能够观察到荧光（图 3-14C），进一步证明了两者之间的互作关系。

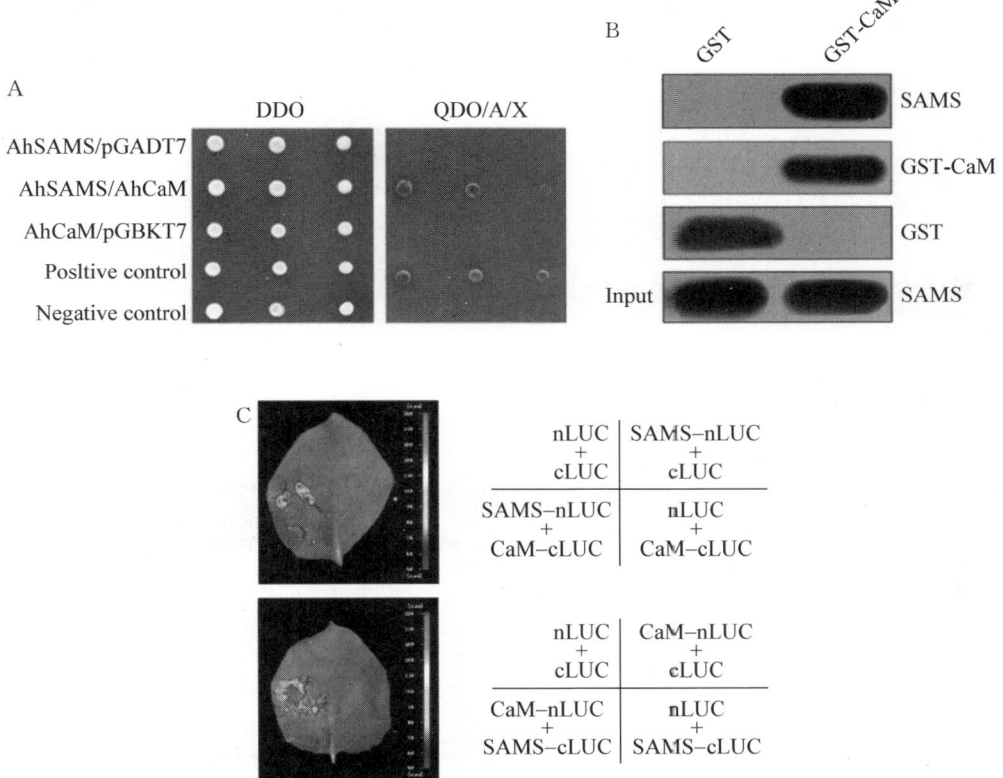

图 3-14　酵母双杂交、荧光素酶互补成像系统及 Pull-Down 验证 AhCaM 与 AhSAMS1 间的互作

二、*AhSAMS1* 基因表达分析

为了解 *AhSAMS1* 基因在花生不同组织中的内源表达情况，以基因 5′端的一段 cDNA 为探针进行了荧光定量 PCR 分析。结果表明，*AhSAMS1* 在茎中表达量

最高,其次是在花和叶片中。AhSAMS1 的表达受到盐和 ABA 的诱导,盐胁迫处理 1h 时 AhSAMS1 的表达量达到峰值,随后降低;ABA 处理后随着时间的增加表达量持续增加,且 AhSAMS1 受到外源施钙调控表达(图 3-15)。

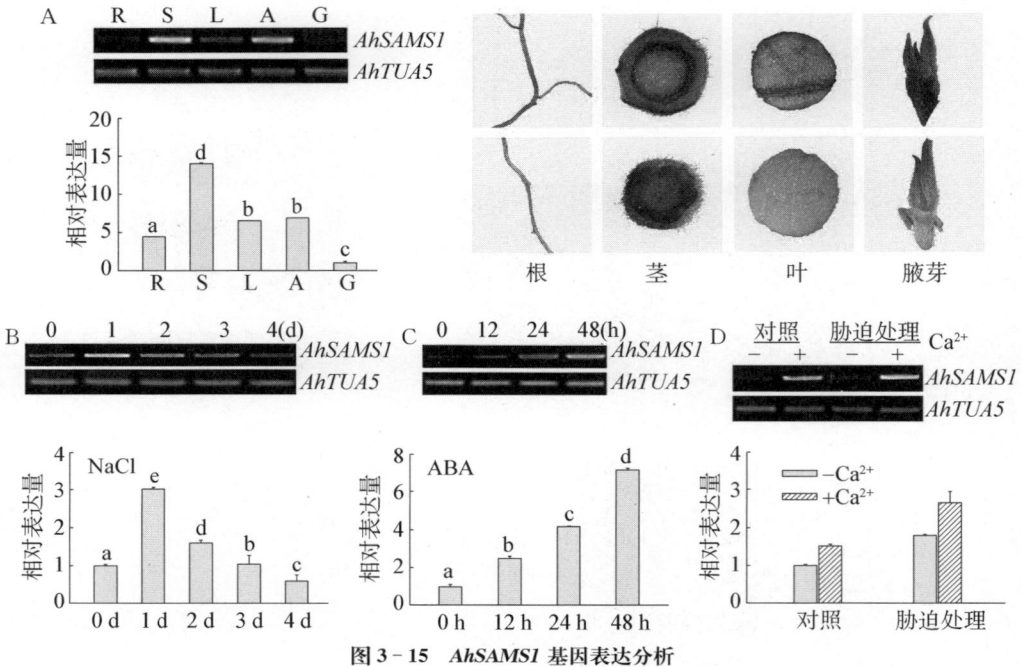

图 3-15 AhSAMS1 基因表达分析

三、盐胁迫处理下过表达 AhSAMS1 表型鉴定

构建 AhSAMS1 基因超表达载体并转化拟南芥,已得到转基因植株种子并筛选至纯合,同时得到拟南芥 sams1 突变体。用半定量 PCR 和荧光定量 PCR 同时对株系进行验证后,进行多胺组分含量测定。结果表明,腐胺(Put)含量变化不明显;在盐胁迫处理后,亚精胺(Spd)和精胺(Spm)含量有明显上升;盐胁迫加钙调素抑制剂 CPZ 处理,发现突变体中亚精胺和精胺含量下降幅度不如超表达植株中明显(图 3-16A)。

过表达 AhSAMS1 的烟草株系 OE-2、OE-26 和 OE-32 的发芽率显著高于

WT 株系(图 3-16B)。用 150 mmol/L NaCl 处理 15 天,测定转基因拟南芥和 WT 植株的根长,以评价 AhSAMS1 转基因植株的耐盐性。结果表明,与转基因植株

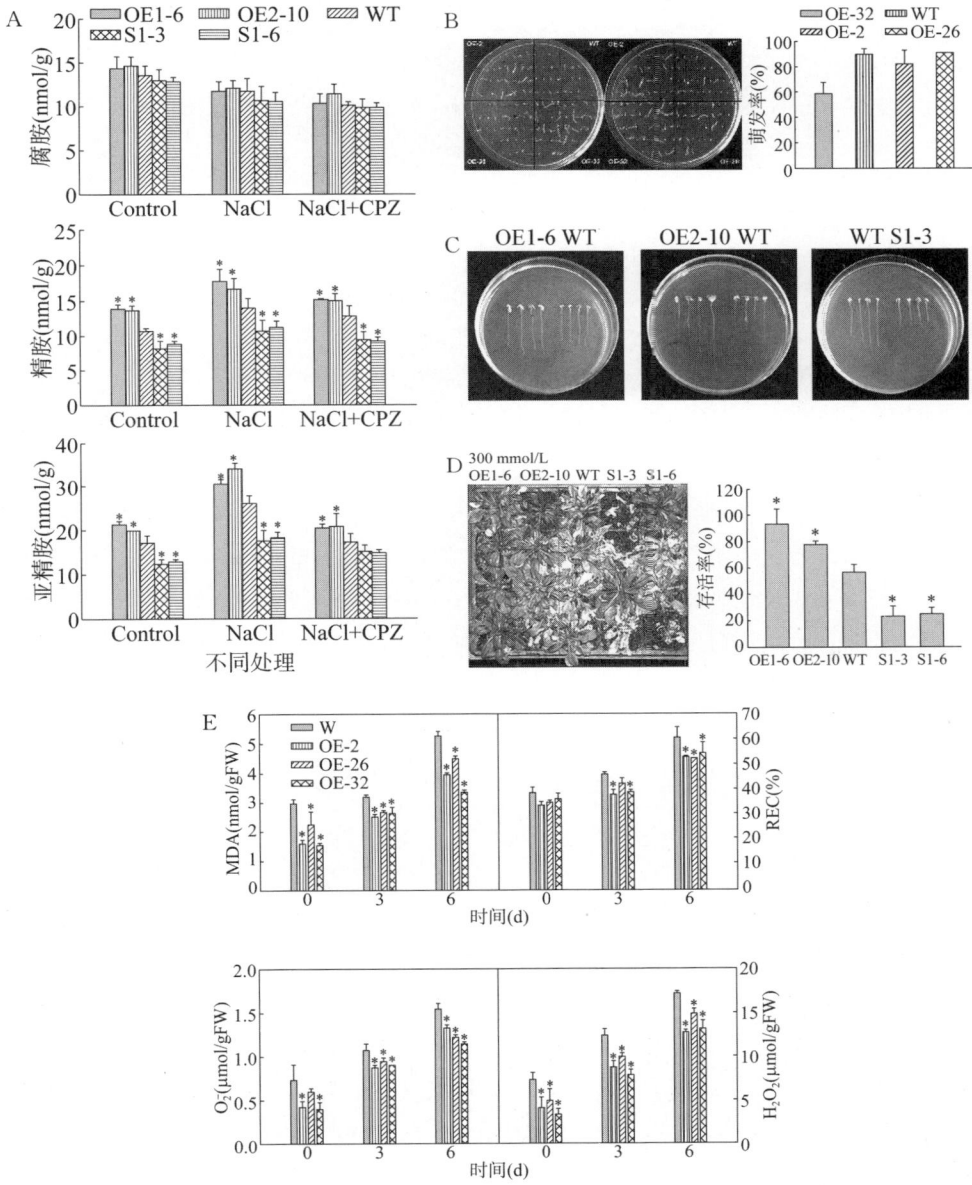

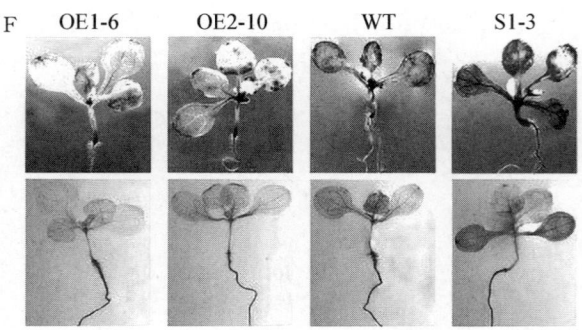

图 3-16 AhSAMS1 抗盐功能分析

相比,WT 植株的根系生长受到的阻碍更为严重(图 3-16C)。将正常生长的拟南芥幼苗移栽到基质土壤中连续培养 45 天,在 300 mmol/L NaCl 处理后,几乎所有 WT 拟南芥幼苗和 atsams1 突变体都死亡,而过表达 AhSAMS1 的株系对盐胁迫具有抗性,继续生长发育(图 3-16D)。在盐胁迫下,WT 中 REC 和 MDA 含量的积累高于转基因烟草。与盐处理下转基因植株相比,WT 植株产生了高水平的 H_2O_2 和 O_2^-(图 3-16E)。盐胁迫后,采用 DAB 和 NBT 染色法直观观察拟南芥、WT 和 sams1 突变体植株中 H_2O_2 和 O_2^- 的积累情况,WT 植株和 atsams1 突变体的颜色比 AhSAMS1 过表达株系更深(图 3-16F)。以上结果表明,AhSAMS1 通过减少细胞内活性氧(ROS)的积累来保护细胞膜免受过氧化。

四、盐胁迫处理下过表达 AhSAMS1 影响净离子通量

植物 SOS 通路由 SOS1、SOS2 和 SOS3 组成,负责离子稳态和耐盐性。SOS1 编码质膜 Na^+/H^+ 反向转运蛋白,SOS3 是一种 Ca^{2+} 结合蛋白,可激活蛋白磷酸酶或抑制蛋白激酶(或两者兼有),进而调节 K^+ 和 Na^+ 转运系统。通过转录因子调控植物提高耐盐性具有重要意义。植物中 MYB、WRKY、NAC 等转录因子已被广泛证明在高盐胁迫下与 ROS、SnRK2、ABA、H_2O_2 等信号通路一样重要。本研究鉴定了盐胁迫调控基因的表达(图 3-17A),过表达 AhSAMS1 激活了这些盐胁迫相关基因(SOS1、SOS2、SOS3、MYB1、MYB3、NHX2 和 NAC1)的表达。

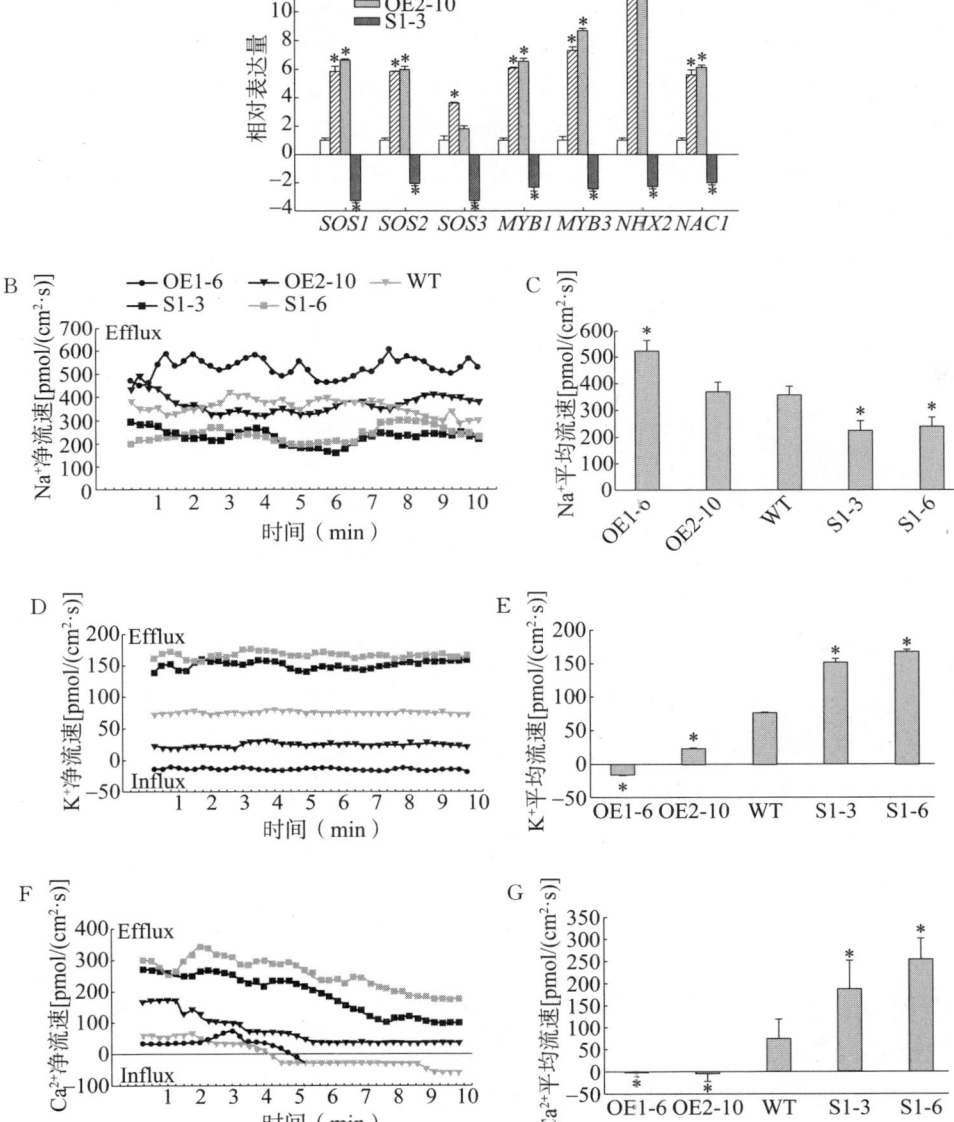

图3-17 AhSAMS1影响盐胁迫下的净离子通量

胞质中较低的 Na^+ 含量是植物适应盐胁迫的关键决定因素。Na^+ 外排主要依靠质膜 Na^+/H^+ 反向转运蛋白（NHXs）将 Na^+ 转运出细胞膜，从而降低 Na^+ 对细胞器的毒性。液泡膜 NHXs 在跨膜质子梯度的驱动下将 Na^+ 限制在液泡内。采用微电极离子流技术（MIFE）测定 AhSAMS1 过表达、WT 和 atsams1 突变体植株中 Na^+ 和 K^+ 外排。在 150 mmol/L NaCl 处理后，所有幼苗均观察到 Na^+ 的净流出，转基因植株根系的 Na^+ 净流出量高于对照植株（图 3-17B、C）。值得注意的是，转基因株系 OE1-6 中检测到明显的 K^+ 流量。相比之下，WT 和突变系的 K^+ 内流比转基因植株要小得多（图 3-17D、E）。这些观察结果表明，在盐胁迫下，AhSAMS1 过表达增加了拟南芥排出 Na^+ 和介导 K^+ 内流的能力，这有助于维持体内 $Na^+:K^+$ 的平衡，提高植物的耐盐性。为了确认 Ca^{2+} 信号通路是否参与了 AhSAMS1 在盐胁迫下的作用，我们进行了另一组 Ca^{2+} 通量测定（图 3-17F、G）。结果表明，与 WT 相比，转基因植物根部的 Ca^{2+} 内流更显著，可能参与 AhSAMS1 协同调节植物的耐盐性。

五、利用 RNA-Seq 检测 WT 和转 AhSAMS1 基因株系中差异表达基因

使用 RNA-seq 方法分析转基因拟南芥 OE2-10、WT 和 CPZ 处理后植株的基因表达差异。OE2-10 和 WT（OE2-10/WT）组共鉴定出 586 个 DEGs（475 个上调，111 个下调），OE2-10 和 CPZ（OE2-10/CPZ）组中鉴定出 1 691 个 DEGs（1 603 个上调，88 个下调）（图 3-18A）。分子功能和细胞成分集中在生物过程范畴，说明转基因植株的代谢活性更高。在细胞成分分析中，细胞和细胞器被浓缩，而结合和催化活性主要富集在分子功能类别（图 3-18C）。有几个基因与过氧化物酶家族、甲基化、钙信号通路和转录因子相关。其中，编码过氧化物酶的 12 个基因和钙信号相关的 10 个基因表达上调。在转基因拟南芥中，编码生长素响应蛋白的基因表达上调。上调的基因还包括渗透调节蛋白、离子转运蛋白、胚胎发育晚期丰度蛋白（LEA）、热休克蛋白（Hsp20）和其他盐抗性相关蛋白。转录因子对一系列关键的细胞过程至关重要，它们与特定的 DNA 序列结合，控制一系列功能基因的表达。至少有 30 个家族的 174 个转录因子存在差异表达。其中，广泛报道的耐盐转录因子 NAC、MYB/MYB 相关、AP2-EREBP 和 WRKY 家族在转基因植株中的表达与 WT 和 CPZ 处理的植株不同（图 3-18B）。

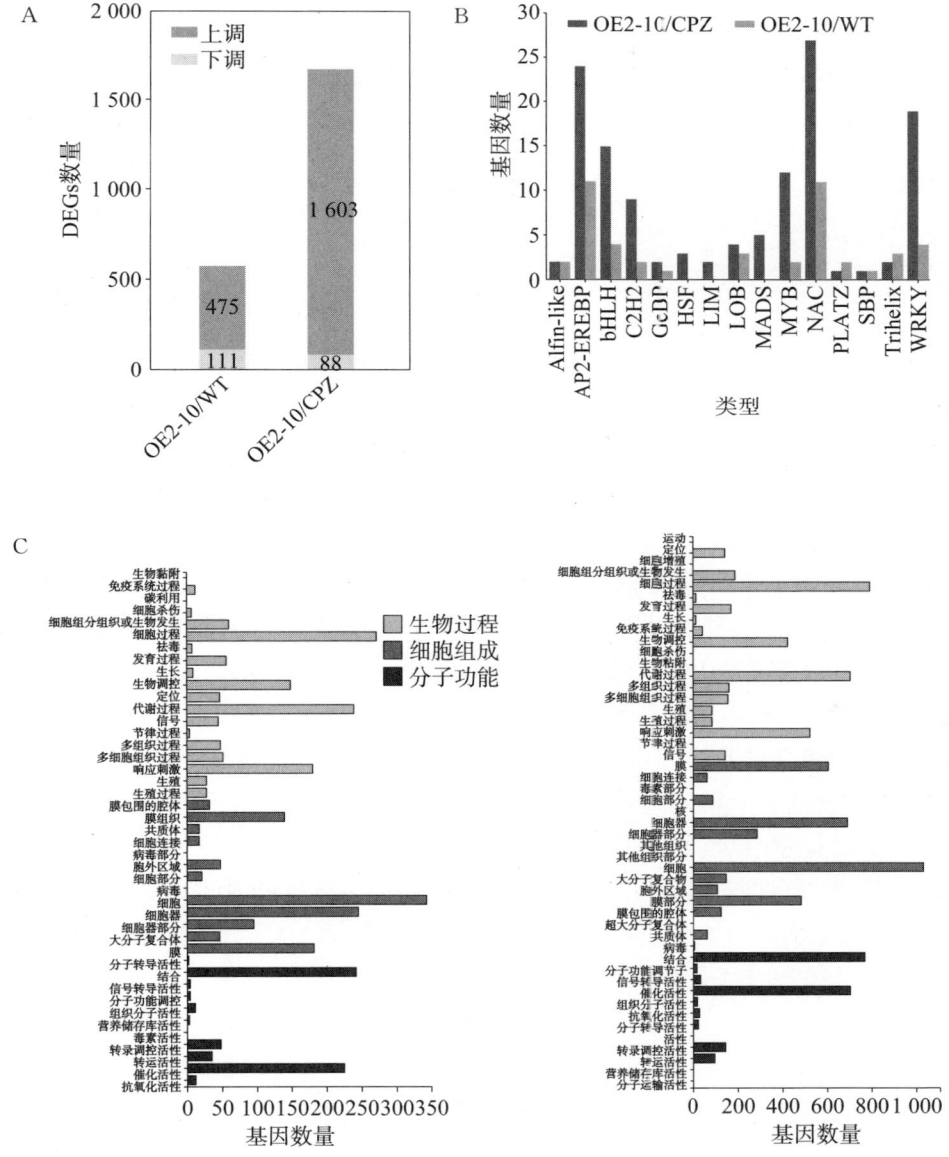

图3-18 转录组数据分析

第五节
施钙缓解花生干旱胁迫的生理机制

目前,全球都面临干旱对作物生产的威胁。因此,解决干旱问题对作物生产具有重要的现实意义。干旱问题可以归结为两类。一类是降雨偏低型:全年降水量偏低,不能满足花生正常生长需求。另一类是阶段干旱型:全年降水量比较丰富,理论上能够满足花生正常生长需求。但由于不同季节或者年际间降雨波动较大,在花生生长过程中的某个阶段,尤其是在下针期、结荚期、饱果期等关键时期出现干旱,显著影响生长发育,造成减产。以湖南省为例,2013年在花生生长前期雨量较大、中后期偏少,出现严重旱情(连续86天无雨);2014年前期降雨量创历史最高水平,荚果形成后期出现重度干旱;2016年4—6月降雨量特别大,而在花生花针期(2016.7.19—8.21,降雨47.5 mm)及饱果期(2016.9.13—10.17,降雨28.3 mm)降雨量严重不足。干旱问题的解决可通过培育抗旱品种(万书波等,2003)、采取覆膜保墒的栽培方式、恰当的施肥管理等解决。

本节针对花生结荚期常遭遇季节性伏旱(7—9月有效降水极少),造成花生空荚、产量低等严重问题,通过PVC桶栽试验研究了钙肥对缺钙红壤花生不同时期干旱下植株干物质生产、生理代谢,为提高花生抗旱耐瘠高产栽培技术提供理论基础。

一、施钙对干旱胁迫下花生光合作用的影响

花针期和结荚期不同水分处理下花生叶片净光合速率(Pn)存在显著差异(图3-19)。干旱胁迫显著降低了叶片的光合速率。在正常水分条件下,花针期施钙

提高叶片光合速率,而在结荚期低于不施钙处理。原因可能是,施钙组叶片的叶绿素相对含量降低较快。

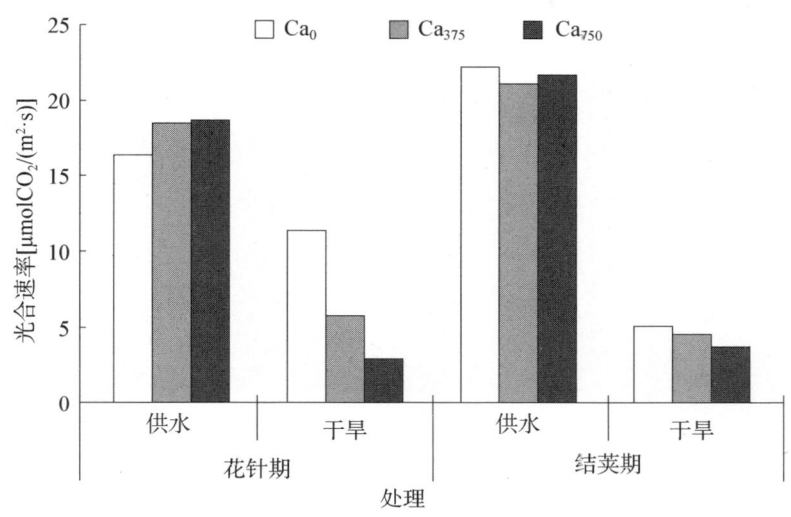

图3-19 干旱胁迫对不同钙肥梯度下花生叶片光合速率的影响

叶片气孔导度(Cs)代表的是叶片气孔的开放度,对细胞内外CO_2与H_2O的交换起重要的调控作用(图3-20)。花针期倒三叶气孔导度低于结荚期。干旱胁迫显著降低气孔导度,尤其是在结荚期,由于花生严重缺水,气孔导度变为负值,严

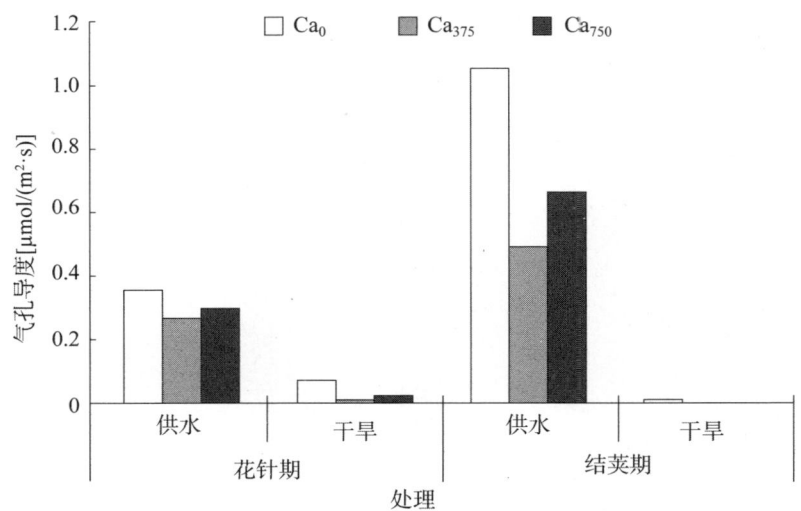

图3-20 干旱胁迫对不同钙肥梯度下花生叶片气孔导度的影响

重影响细胞内外水分及 CO_2 的交换,进而影响光合速率和蒸腾速率。

在正常水分处理下,不施钙处理的胞间 CO_2 浓度(Ci)高于施钙组,结荚期高于花针期(图 3-21)。花针期干旱胁迫显著降低花生倒三叶的 Ci,且不同钙肥梯度间大小为 $Ca_{750}>Ca_{375}>Ca_0$;结荚期干旱提高了叶片的 Ci。生育后期受干旱影响更严重,Ci 降低幅度更大,这可能与生育后期干旱加剧了植株的衰老及叶片的黄化有关。

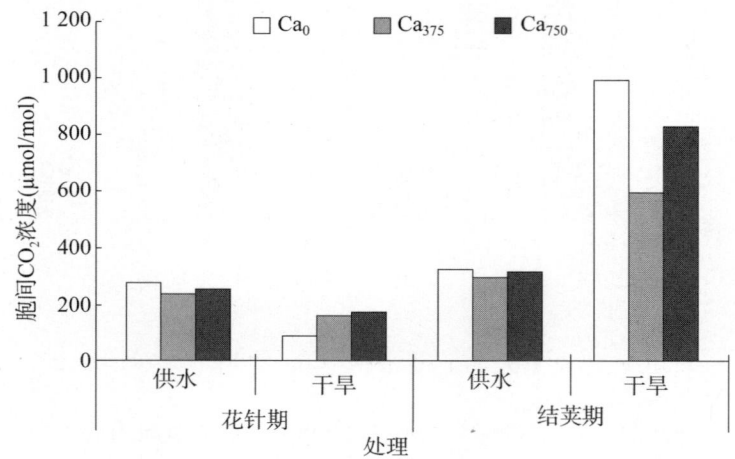

图 3-21　干旱胁迫对不同钙肥梯度下花生叶片胞间 CO_2 浓度的影响

蒸腾速率(Tr)与 Pn、Cs、Ci 的变化规律相似(图 3-22)。生育中期干旱显著

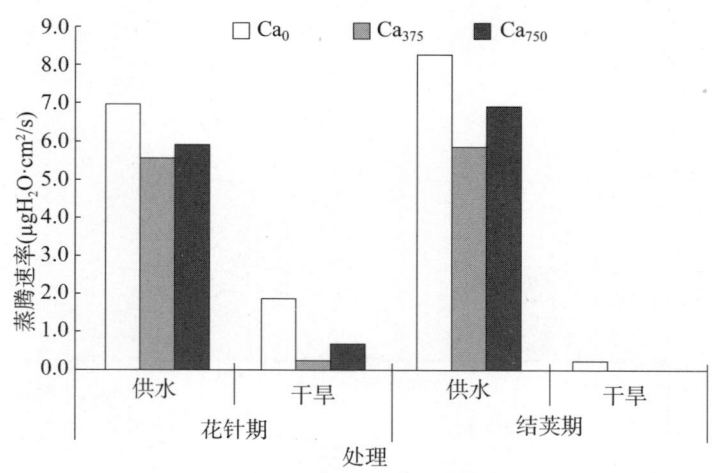

图 3-22　干旱胁迫对不同钙肥梯度下花生叶片蒸腾速率的影响

降低蒸腾速率,主要是由于植株及叶片严重失水,导致气孔关闭而无法进行正常的气体交换。在正常水分处理下,不施钙处理的 Tr 高于施钙组。

二、施钙对干旱胁迫下花生叶绿素相对含量的影响

在整个生育期内,叶绿素相对含量呈先降低后升高再降低的变化趋势(图 3 - 23)。在正常供水条件下,播种后 28～71 天,中高量钙肥梯度叶绿素相对含量高于不施钙处理(Ca_0);播种后 71～119 天,Ca_0 处理叶绿素相对含量显著高于施钙组,主要原因是生育后期随着荚果的发育,施钙处理促使较多的植株养分向荚果聚集,地上植株逐渐衰老(并非早衰),出现正常的熟相(叶色变淡)。Ca_0 由于地下结实不好,较多的养分在茎叶中聚集,叶色变淡较慢。在生育前期,干旱胁迫提高叶片叶绿素相对含量,饱果期过后,植株承受干旱胁迫的能力下降,加之植株的补偿机制,要优先促进荚果成熟。因此,茎叶较快衰老,甚至在干旱后期叶片枯黄,恢复供水后叶片无法返绿。在成熟期,Ca_0-供水、Ca_{750}-供水的叶绿素相对含量(SPAD)分别为 25.1、22.4,而干旱胁迫下分别为 9.2、5.8,降幅分别为 63.2%、73.1%。从另一个角度来看,后期干旱胁迫会加速即将成熟植株的衰老。

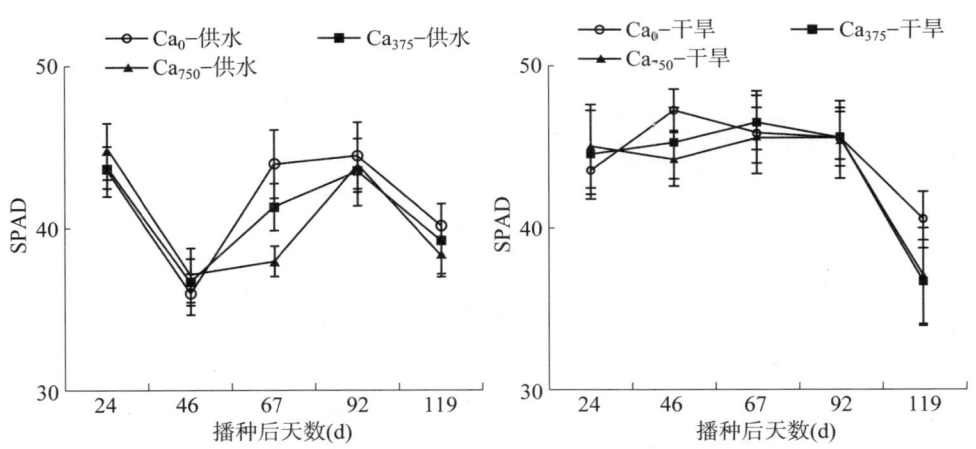

图 3 - 23 干旱胁迫对不同钙肥梯度下花生叶绿素相对含量(SPAD)的影响

三、施钙对干旱胁迫下花生产量的影响

两年试验结果(表3-5)显示,不同时期干旱胁迫下施钙可明显提高花生荚果产量,且高量钙肥(Ca_{750})与不施钙处理(Ca_0)差异显著($P<0.05$)。花针期干旱处理后,中量钙肥(375 kg/hm² 熟石灰)提高产量幅度为 39.5%～52.4%、高量钙肥(750 kg/hm² 熟石灰)提高幅度为 41.6%～52.4%;结荚期干旱处理后,依次提高幅度为 12.3%～28.0%、21.3%～63.3%;饱果期干旱处理后,依次提高幅度为 24.8%～43.2%、30.8%～49.3%。2015年苗期、花针期干旱处理的产量在钙肥与水分间交互作用显著。

表3-5 钙对干旱胁迫下花生产量的影响

年份	处理	苗期干旱 产量(kg/hm²)	增减(%)	花针期干旱 产量(kg/hm²)	增减(%)	结荚期干旱 产量(kg/hm²)	增减(%)	饱果期干旱 产量(kg/hm²)	增减(%)	成熟期干旱 产量(kg/hm²)	增减(%)
2015	Ca_0	1 607b		2 374b		2 467b		1 901b		3 207b	
	Ca_{375}	3 128a	94.7	3 311a	39.5	2 769ab	12.3	2 722a	43.2	3 514a	9.6
	Ca_{750}	3 667a	128.2	3 361a	41.6	2 992a	21.3	2 838a	49.3	3 899a	21.6
2016	Ca_0	3 832b		2 683c		2 057c		2 644b		3 020b	
	Ca_{375}	4 147b	8.2	3 564b	32.9	2 633b	28.0	3 300a	24.8	3 566b	18.1
	Ca_{750}	4 611a	20.3	4 090a	52.4	3 360a	63.3	3 458a	30.8	4 446a	47.2

注:同一列不同字母表示差异显著。

参考文献

万书波. 中国花生栽培学. 上海:上海科学技术出版社,2003.

许大全. 植物光合作用的光抑制. 植物生理学通讯. 1992,28(4):237-243.

Demmig-Adams B, Adams WW III. Photoprotection and other responses of plants to high light stress. Annu Rev Plant Physiol Plant Mol Biol, 1992,43(1):599-626.

Golbeck J H, Bryant D A. Photosystem I. Curr Top Bioenerg, 1991,16:173-177.

Golbeck J H. Structure, function and organization of the photosystem I reaction center complex. BBA Reviews on Bioenergetics, 1987,895(3):167-204.

Havaux M. Carotenoids as membrane stabilizers in chloroplasts. Trends in Plant Science, 1998,3(4):147-151.

Havaux M, Dall'Osto L, Cuinè S, et al. The effect of zeaxanthin as the only xanthophyll on the structure and function of the photosynthetic apparatus in Arabidopsis thaliana. Journal of Biological Chemistry, 2004,279(14):13878-13888.

Jakob B, Heber U. Photoproduction and detoxification of hydroxyl radicals in chloroplasts and leaves and relation to photoinactivation of photosystem I and II. Plant & Cell Physiology, 1996(5):629-635.

Li X G, Meng Q W, Jiang G Q, et al. The susceptibility of cucumber and sweet pepper to chilling under low irradiance is related to energy dissipation and water-water cycle. Photosynthetica, 2003,41(2):259-265.

Powles S B. Photoinhibition of photosynthesis induced by visible light. Annu Rev Plant Physiol, 1984,35(1):15-44.

Sarry J E, Montillet J L, Sauvire Y. The protective function of the xanthophylls cycle in photosynthesis. FEBS Lett, 1994,353:147-150.

Schagger H, Cramer W A, Jagow G. Analysis of molecular masses and oligomeric states of protein complexes by blue native electrophoresis and isolation of membrane complexes by two dimensional native electrophoresis. Anal Biochem, 1994,217(2):220-230.

Schagger H, Jagow G. Blue native electrophoresis for isolation of membrane protein complexes in enzymatically active form. Anal Biochem, 1991,199(2):223-231.

Takahashi S, Murata N. How do environmental stresses accelerate photoinhibition. Trends Plant Science, 2008,13(4):178-182.

Thayer S S, Björkman O. Carotenoid distribution and deepoxidation in thylakoid pigment-protein complexes from cotton leaves and bundle-sheath cells of maize. Photosynthesis Research, 1992,33:213-225.

Reisinger V, Eichacker L A. Analysis of Membrane Protein Complexes by Blue Native PAGE. Proteomics, 2006,Suppl 2:6-15.

第四章

施钙对花生群体质量、产量及品质的影响

通常,协调的源、库关系对提高作物产量意义重大(Wang et al.,2020)。作物产量的进一步巨大飞跃需更高的生物量产量和优化的源、库(Senthold et al.,2017)。作物群体质量是"源、流、库"构建的重要指标。构建合理的群体结构是提高资源利用效率和作物生产潜力的关键(肖继兵等,2018;吕丽华等,2008)。作物高产以生物量积累为前提,而生物量累积又以养分吸收为基础。钙肥和氮肥的施用是影响花生生长发育和产量形成的重要栽培措施(周卫等,1995;周录英等,2008;王建国,2017)。氮素与花生植株生理代谢、产量及品质密切相关(王晓云等,2001)。施钙可促进花生干物质的积累,减少花生空、秕果数,增加饱果数和百果重,进而提高荚果产量(王建国,2017)。生产中推荐的钙肥施用量为210~600 kg/hm²(王建国,2017;索炎炎等,2019)。发挥钙肥和氮肥对花生生长最佳的互作效应,实

现以钙促氮、降低氮肥用量,协调干物质积累与产量的关系,在保障花生稳产、高产等方面具有重要的研究意义。

  本研究采用盆栽试验和大田试验结合,针对红壤土和砂壤土两种典型土壤类型,采用氧化钙（CaO）和硫酸钙（$CaSO_4$）两种生产上常用的钙素肥料,开展了对不同钙肥类型及施用时期的筛选试验,确定两种土壤上适宜的钙源肥料及最佳施用时期,为克服土壤钙素限制、促进花生生长、选择合适的钙源肥料和施用时期提供参考;在不同试验样地设置不同施钙量和施氮量,研究钙肥和氮肥及其互作对花生干物质和氮素积累分配及荚果产量的影响,探讨了两者对花生群体质量和产量构成的影响,为花生减氮协同增效栽培提供理论依据。

第一节
花生根系发育与形态

根系是植物重要的营养吸收器官,各器官干物质的形成、养分的积累和分配与根系生长发育密切相关。根系通过自身形态和代谢活性等变化促进植物对氮素、钙素的吸收利用,且与地上部生长相互促进,最终实现作物高产高效(Kiba et al.,2010;褚光等,2014)。根系形态性状在不同品种类型间具有一定的差异(厉广辉等,2014;丁红等,2013;任小平等,2006),且不同土壤质地、栽培模式均对根系生长及形态(根长、根表面积)等产生影响(贾立华等,2013;冯烨等,2013;陈安全等,2014)。根系的生长发育情况一般用根长、根平均直径、根体积、根表面积等指标衡量(陈安全等,2014)。生产上利用改进栽培措施增加作物根系长度、表面积和体积,保证生育中后期植株对水分和养分的吸收,促进植株干物质的积累,进一步提高产量(于天一等,2012;李杰等,2011)。

一、施钙对不同土壤类型花生根系形态的影响

本研究中供试花生品种为花育 25 号。如表 4-1 所示,选 2 种土壤类型,即缺钙红壤与足钙壤土;设置 2 个钙肥处理,即不施钙处理和基施氧化钙 600 kg/hm² 处理(么传训等,2022;刘珂珂等,2023)。氮肥为尿素(N 含量 46.7%),施用量为 120 kg/hm²;磷、钾肥为磷酸二氢钾,用量为 240 kg/hm²(P_2O_5 含量 52%、K_2O 含量 34%)。

表 4-1 不同土壤类型钙肥施用量

代码	处理	钙肥施用量(kg/hm²)
SCK	壤土不施钙	0
SCa	壤土施钙	600
RCK	红壤土不施钙	0
RCa	红壤土施钙	600

两种土壤增施钙肥后不同生育期花生根系各指标(根系直径除外)均显著增加(表4-2)。其中,结荚期花生根系总长、根系表面积、根系体积表现为,壤土施钙处理较对照分别显著增加55.1%、50.8%、50.0%,红壤施钙处理较对照分别显著增加30.6%、25.9%、21.4%。总体来看,增施钙肥显著促进结荚期花生根系的生长。

表 4-2 增施钙肥对花生不同生育期根系形态的影响

处理	根系总长(cm)		根系表面积(cm²)		根系直径(mm)		根系体积(cm³)	
	苗期	结荚期	苗期	结荚期	苗期	结荚期	苗期	结荚期
SCK	739.1b	2 423.5c	131.4c	368.6c	0.57a	0.48a	1.9d	4.4c
SCa	1 021.1a	3 758.6a	185.9b	555.8a	0.58a	0.46a	2.7b	6.6a
RCK	974.6a	3 051.8b	171.9b	463.1b	0.56a	0.48a	2.4c	5.6b
RCa	1 186.5a	3 986.8a	216.6a	583.0a	0.58a	0.47a	3.2a	6.8a

注:同列标注不同字母表示差异显著。

二、施钙与覆膜对低钙红壤花生根系形态的影响

本研究选用典型的缺钙红壤(浏阳市书院村月光坪的第四纪红壤表层土),土壤 pH 为 4.5,交换性钙含量为 148 mg/kg(表 4-3)。供试品种为湖南大籽品种湘花 2008。设置 3 个基施钙肥梯度:Ca_0(未施钙肥);Ca_{375}(熟石灰 375 kg/hm²,换算后每桶施用氧化钙 4.73 g);Ca_{750}(熟石灰 750 kg/hm²,换算后每桶施用氧化钙 9.46 g);2 种栽培方式:覆膜与露地。覆膜栽培采用先播种后覆膜,花生出苗时打孔引苗,地膜全程覆盖。3 个钙肥梯度与 2 种栽培方式组合形成 6 个试验处理组合:Ca_0-OF、Ca_{375}-OF、Ca_{750}-OF、Ca_0-PF、Ca_{375}-PF、Ca_{750}-PF。OF 表示露

地栽培,PF 表示覆膜栽培(王建国等,2017)。

表4-3 供试土壤的养分指标

pH	有机质 (g/kg)	交换性钙 (mg/kg)	碱解氮 (mg/kg)	速效钾 (mg/kg)
4.5	27.3	148.0	64.0	82.0

(一) 根系生物量与根冠比

湖南瘠薄红壤覆膜栽培花生根系生物量显著高于露地栽培($P<0.05$)。露地栽培下施钙肥对花生根系生物量的影响无显著差异,覆膜栽培中随钙肥量增大,花生根系生物量减小,但未达显著水平。施钙肥降低了根冠比(表4-4)。

表4-4 不同钙肥梯度与覆膜对花生生物量的影响

栽培方式	处理	根系生物量 (g/株)	根冠比
露地栽培	Ca_0	$1.26\pm0.10b$	$0.10\pm0.01a$
	Ca_{375}	$1.25\pm0.24b$	$0.07\pm0.00b$
	Ca_{750}	$1.27\pm0.12b$	$0.06\pm0.01b$
覆膜栽培	Ca_0	$2.11\pm0.24a$	$0.10\pm0.01a$
	Ca_{375}	$2.00\pm0.04a$	$0.07\pm0.00b$
	Ca_{750}	$1.80\pm0.26a$	$0.06\pm0.01b$

不同土层根系生物量分布大小依次为 $0\sim20$ cm>40 cm 以下$>20\sim40$ cm。$0\sim20$ cm 土层根系生物量:覆膜栽培显著高于露地栽培($P<0.05$),$0\sim20$ cm 土层根系生物量占根系总生物量 61.7%~69.1%,但不同处理间未达显著水平。根系生物量在 $20\sim40$ cm 及 40 cm 以下,覆膜栽培>露地栽培。覆膜栽培条件下,施钙肥降低了不同土层根系生物量;露地栽培条件下,在 $20\sim40$ cm 及 40 cm 以下土层趋势恰恰相反,施钙肥促进了花生根系的生长发育。露地栽培中随钙肥用量的提高,$0\sim40$ cm 土层内根系生物量占总根系生物量的比率逐渐降低,但未达显著水平。覆膜栽培中变化规律相反,$0\sim40$ cm 土层内根系生物量占根系总生物量的比率均在 80%以上,以 Ca_{750} 处理最高,达 82.2%。在生产实践中发现,往往根系较大的花生植株产量较低,究其原因,根系过度发达会造成根系冗余,导致"源、流、

库"不畅通。本试验通过施用不同梯度钙肥,既解决了根系冗余问题(土壤表层根系生物量较小),又提高了产量(表4-5)。

表4-5 不同钙肥梯度与覆膜对不同土层花生根系生物量的影响

栽培方式	处理	根系生物量(g/株)			占根系总生物量的比率(%)	
		0~20 cm	20~40 cm	>40 cm	0~20 cm	0~40 cm
露地栽培	Ca_0	0.87±0.04b	0.18±0.03b	0.21±0.03d	69.05±2.14a	83.33±1.01a
	Ca_{375}	0.81±0.15b	0.20±0.04b	0.24±0.06cd	64.52±0.65a	80.65±1.81a
	Ca_{750}	0.79±0.10b	0.22±0.03b	0.27±0.02cd	61.72±2.40a	78.91±2.83a
覆膜栽培	Ca_0	1.41±0.26a	0.30±0.02a	0.41±0.04a	66.51±4.84a	80.66±3.92a
	Ca_{375}	1.38±0.02a	0.26±0.03ab	0.36±0.03ab	69.00±1.37a	82.00±1.55a
	Ca_{750}	1.23±0.23a	0.25±0.03ab	0.32±0.04bc	68.33±3.54a	82.22±2.91a

(二) 根系形态特征

根长、根系表面积和体积是评价根系吸收功能最常用的指标。由图4-1可知,覆膜栽培中根系总长度、总表面积、总体积显著高于露地栽培,不同施钙肥处理显著高于Ca_0($P<0.05$)。露地栽培与覆膜栽培的根系平均直径无显著差异,钙肥处理低于对照处理。露地栽培中Ca_{750}根系总长度、总表面积、总体积相比Ca_0(不施钙)提高幅度分别为49.5%、39.1%、27.9%。覆膜栽培中Ca_{375}处理根系总长度、总表面积、总体积均高于Ca_{750}处理,与Ca_0相比,提高幅度分别为22.5%、16.2%、10.2%。Ca_0处理花生根系生长较粗,直径较大,侧根与毛细根较少,因而根系总长度与总表面积较低,不利于水分、养分的吸收。

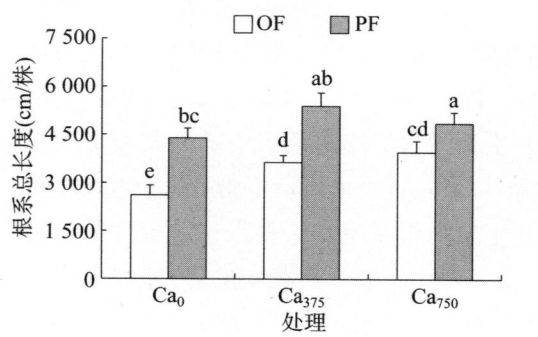
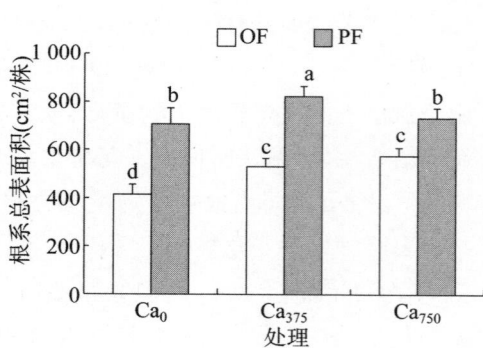

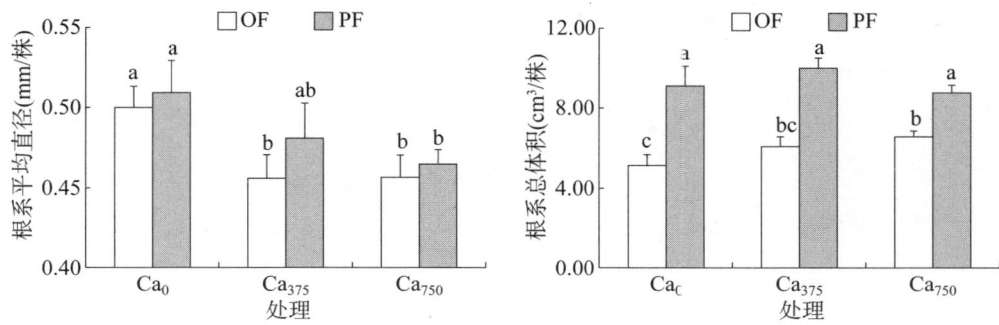

图 4-1　不同钙肥梯度与覆膜对花生根系形态特征的影响

(三) 根长密度分布比例

根长密度是衡量植物水分、养分吸收是一个重要指标。根长密度大时,植物吸水表面增加,土壤输水距离缩短,有利于水分、养分吸收。在不同栽培方式下,不同钙肥处理的根长密度分布比例均主要集中于 0～40 cm 土层中,其中 Ca_0、Ca_{375}、Ca_{750} 处理 0～40 cm 土层中根长密度分布比例依次为 60.5%～62.9%、64.3%～66.6%、65.1%～67.8%(图 4-2)。在露地栽培中,Ca_{375} 与 Ca_{750} 处理 0～20 cm 土层内根长密度分布比例分别比 Ca_0 处理高 13.5% 和 17.2%,表明施钙提高了 0～40 cm 土层内根长密度,增加了根系吸收水分和养分的表面积,进而可能提高这一土层的水分利用强度和效率。在覆膜栽培中,Ca_{375} 与 Ca_{750} 处理 0～20 cm 土层内根长密度分布比例分别比 Ca_0 处理高 6.6% 和 14.6%。覆膜对 20～40 cm 土层内

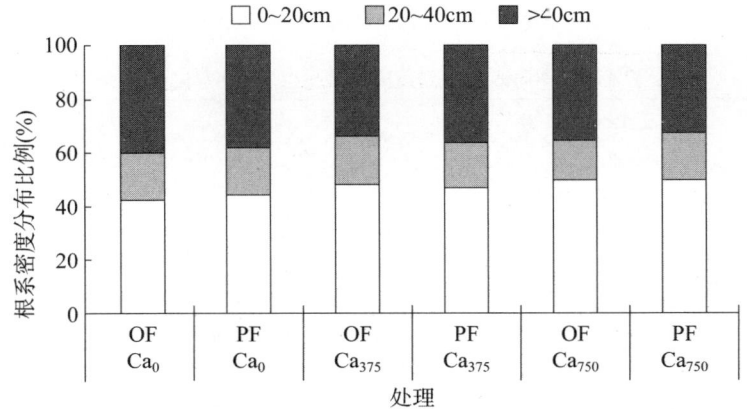

图 4-2　不同钙肥梯度与覆膜对花生根长密度分布比例的影响

根长密度分布比例无显著影响,但 Ca_{750} 处理 20～40 cm 土层内根长密度分布比例略低于 Ca_0 和 Ca_{375} 处理。在土壤缺钙条件下,花生 40 cm 以下土层内根长密度分布比例较高。不同栽培方式中,Ca_{375} 处理 40 cm 以下土层内根长密度分布比例相对略低于 Ca_0 处理,而其 40 cm 以下根系总长度比 Ca_0 处理提高 17.1%、17.9%。

(四) 根系空间变化

有研究表明,甘薯进行覆黑色膜或覆透明膜栽培均显著增加甘薯秧苗栽植后 10 天和 20 天的鲜重、总长度、表面积、体积($P<0.05$)(王翠娟等,2014)。覆膜处理能极显著提高玉米的根长、根表面积、根体积和根干重(查丽等,2016)。花生进行覆膜栽培起步较早,但对根系空间分布特征等深入研究较少。冯烨等(2013)研究表明,采用单粒精播+覆膜措施后,花生单粒精播 S1 处理耕层根系长度、体积和吸收面积显著增加。本研究中不同栽培模式下不同钙肥处理根系表面积和体积随土层深度变化趋势一致,即 0～20 cm>40 cm 以下>20～40 cm,而根系平均直径随土层深度增加逐渐降低;同一钙肥处理下,不同土层根系表面积和体积表现为覆膜栽培>露地栽培(表 4-6)。在露地栽培中,0～20 cm 和 40 cm 以下土层的根系表面积和体积表现为 $Ca_{750}>Ca_{375}>Ca_0$,在 20～40 cm 土层表现为 $Ca_{375}>Ca_{750}>Ca_0$。在露地栽培中,高钙肥(Ca_{750})对花生 0～20 cm 土层根系表面积和体积提高幅度最大,分别为 55.0%、36.0%。在覆膜栽培中,中等钙肥(Ca_{375})对 0～20 cm 土层根系表面积和体积提高幅度最大,分别为 27.9%、24.3%;高钙肥降低了 40 cm 以下土层根系表面积和体积。以上表明,湖南瘠薄红壤旱地施钙肥促进了 0～40 cm 土层花生根系的发育与伸长,增多了侧根与根毛。中上层土壤内根系的空间占位对根系吸水、肥及高产的获得具有非常重要的作用。

表 4-6 不同钙肥梯度与覆膜对花生根系空间变化的影响

栽培方式	处理	根系表面积(cm^2/株)			根体积(cm^3/株)			根系平均直径(mm/株)		
		0～20 cm	20～40 cm	>40 cm	0～20 cm	20～40 cm	>40 cm	0～20 cm	20～40 cm	>40 cm
露地栽培	Ca_0	190.25±10.76d	75.26±11.39b	144.14±22.31e	2.59±0.25c	0.96±0.16b	1.59±0.28c	0.55±0.05a	0.51±0.00a	0.44±0.02a
	Ca_{375}	262.07±18.78c	94.47±14.58b	169.58±13.54de	3.12±0.22c	1.08±0.18b	1.88±0.13bc	0.47±0.04a	0.45±0.01b	0.44±0.01a
	Ca_{750}	294.87±33.69c	86.13±18.71b	188.68±17.69cd	3.53±0.17bc	0.99±0.24b	2.06±0.22bc	0.48±0.03a	0.46±0.01b	0.44±0.02a
覆膜栽培	Ca_0	323.42±58.92bc	133.32±3.03a	245.81±25.73ab	4.39±0.78ab	1.71±0.04a	2.98±0.42a	0.53±0.02a	0.51±0.02a	0.49±0.02a

(续表)

栽培方式	处理	根系表面积(cm²/株)			根系体积(cm³/株)			根系平均直径(mm/株)		
		0~20 cm	20~40 cm	>40 cm	0~20 cm	20~40 cm	>40 cm	0~20 cm	20~40 cm	>40 cm
覆膜栽培	Ca_{375}	413.72±48.64a	138.98±23.04a	263.67±17.78a	5.46±0.58a	1.66±0.28a	2.89±0.29a	0.53±0.02a	0.48±0.02b	0.44±0.02a
	Ca_{750}	389.95±46.99ab	122.95±7.95a	213.91±17.88bc	4.99±0.60b	1.43±0.06ab	2.33±0.23ab	0.50±0.01a	0.46±0.02b	0.44±0.01a

(五) 不同根系性状与产量的相关性分析

有关学者对作物根系生物量与产量间的相关关系做了大量研究。李杰等 (2011) 研究表明,水稻产量与单茎根系总长、5~10 cm、10~15 cm 和 15 cm 以下土层根系干重占根系总干重的比例均呈显著或极显著的正相关关系。玉米产量与根系形态、根系干重之间呈显著线性正相关,拔节期和大喇叭口期玉米根系形态(根长、根表面积、根体积)与产量均呈极显著相关(王有宁等,2004)。丁红等(2013)研究发现,成熟期花生总根长、表面积与 0~20 cm 土层内根系性状与产量呈显著或极显著相关关系。本研究表明,总根系生物量、体积与产量无显著正相关;总根系平均直径与产量存在极显著负相关;总根长与产量间呈极显著正相关,总根系表面积与产量间呈显著正相关;0~20 cm 土层内根系长度、表面积与产量存在极显著正相关;20~40 cm 土层内根系平均直径与产量间呈极显著负相关,其余根系性状与产量均无明显相关关系;40 cm 土层以下根系长度与产量呈显著正相关,其余各根系性状与产量间相关性不高(表 4-7)。总的来说,总根长、表面积及 0~20 cm 土层内根系长度、表面积对产量建成有非常重要的作用。因此,如何采取栽培措施

表 4-7 产量与不同根系性状相关分析

根系性状	整个土层					土层 0~20 cm				
	RB	TRL	TRSA	TRV	RAD	RB	RL	RSA	RV	RAD
相关性	0.215	0.659**	0.562*	0.441	-0.598**	0.177	0.714**	0.650**	0.545	-0.412

根系性状	土层 20~40 cm					土层 >40 cm				
	RB	RL	RSA	RV	RAD	RB	RL	RSA	RV	RAD
相关性	0.282	0.409	0.291	0.163	-0.695**	0.232	0.534*	0.412	0.282	-0.287

注:RB 表示根系生物量;TRL 表示总根长;TRSA 表示根系总表面积;TRV 表示根系总体积;RAD 表示根系平均直径;RL 表示根系长度;RSA 表示根系表面积;RV 表示根系体积;* 和 ** 分别表示达到 0.05 和 0.01 显著水平。

促使 0~20 cm 耕层土壤内花生根系的生长发育最优，对获得高产具有重要意义。

本研究表明，施钙肥与覆膜对花生主要的贡献是促进花生 0~20 cm 土层内侧根及根毛的发展（数据在本文中未列入），使根系较发达，增加了不同土层根系表面积和体积，但根系不粗壮，未形成较大的根系生物量，很好地解决了根系冗余生长问题。露地栽培中，钙肥刺激了缺钙红壤花生根系下扎，增加深层土壤内的根长、根系表面积和体积，以充分吸收利用深层土壤中的水分、养分以适应瘠薄土壤，获得较高的植株群体与产量。露地栽培+钙肥（750 kg/hm²）是适合湖南红壤旱地高产高效的栽培模式。

三、氮与钙配施对花生根系形态的影响

为深入探究减施氮肥和增施钙肥对花生根系形态、养分积累与分配的影响，本试验采用裂区设计，在施钙（CAT，氧化钙用量 568.0 kg/hm²）和不施钙（CK，氧化钙用量 0 kg/hm²）两种处理下设置 6 个氮肥梯度（表 4-8），纯氮素用量分别为 0 kg/hm²、45.0 kg/hm²、90.0 kg/hm²、112.5 kg/hm²、135.0 kg/hm²、157.5 kg/hm²，共 12 个处理，处理代码分别为 CAT-N_0、CAT-$N_{45.0}$、CAT-$N_{90.0}$、CAT-$N_{112.5}$、CAT-$N_{135.0}$、CAT-$N_{157.5}$、CK-N_0、CK-$N_{45.0}$、CK-$N_{90.0}$、CK-$N_{112.5}$、CK-$N_{135.0}$、CK-$N_{157.5}$。磷钾肥用量为 325.0 kg/hm²，钙肥用量为 568.0 kg/hm²。所有肥料均采用基施、一次性施入的方法，均匀混合于 0~15 cm 土层。种植密度 24 万株/hm²，采用覆膜栽培方式。

氮肥或钙肥施用对花生主根系干重存在明显的影响。在施钙与不施钙处理两种情况下，随着纯氮素施用量的增加，花生根系干重变化明显。施钙处理与不施钙处理相比，提高了花生根系的干重，施钙处理与不施钙处理的花生总根平均干重相差 0.13 g。在不施钙条件下，所有土层的花生根系干重随氮肥施用量的提高呈现先增加后减少的趋势；在施钙条件下，40 cm 以上土层和总根，花生根系干重随氮肥施用量的提高呈增加的趋势，在此条件下 0~20 cm 和 20~40 cm 土层的花生在施氮量为 112.5 kg/hm² 处理的花生根系干重远高于其他处理，40 cm 以下土层花生总根干重在施氮量为 157.5 kg/hm² 处理的最大。

表4-8 氮、钙配施对花生根系干重的影响(g/株)

处理	0~20 cm		20~40 cm		>40 cm		总根	
	CK	CAT	CK	CAT	CK	CAT	CK	CAT
N_0	0.93	1.00	0.18	0.21	0.26	0.27	1.36	1.48
$N_{45.0}$	1.12	1.21	0.23	0.25	0.29	0.34	1.64	1.79
$N_{90.0}$	1.31	1.29	0.20	0.26	0.24	0.32	1.76	1.87
$N_{112.5}$	1.28	1.34	0.28	0.30	0.31	0.32	1.88	1.97
$N_{135.0}$	1.24	1.31	0.26	0.27	0.32	0.34	1.82	1.92
$N_{157.5}$	1.23	1.30	0.25	0.30	0.28	0.36	1.76	1.96

施钙处理的根系长度明显高于不施钙处理(图4-3)。随施氮量的增加，不同土层的根系长度及总根系长度均呈现先增大后减少的趋势，并且根系长度最大值都在施氮量为112.5 kg/hm² 处。0~20 cm 土层的花生根系最长。综上可知，减氮增钙有利于花生根系生长、分枝延长。

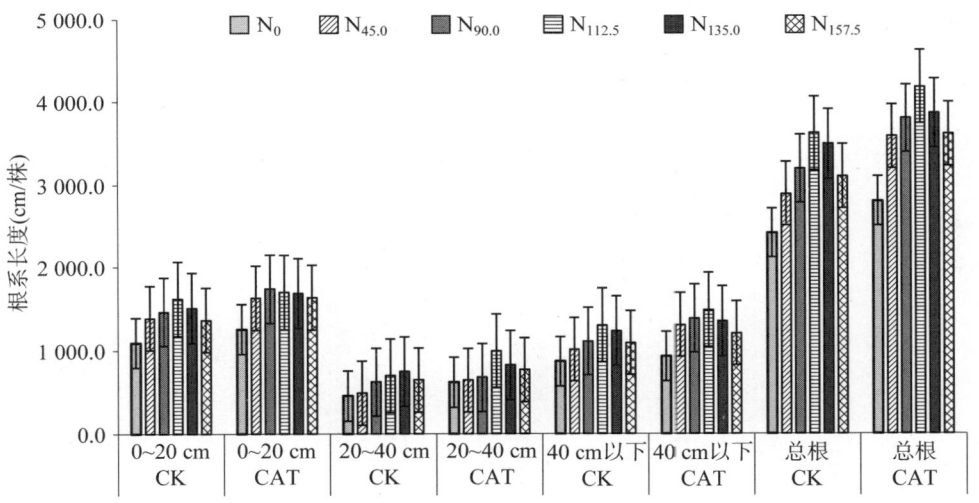

图4-3 氮、钙配施对花生根系长度的影响

随着施氮量的增加，花生根系表面积呈现先增大后减少的趋势(图4-4)。总根系表面积在施氮量为112.5 kg/hm² 时达最大值。施钙处理下的根系表面积大于不施钙处理。综上可知，减氮增钙的施肥方式可以增大根系表面积。

在施钙处理下，0~20 cm 土层的花生根系表面积明显大于其他土层，且随施氮量增加，0~20 cm 土层和40 cm 土层的花生根系表面积呈现先增大后减少的趋势，

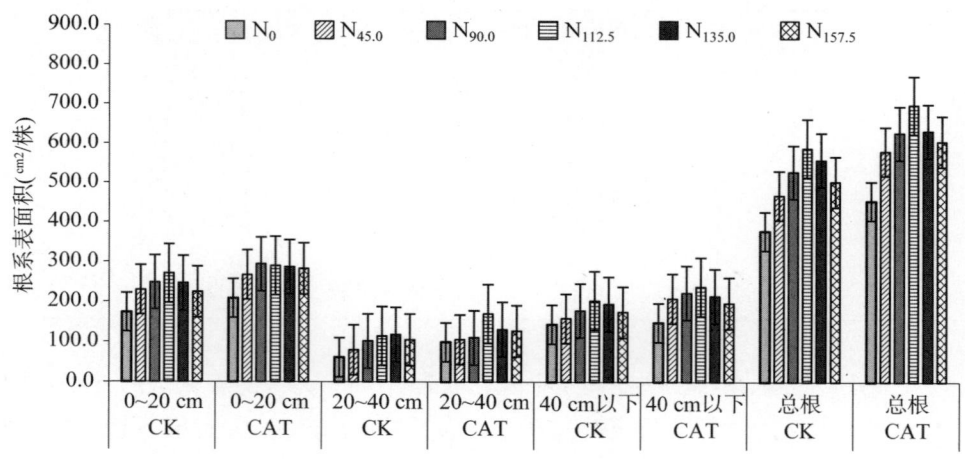

图 4-4 氮、钙配施对花生根系表面积的影响

并在施氮量为 157.5 kg/hm² 时达最大值;而 20~40 cm 土层的根系表面积呈现先增大后减少的趋势,并在施氮量为 112.5 kg/hm² 时达最大值。施钙处理下花生根系的平均直径大于不施钙处理(图 4-5)。

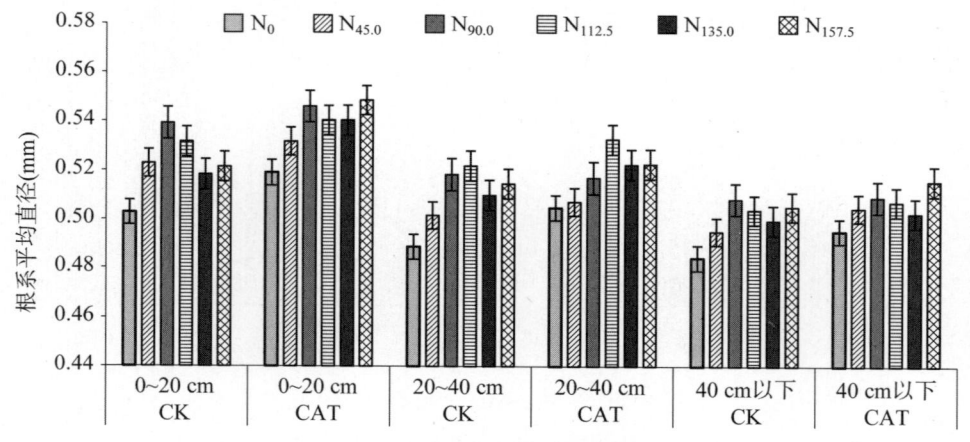

图 4-5 氮、钙配施对花生根系平均直径的影响

施钙处理的根系体积明显高于不施钙处理,并且花生根系的体积都随着施氮量的增加呈现先增大后减小的趋势,总根根系体积的最大值在施氮量为 112.5 kg/hm² 时(图 4-6)。

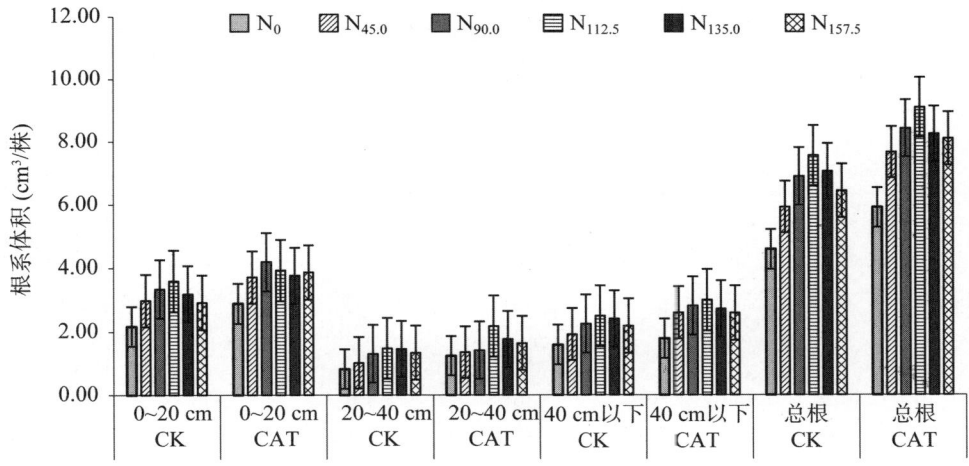

图 4-6 氮钙配施对花生根系体积的影响

四、减氮增钙对花生根系生物量与形态的影响

合理的氮素供应有利于根系的生长,但生产上片面追求产量导致氮肥用量过高,造成土壤中氮素堆积,降低氮肥利用率,并给环境带来巨大压力,影响生态安全。在我国花生施肥中,氮肥过多、养分失衡是主要问题。由于长期大量施用氮肥,严重抑制了根瘤菌的固氮作用。但是,作为花生所需大量元素的钙素施用极少或不施,成为限制花生产量提高的因素之一。针对上述问题,设计盆栽试验,探究减施氮肥、增施钙肥对花生根系形态的影响。试验设 6 个处理(表 4-9),供试肥料为尿素、磷酸二氢钾、氧化钙(刘颖等,2020)。

表 4-9 肥料施用时期及施用量

处理	基肥(kg/hm^2)				花针期追肥(kg/hm^2)	
	N	P$_2$O$_5$	K$_2$O	CaO	N	CaO
T0	0	0	0	0	0	0
T1	157.5	104	130	0	0	0
T2	157.5	104	130	450	0	0
T3	0	104	130	450	0	0

(续表)

处理	基肥(kg/hm²)				花针期追肥(kg/hm²)	
	N	P_2O_5	K_2O	CaO	N	CaO
T4	67.5	104	130	450	45.0	0
T5	67.5	104	130	0	45.0	450

各处理花生根系生物量随生育期延长呈逐渐增加的趋势,播种后80天,T2处理显著高于其他处理,而T4、T5处理根系生物量较低,可能是减施氮肥降低了根系生物量,虽后期适期施肥,但短时间难以表现较强的优势。播后108天,各处理根系生物量依次表现为T2＞T4＞T1＞T5＞T3＞T0,T2处理根系生物量达3.15 g/株,较T1增加20.26%,说明在高氮肥条件下,增施钙肥显著促进了根系的生长发育;钙肥作基肥的T2处理较T4虽增加6.83%,但两者并无显著差异,说明增钙基施条件下,减施氮肥且花针期追肥有利于根系生物量的增加;对于两个花针期追肥处理,T4(基施$N_{67.5}$、Ca_{450}＋追施N_{45})根系生物量显著高于T5(基施$N_{67.5}$＋追施N_{45}＋Ca_{450}),且较T5显著提高15.54%,说明钙肥作底肥比花针期追肥效果好;T4处理根系生物量显著高于高氮肥的T1($N_{157.5}$),说明减施氮肥、增施钙肥并适期追肥促进了根系生物量的提高(图4-7)。

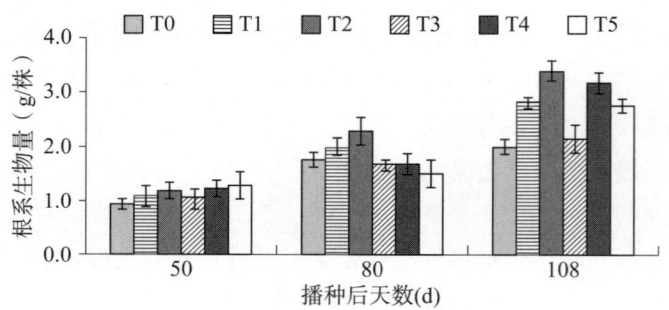

图4-7 不同施肥方式对花生根系生物量的影响

不同施肥方式显著影响花生根系形态,可以看出,花生播后30天不同施肥方式对根长影响不显著,除T0处理外,其他施肥处理的根系总表面积、根系平均直径均无显著差异。播后80天,同为高氮肥处理T2的根系总长度、总表面积、平均直径、总体积分别较T1增加4.81%、2.93%、2.50%、11.26%,可见,T2增施钙肥对花生根系形态影响较小。对同样增施钙肥且钙作基肥的处理来说,T4(基施$N_{67.5}$、Ca_{450}＋追施N_{45})处理根系形态相关指标与T2相比差异不显著,说明减施氮肥、增施钙肥并且适期追肥保证了根系的生长（表 4-10）。T4 处理的根系总长度、总表面积、平均直径分别较 T5 提高了 4.78%、3.24%、2.17%，两者并无显著差异；根系总体积较 T5 显著提高 18.29%。

表 4-10 不同施肥方式对花生根系形态的影响

取样时间 (d)	处理	根系总长度 (cm)	根系总表面积 (cm^2)	根系平均直径 (cm)	根系总体积 (cm^3)
30	T0	1 815.26±152.32a	180.20±5.38b	0.35±0.05b	1.63±0.25c
	T1	1 990.81±387.13a	298.81±62.51a	0.43±0.02a	3.59±0.83b
	T2	2 322.65±277.05a	339.17±39.54a	0.50±0.02a	4.09±0.25ab
	T3	2 069.83±275.08a	310.63±54.45a	0.47±0.02a	3.73±0.81ab
	T4	2 368.39±380.92a	353.87±23.91a	0.50±0.02a	4.70±0.39a
	T5	1 863.34±204.78a	291.51±11.40a	0.50±0.03a	3.58±0.24b
80	T0	4 962.34±324.17c	790.18±74.55b	0.43±0.02b	9.24±0.82d
	T1	7 175.17±492.34a	1 105.11±93.63a	0.49±0.02ab	13.47±1.01ab
	T2	7 520.14±811.93a	1 137.53±35.16a	0.50±0.01a	14.98±0.70a
	T3	6 078.69±190.99b	883.99±80.41b	0.48±0.01ab	11.44±1.25c
	T4	7 256.40±359.05a	1 089.35±98.72a	0.50±0.01ab	14.56±1.11a
	T5	6 925.42±271.88a	1 055.14±59.28a	0.49±0.00ab	12.31±0.54bc

注：同列标不同字母表示差异显著。

第二节
花生农艺性状

钙肥影响花生生长发育与产量。钙肥可以改良土壤结构、调节土壤 pH、提高土壤地力、促进植株生长发育，进而改善花生的农艺性状。本研究针对钙肥与覆膜、施氮等栽培措施，进一步研究施钙肥对花生长势的促进作用。

一、不同钙肥类型及钙肥施用时期对花生农艺性状的影响

为探讨适宜酸性土壤和中性土壤最佳钙肥类型、最佳施用时期，本研究以花育 25 号为试验材料，于 2019—2020 年设基施 NaOH、CaO、$CaSO_4$ 和不施钙（CK）4 种处理，并在 2019 试验结果的基础上，2020 年设钙肥基施及苗期、花针期和结荚期追肥处理，研究不同土壤类型下钙肥类型及施用时期对花生农艺性状、干物质积累量、产量及其构成的影响（尤召阳等，2023）。试验 1：2019—2020 年选择砂壤土和红壤，设基施氧化钙（CaO）450 kg/hm^2、硫酸钙（$CaSO_4$）450 kg/hm^2、氢氧化钠（NaOH）450 kg/hm^2，不施钙作对照（CK），合计 4 个处理。试验 2：在试验 1 的基础上，2020 年选择产量最优的钙源，探索钙肥最佳施用时期。施肥时期为基施、苗期（播种后 30 天）、花针期（播种后 50 天）、结荚期（播种后 70 天），编号依次为 $CaO_{基施}$、$CaO_{苗期}$、$CaO_{花针}$、$CaO_{结荚}$，CaO 施用量为 450 kg/hm^2。

增施钙肥显著影响花生的农艺性状。砂壤土条件下，CaO 和 $CaSO_4$ 处理的花生主茎高和分枝数分别为 19.3 cm、19.7 cm 和 10.3 个、10.0 个，显著高于 CK 和 NaOH 处理；NaOH 处理的花生侧枝长最短，为 21.2 cm，但主茎绿叶数显著高于其他 3 个处理。红壤条件下，CaO 处理的花生主茎高最高，为 16.3 cm；NaOH 处

理的侧枝长显著低于其他 3 个处理；各处理间分枝数无明显差别，均为 9~10 个分枝；CaO 处理的主茎绿叶数显著高于其他处理(表 4-11)。

表 4-11 不同钙肥类型对不同土壤类型上花生成熟期农艺性状的影响

土壤类型	处理	主茎高(cm)	侧枝长(cm)	分枝数	主茎绿叶数
砂壤土	CK	17.7b	23.3a	9.3b	6.3b
	NaOH	16.0c	21.2b	9.3b	8.7a
	CaO	19.3a	23.7a	10.3a	6.7b
	$CaSO_4$	19.7a	23.3a	10.0ab	6.3b
红壤	CK	15.0ab	17.3ab	9.3a	6.7b
	NaOH	14.3b	16.3b	9.7a	6.7b
	CaO	16.3a	18.3a	9.7a	8.3a
	$CaSO_4$	15.7ab	18.0a	9.7a	7.0ab

施用氧化钙的时期对砂壤土和红壤土上花生农艺性状的影响作用相似(表 4-12)。相同土壤条件、不同施钙时期处理，对花生主茎高和主茎绿叶数作用不明显，除红壤 $CaO_{结荚}$ 处理的主茎绿叶数显著低于同土壤条件其他处理外，各处理间无显著差异。随着施钙时期的推迟，在砂壤土条件下花生侧枝长先升高后降低，$CaO_{苗期}$ 处理花生侧枝最长，$CaO_{结荚}$ 处理侧枝最短；在红壤条件下各处理间侧枝长差异不显著。在红壤条件下花生分枝数先升高后降低，$CaO_{苗期}$ 处理分枝数最多，平均为 10.7 个，$CaO_{花针}$ 处理分枝数最少；在砂壤土条件下各处理间分枝数无显著差异。根据早期已有的研究表明，花生对 Ca^{2+} 的需求量在开花下针期开始增加，在结荚期需求量最大(马群等，2010)，而在结荚期前施用钙肥提高了花生抗逆性，有利于花生生长发育，这可能是本研究中不同时期追施钙肥对花生农艺性状影响不显著的原因。

表 4-12 不同钙肥施用时期对不同土壤类型上花生成熟期农艺性状的影响

土壤类型	处理	主茎高(cm)	侧枝长(cm)	分枝数	主茎绿叶数
砂壤土	$CaO_{基施}$	19.3a	23.7a	10.3a	6.7a
	$CaO_{苗期}$	19.3a	24.8a	10.3a	8.0a
	$CaO_{花针}$	19.3a	23.3ab	9.3a	7.7a
	$CaO_{结荚}$	18.7a	22.0b	9.7a	7.7a
红壤	$CaO_{基施}$	16.3a	21.3a	9.7ab	8.3a
	$CaO_{苗期}$	16.7a	22.3a	10.7a	8.7a
	$CaO_{花针}$	16.7a	21.8a	9.0b	8.3a
	$CaO_{结荚}$	16.3a	21.0a	9.7ab	7.3b

二、施钙与覆膜对低钙红壤花生农艺性状的影响

施钙与覆膜栽培对花生主茎高、侧枝长无显著影响(表4-13)。覆膜栽培主茎高、侧枝长、2014年分枝数均高于露地栽培。随钙肥用量的增加,分枝数增多,这有利于防止花生徒长、倒伏,为高产打下形态基础。

表4-13 施钙与覆膜栽培对缺钙红壤花生农艺性状的影响

处理	主茎高(cm)		侧枝长(cm)		分枝数	
	2014	2015	2014	2015	2014	2015
Ca_0-OF	19.3a	19.2a	20.0a	24.3a	4.5b	8.3ab
Ca_{375}-OF	19.8a	19.1a	22.8a	23.9a	5.6b	9.3ab
Ca_{750}-OF	19.1a	19.1a	21.2a	24.6a	7.0a	10.0a
Ca_0-PF	21.6a	20.4a	26.0a	25.5a	6.6a	8.0b
Ca_{375}-PF	21.1a	20.9a	26.0a	25.9a	7.8a	9.0ab
Ca_{750}-PF	20.3a	20.8a	25.9a	24.5a	7.2a	9.7ab

注:OF表示露地;PF表示覆膜。不同小写字母表示同一年处理间差异呈显著水平($P<0.05$)。下同。

三、外源钙与AMF协同对连作花生植株性状的影响

AMF与钙元素协同作用对连作花生整个生长过程的生理指标及产量和品质的影响还未见报道。本试验前期相关研究证明,20 mmol/L 外源钙离子协同AMF能够促进连作花生苗期的生长(Cui et al.,2019)。为了研究两者协同作用对连作花生整个生育期生理指标及产量和品质的影响,基于前期试验结果,本试验设4个处理,分别为:对照组(既不加菌也不加钙,CK),加菌组(只加菌不加钙,AMF),加钙组[只加 20 mmol/L 的 $Ca(NO_3)_2 \cdot 4H_2O, Ca_{20}$],加菌加钙组[加菌和 20 mmol/L 的 $Ca(NO_3)_2 \cdot 4H_2O, AMF+Ca_{20}$]。摩西斗管囊霉按每穴 400 个孢子(10 g 含有摩西斗管囊霉孢子及菌丝的沙土)在播种时撒入种子周围的土壤中。分别于花生苗期(播种后35天)、花针期(播种后50天)和荚果膨大期(播种后75天)施入外源

钙。每盆浇灌 1 L 浓度为 20 mmol/L 的 $Ca(NO_3)_2 \cdot 4H_2O$ 溶液。为平衡硝酸根离子对花生植株生长的影响,未添加 $Ca(NO_3)_2$ 的处理添加 20 mmol/L 的 NH_4NO_3(衣婷婷等,2023)。

与对照相比,其他钙与 AMF 相关处理对连作花生花针期和结荚期的主茎高都无显著影响;成熟期,AMF、Ca_{20} 和 AMF+Ca_{20} 处理的株高均显著增加。钙与 AMF 相关处理对侧枝长的影响与主茎高相同,不同处理成熟期的侧枝长显著高于对照。对于分枝数而言,AMF+Ca_{20} 处理花针期和成熟期的分枝数显著大于对照,分别增加了 6.1% 和 10.6%;AMF 和 Ca_{20} 处理不同时期的分枝数与对照均无显著差异(表 4-14)。

表 4-14 不同处理对连作花生株高、侧枝长和分枝数的影响

处理	主茎高(cm)			侧枝长(cm)			分枝数		
	花针期	结荚期	成熟期	花针期	结荚期	成熟期	花针期	结荚期	成熟期
CK	16.78a	24.68a	29.30b	18.97a	27.17a	32.53b	9.50b	10.83a	10.67b
AMF	17.11a	26.21a	32.70a	19.15a	29.49a	37.67a	9.67b	11.00a	11.00ab
Ca_{20}	16.34a	26.05a	31.91a	18.40a	30.33a	35.88a	9.42b	10.75a	11.33ab
AMF+Ca_{20}	17.33a	27.63a	32.06a	9.13a	29.59a	36.31a	10.08a	11.42a	11.80a

第三节
花生干物质生产与分配

钙素对花生干物质积累起重要的调控作用(王建国等,2018)。Ca^{2+}可以通过提高植物体内的酶活性,促进蛋白质的合成,同时还直接参与光合作用(Yang et al.,2017)。花生的干物质积累量直接影响花生的产量(谢娇等,2021)。

一、施钙对花生叶绿素含量及光合速率的影响

通常,作物成熟期叶色正常转黄是高产的标志,并非早衰。试验结果显示(图4-8),2014年,随施钙量的增加,花生成熟期叶片中叶绿素含量(SPAD)逐渐降低。2015年,露地栽培处理(OF)在苗期、花针期、结荚期叶片 SPAD:$Ca_{750}>Ca_{375}>Ca_0$,在饱果期和成熟期 SPAD:$Ca_{375}<Ca_{375}<Ca_0$。覆膜栽培(PF)在整个生育时期叶片 SPAD:施钙处理高于不施钙处理。露地栽培(OF)叶片 SPAD 在生育中后期高于覆膜栽培(PF)。

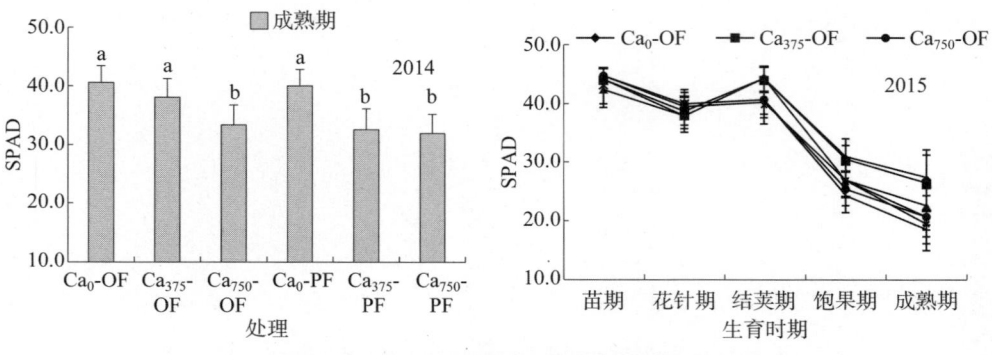

图4-8 施钙与覆膜栽培对缺钙红壤花生叶绿素含量的影响

总体来看,露地栽培(OF)、Ca_0-PF 处理叶片净光合速率在整个生育期呈先降低后升高再降低的变化趋势;Ca_{375}-PF、Ca_{750}-PF 处理叶片净光合速率随生育期后延逐渐降低。苗期 Ca_{750}-OF、Ca_{750}-PF 净光合速率较高,分别为 32.8 μmol $CO_2/(m^2 \cdot s)$、32.0 $\mu mol\ CO_2/(m^2 \cdot s)$。随施钙量的增加,叶片净光合速率在苗期和花针期逐渐升高,且 $Ca_{750}>Ca_{375}>Ca_0$。结荚期、饱果期和成熟期叶片净光合速率为不施钙处理高于施钙处理,这与叶绿素含量变化有关。覆膜栽培(PF)净光合速率在花针期高于露地栽培(OF),其他时期差异不明显(图 4-9)。

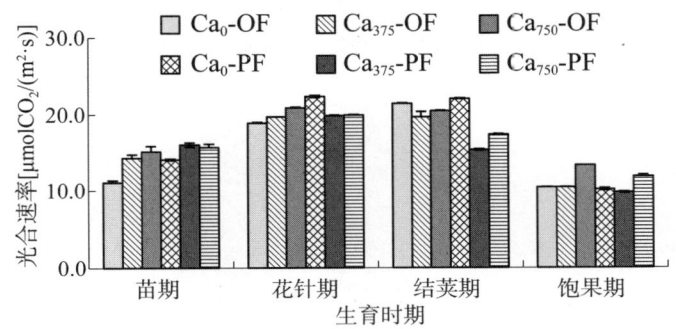

图 4-9 施钙与覆膜栽培对缺钙红壤花生光合速率的影响

二、不同钙肥类型及施钙时期对花生干物质积累与分配的影响

(一) 施钙对酸性土花生干物质积累与分配的影响

与不施钙相比,施钙促进了花生不同生育期各器官干物质的积累,但促进效果不尽相同(图 4-10、图 4-11)。总体来看,施钙对苗期各器官干物质积累量的促进效果为茎>叶>根,对结荚期和成熟期各器官干物质积累量的促进效果均为荚果>茎>叶>根>果针,虽然两时期的促进效果一致,但随着生育进程的推进,施钙对荚果、根和果针中的干物质积累促进效果逐渐明显,但对茎和叶的干物质积累促进效果逐渐减弱。以成熟期荚果为例,与 SCK 相比,2019 年和 2020 年 SCa 处理的成熟期荚果干物质积累量分别增加 51.3%、60.1%;与 RCK 相比,2019 年和 2020 年红壤 RCa 荚果干物质积累量分别提高 44.3%、46.7%。

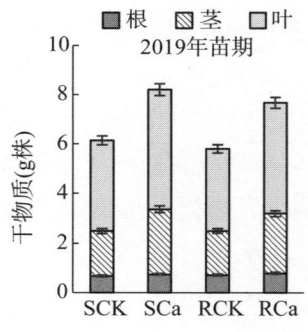
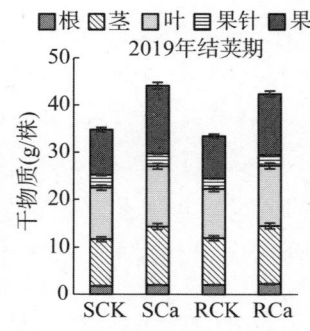
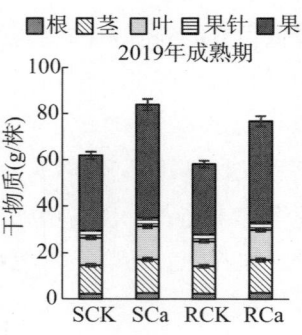

图 4-10　施钙对花生干物质积累动态的影响（2019 年）

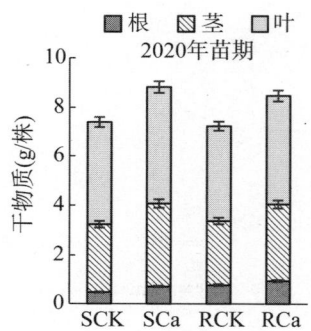
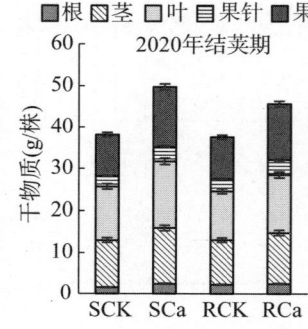
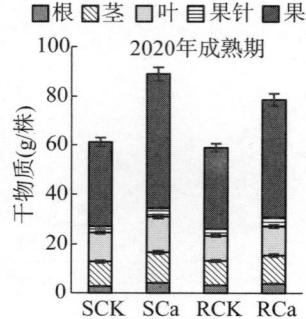

图 4-11　施钙对花生干物质积累动态的影响（2020 年）

施钙显著提高成熟期荚果的干物质分配率（图 4-12）。2019 年和 2020 年砂壤土施钙后成熟期荚果干物质分配率分别增加 11.7%、10.1%，而在红壤土上分别增加 9.4%、9.7%。与荚果干物质分配率升高不同的是，施钙后其他各器官干物质分配率均有不同程度降低，其中以茎、叶的干物质分配率降幅为最。2019 年和 2020 年砂壤土施钙后成熟期茎干物质分配率分别减少 12.9%、14.8%，而在红壤土上分别减少 9.1%、13.4%；此外，2019 年和 2020 年砂壤土施钙后成熟期叶干物质分配率分别减少 11.2%、15.6%，而在红壤土上分别减少 9.5%、13.8%。由此可以说明，无论红壤还是砂壤土，施钙均有效改善了花生干物质的分配，促进了营养体源中干物质流向荚果库。

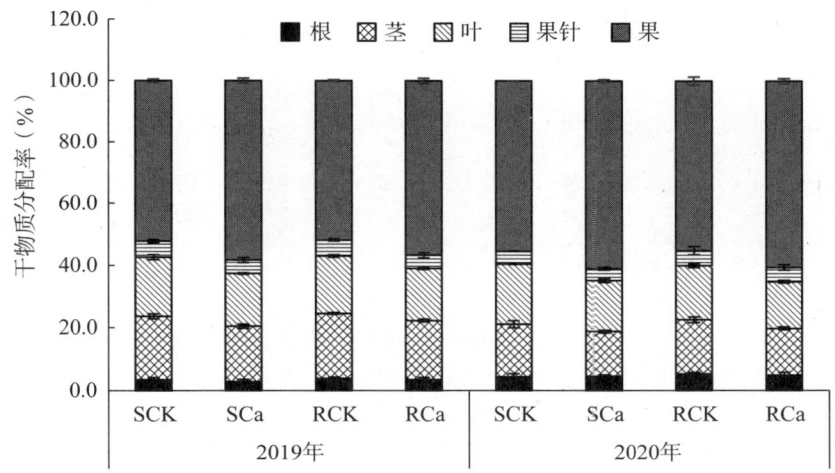

图 4-12 施钙对花生成熟期不同器官干物质分配的影响

（二）不同钙肥类型对不同土壤类型上花生干物质量的影响

本研究表明，与 CK 和 NaOH 处理相比，施用 CaO 和 $CaSO_4$ 显著促进了花生干物质的积累（图 4-13）。砂壤土条件下，施用 CaO 和 $CaSO_4$ 处理的植株干物质积累量比 CK 处理在 2019 年分别增加了 23.7% 和 16.5%，2020 年分别增加了 16.1% 和 13.8%；而红壤土条件下，施用 CaO 和 $CaSO_4$ 处理的植株干物质积累总量比 CK 处理在 2019 年分别增加了 24.7% 和 19.5%，2020 年分别增加了 19.1% 和 17.2%。分析不同器官的干物质积累发现，不同处理的根、茎、叶中的干物质积累量差异不显著，但荚果干物质积累量有显著差异。CaO 处理的荚果干物质积累量最高，其次为 $CaSO_4$ 处理，CK 和 NaOH 处理的荚果干物质积累量较低。与 CK

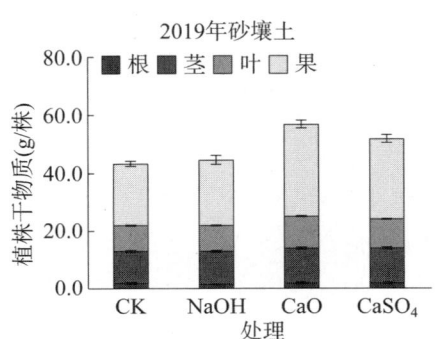 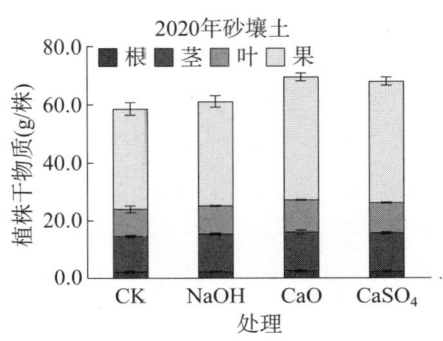

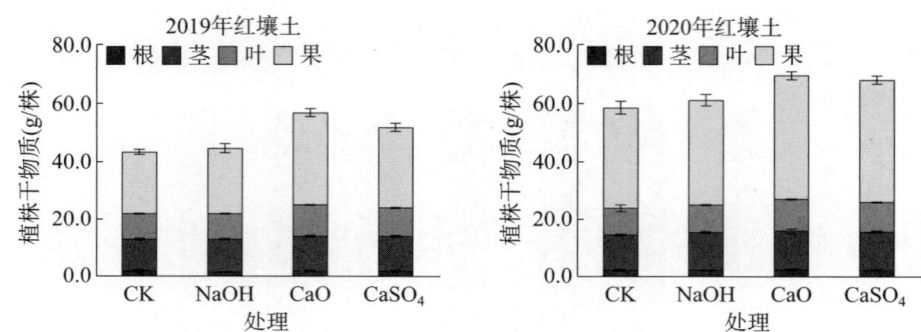

图 4-13　不同钙肥类型对不同土壤类型上花生干物质量的影响

比较,CaO 处理荚果干物质积累量在砂壤土和红壤土上分别提高 18.8%～32.7% 和 22.4%～34.6%,CaSO$_4$ 处理分别相应提高 16.8%～23.3% 和 21.4%～27.3%。由此可见,钙肥特别是 CaO 能够有效促进花生干物质,尤其是荚果干物质的积累,为花生增产提供了营养基础。

(三) 钙肥施用时期对不同土壤类型上花生干物质量的影响

钙肥的施用时期对花生干物质积累量有显著影响(图 4-14)。基施钙肥有利于花生干物质积累,随着施钙时期的推迟,干物质积累量逐渐降低。在两种土壤类型上,以钙肥作为基肥时,花生干物质积累量均最大,比 CaO$_{结荚}$ 处理植株干物质积累量分别提高 21.2% 和 14.7%,其中,砂壤土条件下降幅更大,对施肥时期更敏感。施肥时期对花生不同器官干物质积累量的影响不同,根、茎、叶中的干物质积累量在不同施钙时期无显著差异,但荚果干物质积累量随施钙时期的推迟显著降低。CaO$_{基施}$ 处理荚果干物质积累量比 CaO$_{苗期}$、CaO$_{花针}$ 和 CaO$_{结荚}$ 处理分别增加 11.8%、22.3% 和 26.9%(砂壤土),红壤土条件下相应增加 6.0%、14.3% 和 18.0%。

钙肥促进花生干物质积累量明显上升,施用 CaO 时干物质积累量提升最多,这与前人研究的钙肥能促进植株对养分的吸收与生长、增加干物质积累量一致(王建国等,2018);CaO 的施用时期同样对荚果干物质积累量有重要影响,施用时期越早,干物质积累量越高,这可能是因为钙肥促进了根瘤菌的发育,提高了结荚期根瘤数量(Yang et al., 2017),提升了花生的固氮能力,从而促进了干物质的积累;同时,钙肥有利于干物质向荚果转运(王建国等,2021),使荚果中的干物质积累量提高。

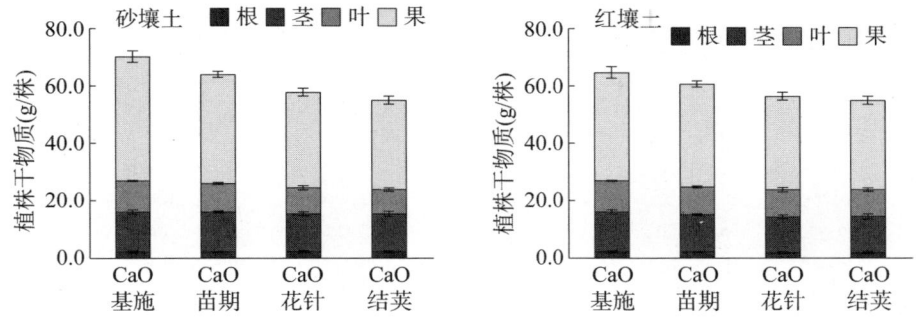

图 4-14 不同钙肥施用时期对不同土壤类型上花生干物质量的影响

三、施钙与覆膜对低钙红壤花生干物质积累的影响

连续 2 年试验表明,2014 年干物质生产低于 2015 年,这是由年际间不同气候环境造成的(表 4-15)。覆膜栽培提高缺钙红壤旱地花生营养器官(根、茎、叶)、生殖器官(果针、果壳、果仁)干物质($P<0.05$),而施钙可显著促进生殖器官的生长。其中,Ca_{750}-OF、Ca_{750}-PF 生殖器官干物质相比对照(Ca_0-OF)增幅为 74%、94.3%。随着施钙量的增加,收获指数显著提高,而根冠比显著降低,表明施钙有利于减少根系冗余,形成大的冠层结构,进而收获高产。覆膜对根冠比和收获指数影响较小。2014 年露地栽培 Ca_{375}-OF、Ca_{750}-OF 收获指数分别为 0.51、0.56,高于其他处理。除去营养器官,其他指标在年份与栽培方式的交互作用间达显著水平;收获指数、根冠比在栽培方式与施钙处理的交互作用间均达显著水平($P<0.05$)。

表 4-15 施钙与覆膜栽培对缺钙红壤花生干物质及收获指数的影响

年份	处理	营养器官(g/株)	生殖器官(g/株)	总干物质(g/株)	根冠比	收获指数
2014	Ca_0-OF	7.52±0.51b	6.02±0.33c	13.54±0.18c	0.10±0.01a	0.32±0.05c
	Ca_{375}-OF	8.09±1.59b	11.55±0.87b	19.64±2.46b	0.07±0.00b	0.51±0.04a
	Ca_{750}-OF	8.62±0.46b	14.53±2.72a	23.14±3.13b	0.06±0.01b	0.56±0.03a
	Ca_0-PF	14.15±1.52a	10.12±1.31b	24.27±2.83ab	0.10±0.01a	0.30±0.03c
	Ca_{375}-PF	14.07±0.31a	14.69±1.05a	28.76±1.36a	0.07±0.00b	0.42±0.01b
	Ca_{750}-PF	13.73±2.01a	15.08±0.63a	28.81±2.46a	0.07±0.01b	0.45±0.03b

(续表)

年份	处理	营养器官(g/株)	生殖器官(g/株)	总干物质(g/株)	根冠比	收获指数
2015	Ca_0 - OF	17.41±0.47a	10.90±1.16d	28.32±0.85c	0.13±0.01a	0.24±0.03c
	Ca_{375} - OF	15.09±0.01c	14.93±1.08bc	30.02±1.07bc	0.09±0.00c	0.39±0.03a
	Ca_{750} - OF	14.98±0.35c	14.92±0.38bc	29.90±0.14bc	0.09±0.00c	0.41±0.02a
	Ca_0 - PF	16.68±0.53ab	12.75±0.55c	29.43±0.66bc	0.11±0.01b	0.30±0.02b
	Ca_{375} - PF	15.45±0.56bc	16.76±0.45ab	32.21±1.01ab	0.08±0.00c	0.40±0.03a
	Ca_{750} - PF	16.05±1.20abc	17.81±1.75a	33.85±2.70a	0.09±0.01c	0.44±0.03a
方差分析(P 值)						
	Y	<0.0001	<0.0001	<0.0001	<0.0001	<0.0001
	CM	<0.0001	<0.0001	<0.0001	0.0121 0	0.0480
	CaT	0.1610	<0.0001	<0.0001	<0.0001	<0.0001
	Y×CM	<0.0001	0.6180	<0.0001	0.0190	<0.0001
	Y×CaT	0.0350	0.1080	0.0370	0.2170	0.2180
	CM×CaT	0.9630	0.4550	0.7530	0.0110	0.0230
	Y×CM×CaT	0.1430	0.0700	0.0490	0.6960	0.3530

注：CM 表示栽培方式；CaT 表示施钙处理。不同小写字母表示同一年处理间差异呈显著水平(P<0.05)。

四、氮钙互作对花生干物质积累与分配的影响

目前，前人关于钙、氮肥对花生干物质积累、产量及氮素积累的影响已有大量研究，但主要以单因素为主，且研究多集中于盆栽试验和特定土壤类型上，少量钙、氮耦合研究也多是关注钙、氮常规用量配施下作物产量和品质的变化，而单粒精播栽培中钙、氮互作对花生干物质积累、产量及氮素积累的影响鲜见报道。因此，发挥钙肥和氮肥对花生生长最佳的互作效应，实现以钙促氮、降低氮肥用量，协调干物质积累与产量的关系，在保障花生稳产、高产等方面具有重要的研究意义。本研究在前人研究的基础上，采用单粒播种方式，在不同试验样地设置不同的施钙量和施氮量，采用两因素裂区设计，设 0(Ca_0)、600(Ca_{600}) kg/hm² 2 个钙肥水平，0(N_0)、75(N_{75})、150(N_{150})、225(N_{225})、300(N_{300}) kg/hm² 5 个氮肥水平，共 10 个处理，研究钙肥和氮肥及其互作对花生干物质和氮素积累及荚果产量的影响，探讨两者对花生产量构成的影响(王建国等，2021)，为花生减氮协同增效栽培提供理论依据。

（一）花生干物质积累动态

增施钙肥可使花生干物质最大积累量（Y_m）升高，且随着施氮量增加，不同试验样地的变化不同。在济阳增施氧化钙（CaO）600 kg/hm²，花生干物质最大积累速率（V_m）提高 14.3%，快速积累期起始时期（t_1）推后，快速积累持续期（T）缩短；随着施氮量增加，花生干物质最大累积量、最大积累速率和出现时间、快速积累期终止时期（t_2）和快速积累持续期呈先升高后降低趋势，快速积累期起始时期提前；施钙量和施氮量互作下，花生干物质最大累积量在 $Ca_{600}N_{225}$ 获得最大值，其最大积累速率为 329.2 kg/(hm²·d)，快速积累持续时间为 33.7 天，与各处理平均值相比，花生干物质最大积累量提高了 14.9%，最大积累速率提高了 12.4%，快速积累持续时间延长了 2.3%。在饮马泉增施 CaO 600 kg/hm²，花生干物质最大积累速率提高 9.0%，快速积累期起始时期提前，快速积累期终止时期和快速积累持续期延长；随着施氮量增加，花生干物质最大积累量、最大积累速率和出现时间、快速积累期起始和终止时期、快速积累持续期呈先升高后降低趋势；施钙量和施氮量互作下，花生干物质最大积累量在 $Ca_{600}N_{150}$ 获得最大值，其最大积累速率为 327.6 kg/(hm²·d)，快速积累持续时间为 36.1 天，与各处理平均值相比，花生干物质最大积累量提高了 13.7%，最大积累速率提高了 10.6%，快速积累持续时间延长了 3.1%（表 4-16）。

表 4-16　不同施钙量和施氮量花生干物质累积动态特征值

处理	济阳（JY）						饮马泉（YMQ）					
	Y_m (kg/hm²)	V_m [kg/(hm²·d)]	t_m (d)	t_1 (d)	t_2 (d)	T (d)	Y_m (kg/hm²)	V_m [kg/(hm²·d)]	t_m (d)	t_1 (d)	t_2 (d)	T (d)
施钙量												
Ca_0	13 750	272.6	62.5	45.9	79.1	33.2	14 824	282.4	60.5	43.2	77.8	34.6
Ca_{600}	15 604	312.1	62.6	46.1	79.1	32.9	16 728	307.8	60.5	42.6	78.4	35.8
施氮量												
N_0	12 676	267.8	61.9	46.3	77.5	31.2	13 250	261.7	58.3	41.6	75.0	33.3
N_{75}	14 313	291.6	62.3	46.1	78.4	32.3	15 518	290.6	60.5	43.0	78.1	35.2
N_{150}	14 954	296.1	62.4	45.7	79.0	33.3	17 106	314.3	61.0	43.1	78.9	35.8
N_{225}	16 063	308.8	63.0	45.8	80.1	34.3	16 646	305.2	61.2	43.3	79.1	35.8
N_{300}	15 388	298.9	62.8	45.8	79.7	33.9	16 367	304.8	60.9	43.2	78.6	35.4

(续表)

处理	济阳(JY)						饮马泉(YMQ)					
	Y_m (kg/hm^2)	V_m [kg/(hm^2·d)]	t_m (d)	t_1 (d)	t_2 (d)	T (d)	Y_m (kg/hm^2)	V_m [kg/(hm^2·d)]	t_m (d)	t_1 (d)	t_2 (d)	T (d)
施钙量×施氮量												
$Ca_0 \times N_0$	11 732	250.8	61.6	46.2	77.0	30.8	11 844	250.8	55.8	40.2	71.3	31.1
$Ca_0 \times N_{75}$	13 257	271.4	62.0	45.9	78.1	32.2	14 326	277.2	59.8	42.7	76.8	34.0
$Ca_0 \times N_{150}$	13 923	278.1	62.1	45.6	78.5	33.0	16 262	301.3	61.6	43.8	79.4	35.5
$Ca_0 \times N_{225}$	15 266	288.9	63.4	46.0	80.8	34.8	16 045	296.0	62.3	44.4	80.1	35.7
$Ca_0 \times N_{300}$	14 582	277.4	63.1	45.8	80.4	34.6	15 663	294.5	61.6	44.1	79.1	35.0
$Ca_{600} \times N_0$	13 620	285.3	62.2	46.5	77.9	31.4	14 665	276.1	60.1	42.6	77.6	35.0
$Ca_{600} \times N_{75}$	15 369	312.0	63.2	47.0	79.4	32.4	16 716	304.7	61.2	43.1	79.2	36.1
$Ca_{600} \times N_{150}$	15 988	314.5	62.6	45.9	79.3	33.5	17 949	327.6	60.5	42.4	78.5	36.1
$Ca_{600} \times N_{225}$	16 860	329.2	62.5	45.7	79.4	33.7	17 243	316.4	60.1	42.2	78.0	35.9
$Ca_{600} \times N_{300}$	16 194	320.6	62.5	45.9	79.2	33.3	17 073	316.3	60.1	42.4	77.9	35.5
平均	14 679	292.8	62.5	46.0	79.0	33.0	15 779	296.1	60.3	42.8	77.8	35.0

注：Ca_0 表示施钙量 0 kg/hm^2；Ca_{600} 表示施钙量 600 kg/hm^2；N_0 表示施氮量 0 kg/hm^2；N_{75} 表示施氮量 75 kg/hm^2；N_{150} 表示施氮量 150 kg/hm^2；N_{225} 表示施氮量 225 kg/hm^2；N_{300} 表示施氮量 300 kg/hm^2。Y_m 表示最大积累量；V_m 表示最大积累速率；t_m 表示最大积累速率出现时间；t_1 表示快速积累期起始时期；t_2 表示快速积累期终止时期；T 表示快速积累持续期。3 次重复。单因素数据获得：Ca_0 来源于不施用钙肥条件下 N_0、N_{75}、N_{150}、N_{225}、N_{300} 的平均值；Ca_{600} 来源于施用钙肥条件下 N_0、N_{75}、N_{150}、N_{225}、N_{300} 的平均值；N_0 来源于不施用氮肥条件下 Ca_0 和 Ca_{600} 的平均值；N_{75} 来源于施氮量 75 kg/hm^2 条件下 Ca_0 和 Ca_{600} 的平均值；N_{150} 来源于施氮量 150 kg/hm^2 条件下 Ca_0 和 Ca_{600} 的平均值；N_{225} 来源于施氮量 225 kg/hm^2 条件下 Ca_0 和 Ca_{600} 的平均值；N_{300} 来源于施氮量 300 kg/hm^2 条件下 Ca_0 和 Ca_{600} 的平均值。

随生育进程，花生干物质积累量呈 S 形曲线变化（图 4-15）。随着施钙量和施氮量增加，不同生育期的干物质积累量提高。在济阳，相比不施钙肥处理（JYCa$_0$），增施钙肥处理（JYCa$_{600}$）成熟期干物质积累量提高 13.5%。随着施氮量增加，成熟期各施氮处理干物质积累量分别比 N_0 提高了 12.8%、17.7%、26.3% 和 21.0%；干物质积累量在 Ca_{600} 条件下 N_{225} 时取得最大值。在饮马泉与济阳的表现相同，增施钙肥处理（YMQCa$_{600}$）成熟期干物质积累量提高了 12.6%；干物质积累量在 Ca_{600} 条件下 N_{150} 时取得最大值。随着施氮量的增加，成熟期各施氮处理干物质积累量分别比 N_0 提高了 16.7%、28.4%、24.9% 和 22.9%。

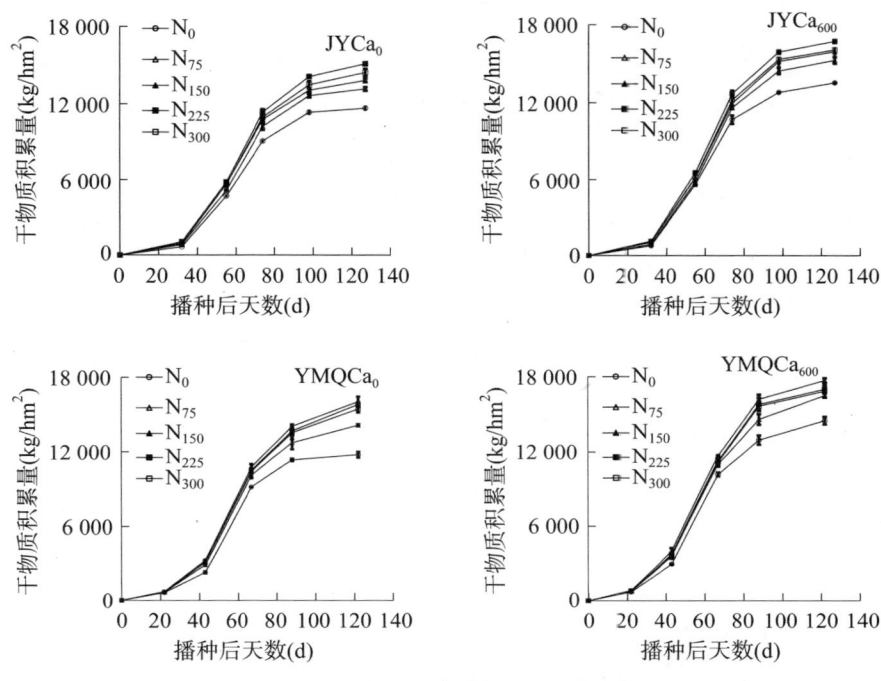

图 4-15 不同施钙量和施氮量的花生干物质累积动态

(二) 花生干物质分配

在不同施钙量和施氮量间,生殖器官与营养器官干物质积累量均差异极显著(表 4-17),其中饮马泉花生干物质分配到营养器官的量在施氮和施钙互作条件下差异极显著。增施钙肥促进干物质向生殖器官分配,提高 7.1%～7.3%。在济阳,随着施氮量的增加,干物质分配到营养器官的量呈先升高后降低的趋势,N_{225} 和 N_{300} 显著高于其他处理,其分配系数分别为 55.6%、57.2%;分配到生殖器官的量呈先升高后降低的趋势,N_{225} 显著高于其他处理,其分配系数为 44.4%,N_{150}、N_{300} 间差异不显著;施钙量和施氮量互作下,生殖器官与营养器官干物质积累量均以 $Ca_{600}N_{225}$ 处理最高,其分配系数分别为 53.8%、46.2%。在不同施钙量和施氮量及其互作条件下,饮马泉花生生殖器官与营养器官干物质积累量均在 $Ca_{600}N_{150}$ 处理最高,其分配系数分别为 49.6%、50.4%,更多的干物质分配到生殖器官,为高产形成奠定物质基础。与济阳相比,饮马泉各处理花生营养器官平均干物质积累量减少 1.3%,而生殖器官干物质积累量提高 15.2%。

表 4-17 不同施钙量和施氮量对花生干物质分配的影响

处理	济阳(JY)				饮马泉(YMQ)			
	营养器官		生殖器官		营养器官		生殖器官	
	(kg/hm^2)	(%)	(kg/hm^2)	(%)	(kg/hm^2)	(%)	(kg/hm^2)	(%)
施钙量								
Ca_0	8 065b	59.2	5 593b	40.8	8 054b	55.0	6 622b	45.0
Ca_{600}	8 709a	56.3	6 806a	43.7	8 502a	51.6	7 992a	48.4
施氮量								
N_0	7 603c	60.4	5 013d	39.6	7 282c	55.5	5 869d	44.5
N_{75}	8 329b	58.6	5 897c	41.4	8 110b	53.0	7 240c	47.0
N_{150}	8 443b	56.8	6 445b	43.2	8 597a	51.0	8 287a	49.0
N_{225}	8 843a	55.6	7 090a	44.4	8 737a	53.2	7 712b	46.8
N_{300}	8 718a	57.2	6 551b	42.8	8 665a	53.9	7 429c	46.1
施钙量×施氮量								
$Ca_0 \times N_0$	7 170e	61.4	4 503g	38.6	6 717e	57.0	5 067h	43.0
$Ca_0 \times N_{75}$	7 876d	59.8	5 302f	40.2	7 766d	54.7	6 437g	45.3
$Ca_0 \times N_{150}$	8 077d	58.4	5 763d	41.6	8 418c	52.4	7 647d	47.6
$Ca_0 \times N_{225}$	8 683bc	57.4	6 450c	42.6	8 743a	55.2	7 101f	44.8
$Ca_0 \times N_{300}$	8 515c	58.9	5 948d	41.1	8 627bc	55.7	6 858ef	44.3
$Ca_{600} \times N_0$	8 036d	59.3	5 523e	40.7	7 848d	54.1	6 668fg	45.9
$Ca_{600} \times N_{75}$	8 780ab	57.5	6 493c	42.5	8 455bc	51.2	8 043c	48.8
$Ca_{600} \times N_{150}$	8 809ab	55.3	7 127b	44.7	8 775a	49.6	8 927a	50.4
$Ca_{600} \times N_{225}$	9 002a	53.8	7 730a	46.2	8 732a	51.2	8 323b	48.8
$Ca_{600} \times N_{300}$	8 920ab	55.5	7 155b	44.5	8 702ab	52.1	7 999c	47.9
变异来源								
Ca	**		**		**		**	
N	**		**		**		**	
Ca×N	ns		ns		**		ns	

注:同一列不同小写字母表示在5%水平上差异显著;**表示在1%水平差异显著;ns代表差异不显著。3次重复。

施肥作为花生栽培中主要的调控措施,对花生干物质积累与分配及产量有重大影响(万书波,2003;王才斌,2017;Zharare et al.,2012)。钙是花生干物质积累及荚果发育等重要的调控措施(王建国等,2018;Yang et al.,2017)。氮是植物重要的营养元素,在促进植物营养体生长的同时决定着植物生殖体的发育。研究表明,施氮可显著改善花生叶片的光合性能,提高茎、叶及荚果的干物质积累量(周录英等,2008;杨吉顺等,2014);施氮量 0~135 kg/hm² 时,不同花生品种干物质量均随施氮量的增加呈增加的趋势(孙虎等,2010)。张智猛等(2019)研究表明,施氮量在 0~180 kg/hm² 时,施氮量 90 kg/hm² 时植株总干物质量较高、荚果干物质量最高。过量施用氮肥(施氮量>112.5 kg/hm²),会造成花生群体内透光条件变差,群体叶面积系数和光合速率降低,群体呼吸消耗所占比例增加,不利于植株干物质的积累(杨吉顺等,2014)。随施氮水平增加,茎、叶等干物质分配增加,而荚果干物质分配减少,收获指数降低(吴正锋,2014)。本试验在前人研究基础上采取增施钙肥措施,发现随着施钙量和施氮量增加,济阳和饮马泉样地分别表现为 $Ca_{600}N_{225}$、$Ca_{600}N_{150}$ 时花生干物质积累量最大、生殖器官的分配比例最高。与前人研究相比,本研究结果中的最佳施氮量(150~225 kg/hm²)偏高,这可能与试验方法和试验条件有关。本试验中采用大田试验,与之前的相关研究均采用盆栽试验有所不同,同时花生受气象条件和土壤基础地力的影响也会引起不同区域试验结果上的差异。不施钙肥处理(Ca_0N_0~N_{225})和施钙高氮处理($Ca_{600}N_{300}$)表现营养生长过旺、叶片熟相较差、贪青晚熟,不利于后期花生荚果的进一步充实。增施钙肥可促进花生总干物质的积累,特别是生殖器官中干物质的积累;氮肥减施可抑制"源"的冗余生长、促进"流"的通畅、进一步优化"库"容、提高干物质在生殖器官中的分配比例,这些措施均为花生产量的提高提供了重要的物质基础。

五、减氮增钙对花生干物质积累的影响

不同产区减氮增钙对花生干物质积累的影响见表 4-18。北方产区不同处理的花生干物质量结果显示,施用氮肥处理的单株干物质积累量较不施氮肥处理(T0)显著提高 40.0%~60.3%。施肥处理对花生营养器官、生殖器官及总干物质量的影响趋势类似。与传统施肥(T1)相比,减施 N(45 kg/hm²)同时增施 CaO(450 kg/hm²)基肥(T4)和减施 N(45 kg/hm²)同时增施 CaO(450 kg/hm²)作追肥(T5)处理的单株干物质积累量无显著增加,且 T4 与 T5 处理间无显著差异;增施 CaO(450 kg/hm²)作底肥(T2)处理的单株干物质积累量最高,显著高于 T1 处理,较不施氮肥(T0)处理的单株干物质积累量显著提高 60.3%。T2、T4、T5 处理的收获指数均显著高于 T0 和 T1 处理,表明适量的氮肥和钙肥促进干物质向荚果中积累,因而提高了收获指数。南方产区不同处理的花生干物质量结果显示,施肥处

理可以提高花生干物质积累量。S2 处理的总干物质积累量最高,单株总干物质积累量较 S1 处理显著提高 15.6%,与 S4 处理间无显著差异。在减施 N(45 kg/hm²)条件下,增施钙肥处理(S4)与不施钙处理相比(S3),显著提高了单株总干物质积累量,S2、S3 和 S4 处理较 S0 和 S1 显著提高了收获指数。

表 4-18 不同处理对花生干物质积累的影响

不同产区	处理	营养器官(g/株)	生殖器官(g/株)	总干物质量(g/株)	收获指数
北方产区	T0	20.73±0.42c	20.78±0.52c	41.41±1.22c	0.41±0.03b
	T1	29.81±1.22ab	31.64±1.15a	61.45±1.71b	0.41±0.01b
	T2	32.21±1.36a	34.18±1.31a	66.39±1.80a	0.43±0.02a
	T3	22.55±0.36c	25.18±0.83b	47.73±1.31c	0.42±0.02a
	T4	29.48±1.05ab	32.74±1.05a	62.22±1.37b	0.42±0.02a
	T5	28.33±0.82b	29.67±0.78b	58.00±1.45b	0.43±0.01a
南方产区	S0	14.33±0.39c	17.80±0.85c	32.13±1.60c	0.40±0.02b
	S1	23.61±1.13b	26.50±1.48ab	50.11±1.48ab	0.41±0.02b
	S2	28.84±1.23a	29.10±1.28a	57.94±1.37a	0.42±0.01a
	S3	22.37±0.27b	25.12±0.48b	47.48±1.56b	0.42±0.03a
	S4	28.08±0.31a	28.05±1.09a	56.13±1.31a	0.43±0.03a

注:同列不同小写字母表示相同产区不同处理间差异在 $P<0.05$ 水平具有统计学意义。

六、外源钙与 AMF 协同对连作花生干物质积累的影响

不同处理对连作花生单株干物质积累的影响有显著差异(表 4-19)。花针期,AMF、Ca_{20} 处理的根系干重与对照(CK)无显著差异,AMF+Ca_{20} 处理则显著高于对照,增加 42.6%;结荚期,AMF 处理的根系干重与对照差异不显著,Ca_{20}、AMF+Ca_{20} 处理则显著高于对照,且 AMF+Ca_{20} 处理显著高于 Ca_{20} 处理;成熟期,各处理下根系干重的变化趋势与结荚期一致,也表现为 AMF+Ca_{20} 处理的根系干重最大。不同处理下花生茎、叶干重变化与根系干重变化相似,都表现为 AMF+Ca_{20} 处理显著高于对照。

表4-19 外源钙与AMF协同对连作花生干物质积累(g/株)的影响

处理	根干重			茎干重			叶干重		
	花针期	结荚期	成熟期	花针期	结荚期	成熟期	花针期	结荚期	成熟期
CK	0.47b	0.62c	2.61c	4.29b	8.42c	13.78b	5.58b	8.72b	13.70b
AMF	0.54b	0.73bc	2.69bc	4.92b	8.29bc	13.88b	6.35ab	9.13b	13.81b
Ca_{20}	0.52b	0.72b	2.90b	4.96b	9.26b	14.59b	5.66ab	9.70b	14.31b
AMF+Ca_{20}	0.67a	0.96a	3.19a	5.93a	12.23a	17.69a	6.69a	12.42a	17.91a

第四节
花生产量及产量构成

低钙环境使花生植株矮小,可育花数减少,烂果、空果增多;严重缺钙时,种子的胚芽变黑,荚果不能形成;施钙肥后,植株叶绿素含量、净光合速率提高,增强花生植株抗逆性、碳氮代谢酶活性,促进干物质的积累及产量、品质的提高(万书波,2003)。

一、不同钙肥类型与施钙时期对花生产量及产量构成的影响

(一)不同钙肥类型下的花生产量和产量构成

不同钙肥类型及施用时期对花生的效果最终都要反映到产量上。现有研究表明,施钙可以显著提高花生荚果产量,增加单株饱果数,提高百果重、百仁重及出仁率(张佳蕾等,2015—2016)。本试验与前人的研究结果类似(表4-20),施用 CaO 和 $CaSO_4$ 处理的花生荚果产量显著高于 CK 和 NaOH 处理,且砂壤土产量高于红壤,但红壤的增产效果大于砂壤土。在砂壤土条件下,2019 年 CaO 处理荚果产量最高为 6 881 kg/hm^2,比 CK、NaOH 和 $CaSO_4$ 处理分别显著增产 38.7%、35.8% 和 15.5%,$CaSO_4$ 处理次之,与 CK 和 NaOH 处理相比分别增产 30.3% 和 27.5%;2020 年,CaO 处理与 $CaSO_4$ 处理的荚果产量无显著差异,但显著高于 CK 和 NaOH 处理,比 CK 处理分别增产 20.8%、18.7%,比 NaOH 处理分别增产 17.6% 和 15.4%。在红壤条件下,CaO 处理的荚果产量比 CK 和 NaOH 处理分别增产 24.9%~39.6% 和 19.1%~38.0%,$CaSO_4$ 处理的荚果产量比 CK 和 NaOH 处理

分别增产 23.7%～31.7% 和 17.9%～30.0%。钙肥显著增加了两种土壤类型上的百果重和百仁重，提高了单株饱果数，且以施用 CaO 处理效果最好。

表 4-20 不同钙肥类型对不同土壤类型上花生产量及产量构成的影响

年份	土壤类型	处理	产量 (kg/hm²)	百果重 (g)	百仁重 (g)	单株饱果数	单株秕果数
2019	砂壤土	CK	4 216.5d	170.6c	73.6c	6.6c	4.6c
		NaOH	4 416.6d	176.4b	73.7c	7.1c	5.8b
		CaO	6 880.5a	188.9a	80.5a	11.1a	6.9ab
		CaSO₄	5 817.3c	183.2a	78.6ab	9.5ab	7.8a
	红壤	CK	3 752.4e	169.1c	72.9c	6.6c	4.3c
		NaOH	3 849.1e	168.5c	73.0c	6.7c	5.1c
		CaO	6 212.5b	186.3a	78.6ab	10.5a	6.0b
		CaSO₄	5 497.6d	184.2a	77.4b	8.6b	6.4b
2020	砂壤土	CK	7 320.3c	240.3d	93.0c	11.9d	4.4a
		NaOH	7 613.8c	239.1d	94.3c	13.8b	3.3c
		CaO	9 240.4a	257.3b	99.9b	15.6a	4.0b
		CaSO₄	9 000.1a	249.1c	96.8bc	15.0a	5.8a
	红壤	CK	6 133.9e	233.8d	92.4c	10.5e	3.6bc
		NaOH	6 602.2d	253.7bc	96.2bc	11.8d	3.7bc
		CaO	8 164.2b	277.1a	106.5a	14.1b	3.9b
		CaSO₄	8 041.5b	274.1a	104.2a	13.0c	4.7a

2019—2020 年，施钙肥显著增加了花生的收获指数，且 2020 年的收获指数高于 2019 年（图 4-16）。与 CK 相比，施用 CaO、CaSO₄ 处理的收获指数分别提高 5.6%～19.6%、5.7%～13.2%（砂壤土）和 9.0%～19.8%、9.8%～15.2%（红壤）。可见，施用 CaO 和 CaSO₄ 处理显著提高了单株饱果数、百果重与百仁重，而且增加了收获指数，这是产量增加的主要原因。

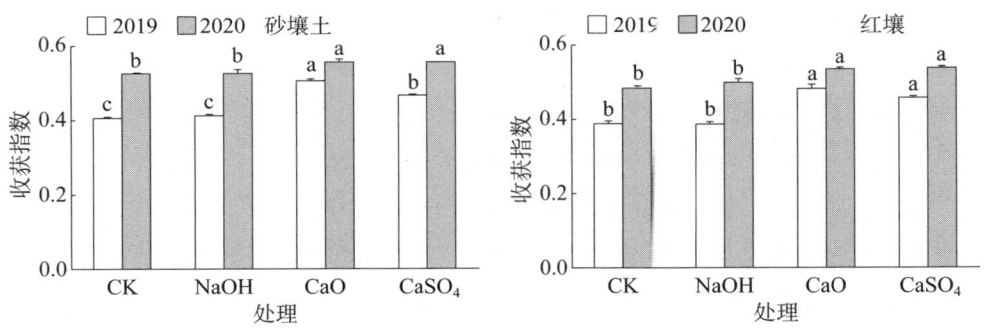

图 4-16 不同钙肥类型对不同土壤类型上花生收获指数的影响

(二）不同钙肥施用时期下的花生产量及产量构成

CaO 处理的荚果产量最高，随 CaO 施用时间的推迟，花生产量显著降低（表 4-21）。在砂壤土条件下，CaO$_{基施}$处理的产量为 9 240 kg/hm^2，比 CaO$_{苗期}$、CaO$_{花针}$和 CaO$_{结荚}$处理分别增产 13.3%、25.0% 和 30.0%；在红壤条件下，CaO$_{基施}$处理的花生荚果产量为 8 164 kg/hm^2，比 CaO$_{苗期}$、CaO$_{花针}$和 CaO$_{结荚}$处理分别增产 6.7%、15.9% 和 19.9%。分析不同施钙时期的产量性状，随 CaO 施用时期的推迟，显著减少了两种土壤类型上的单株饱果数，降低了百果重与百仁重。可见，不同施钙时期对花生产量构成的影响与干物质积累量趋势一致，也是随施钙时期的推迟，花生单株饱果数、百果重及百仁重都呈下降趋势，相应的产量也逐渐下降。因为生产中钙肥的施用量采用常规用量，而不考虑钙含量。下一步的研究将通过设定相同纯钙用量，同时规避硫酸根离子对花生生长的影响。

表 4-21　不同钙肥施用时期对不同土壤类型花生产量及产量构成的影响

土壤类型	施肥时期	产量(kg/hm^2)	百果重(g)	百仁重(g)	单株饱果数	单株秕果数
砂壤土	CaO$_{基施}$	9 240.3a	257.3a	99.9a	15.6a	4.0ab
	CaO$_{苗期}$	8 011.7b	256.8a	98.7a	13.8b	4.2ab
	CaO$_{花针}$	6 934.4c	246.7b	97.2b	12.7bc	3.7a
	CaO$_{结荚}$	6 465.6c	238.7c	95.8c	12.0c	4.4b
红壤	CaO$_{基施}$	8 163.9a	277.1a	106.5a	14.1a	3.9a
	CaO$_{苗期}$	7 618.0b	247.9b	96.5b	12.9b	4.0a
	CaO$_{花针}$	6 866.4c	246.2b	95.6b	12.3b	3.5a
	CaO$_{结荚}$	6 537.6c	244.5b	95.1b	10.8c	2.9b

随着钙肥施用时期的推迟，花生的收获指数逐渐降低（图 4-17）。在砂壤土条件下，CaO$_{基施}$处理的收获指数为 0.56，显著高于其他时期施钙，分别比 CaO$_{苗期}$、CaO$_{花针}$、CaO$_{结荚}$处理提高 5.0%、9.3% 和 11.2%；在红壤条件下，CaO$_{基施}$和 CaO$_{苗期}$处理的收获指数显著高于 CaO$_{花针}$和 CaO$_{结荚}$处理。

总之，施用 CaO 可以显著影响花生的农艺性状，即增加了主茎高与侧枝长，同时显著增加了荚果干物质积累量。通过施用 CaO 可提高花生单株饱果数、百果重及百仁重，增加了荚果产量，最终提高收获指数，大大提高了砂壤土和红壤的花生生产潜力。CaO 对花生生长发育促进效果最明显，且以基施 CaO 增产效果最好。

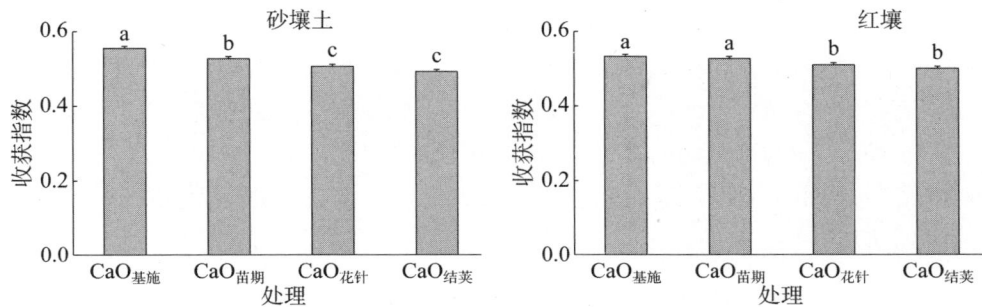

图 4-17 不同钙肥施用时期对不同土壤类型上花生收获指数的影响

二、施钙与覆膜对低钙红壤花生产量的影响

施钙与覆膜栽培可显著提高花生的单株结果数、饱果数(表 4-22)。两年试验结果取均值，Ca_0、Ca_{375}、Ca_{750} 的单株饱果数分别为 2.9 个、5.5 个、7.5 个。增施钙肥可显著降低烂果数、空果数、千克果数。不施钙处理的单株空果数为 2.2 个，而施钙处理的单株空果数为 0.7 个，说明土壤缺钙是造成花生空壳的主要因素。

表 4-22 施钙与覆膜栽培对缺钙红壤花生荚果性状的影响

年份	处理	单株						千克果数
		总果数	饱果数	秕果数	芽果数	烂果数	空果数	
2014	Ca_0 - OF	9.0c	2.6c	4.2b	0.2b	0.4b	1.7ab	1 706a
	Ca_{375} - OF	11.4bc	5.1ab	5.7ab	0.2b	0.0b	0.5b	1 114c
	Ca_{750} - OF	12.3bc	7.6a	4.0b	0.3b	0.3b	0.2b	921d
	Ca_0 - PF	15.1ab	4.3bc	5.8ab	0.4aab	2.1a	2.5a	1 474b
	Ca_{375} - PF	17.5a	7.3a	7.3a	0.6ab	0.8b	1.3ab	1 265c
	Ca_{750} - PF	18.1a	7.8a	7.8a	1.0a	0.8b	0.7b	1 251c
	均值	13.9	5.8	5.8	0.4	0.7	1.1	1 289
2015	Ca_0 - OF	15.1bc	2.3c	10.3ab	0.0a	0.6a	1.9b	1 822a
	Ca_{375} - OF	15.4bc	5.1b	8.4bcd	0.0a	1.0a	0.9cd	1 221b
	Ca_{750} - OF	13.3c	6.3b	6.2d	0.1a	0.6a	0.2d	1 064b
	Ca_0 - PF	18.8a	2.5c	11.6a	0.3a	1.5a	2.8a	1 726a
	Ca_{375} - PF	16.3ab	4.6b	9.5abc	0.1a	0.8a	1.3bc	1 154b
	Ca_{750} - PF	16.5ab	8.3a	6.8cd	0.3a	0.5a	0.7cd	1 069b
	均值	15.9	4.8	8.8	0.1	0.8	1.3	1 343

施钙与覆膜栽培可提高花生的单株产量。其中,Ca_{750}-OF、Ca_{750}-PF 单株产量的 2 年均值为 11.85 g、12.90 g(表 4-23)。增施钙肥可显著提高出仁率、荚果饱满度、百仁重及百果重($P<0.05$)。Ca_{750}-OF 出仁率、荚果饱满度最高为 75.7%、73.7%,而 Ca_{375}-PF 处理的百果重、百仁重最高为 146.7 g、65.6 g。总体来看,施钙增加产量的主要原因是增加了饱果数,提高了出仁率、荚果饱满度,降低了烂果、空果数,进而增加了果重。

表 4-23 施钙与覆膜栽培对缺钙红壤花生产量构成因素的影响

年份	处理	单株产量 (g)	出仁率 (%)	荚果饱满度 (%)	百果重 (g)	百仁重 (g)
2014	Ca_0-OF	3.87d	66.2b	46.7c	69.3d	31.4d
	Ca_{375}-OF	9.33b	73.6a	63.4b	137.6a	64.8a
	Ca_{750}-OF	12.33a	75.7a	73.7a	136.2a	63.1a
	Ca_0-PF	6.63c	70.6b	52.4c	92.7c	39.1c
	Ca_{375}-PF	11.14ab	72.9a	63.3b	106.1b	47.7b
	Ca_{750}-PF	12.06a	72.4a	60.2b	108.6b	45.0b
	均值	9.2	71.9	59.9	108.4	48.5
2015	Ca_0-OF	6.02b	66.46b	14.45c	80.2d	44.5c
	Ca_{375}-OF	10.72a	71.91a	56.35a	125.4b	56.1b
	Ca_{750}-OF	11.36a	75.48a	62.40a	127.8b	61.8a
	Ca_0-PF	7.91b	68.15b	35.86b	99.9c	55.3b
	Ca_{375}-PF	11.87a	74.43a	59.88a	146.7a	65.6a
	Ca_{750}-PF	13.74a	75.26a	63.95a	127.0a	63.0a
	均值	10.3	71.9	48.8	117.8	57.7

覆膜栽培可提高缺钙红壤旱地花生营养器官、生殖器官干物质积累量和收获指数;施钙可显著促进生殖器官的生长,提高收获指数,但显著降低根冠比($P<0.05$)。以上表明,施钙肥有利于减少根系冗余,形成大的冠层结构,进而获得高产。本研究结论与张海平等(2004)通过水培法得出的结果类似。但是,周录英等(2008)研究表明,施钙可明显降低花生主茎高和侧枝长,减少分枝数,这与本研究结果有差异。可能的原因是,由供试土壤、品种及环境因素不同引起的。施钙可明显增加花生的荚果产量、改善品质(王媛媛,2013;顾学花等,2015;张佳蕾等,2015)。从产量构成因素看,施钙增产的主要原因是增加了单株结果数,提高了出仁率,降低了千克果数、烂果、空果等。本研究结果与上述相似,施钙与覆膜栽培有利于提高荚果产量、饱果数和荚果饱满度,对花生含油量的提高和延长籽仁货架期

有较好的效果。

三、氮钙互作对花生产量的影响

不同试验样地花生产量存在差异。同一样地中的施钙量、施氮量及两者互作对花生荚果产量均有极显著影响（表 4-24、图 4-18），其中百果重和结果数是导致差异的主要因素。增施钙肥，荚果产量提高 13.4%～15.7%，结果数增加 6.0%～7.0%。

随着施氮量增加，济阳花生荚果产量呈现先升高后降低的趋势，以 N_{225} 花生荚果产量最高，N_{300} 与 N_{150} 次之，且差异不显著，表明高施氮量对花生产量的提高效应与中施氮量相当。与 N_0 相比，各施氮处理间花生产量分别提高了 14.8%、29.8%、40.2%和 31.9%。施钙量和施氮量互作下，花生荚果产量、结果数和百果重以 $Ca_{600}N_{225}$ 最高，而 Ca_0N_{150} 和 Ca_0N_{300}、$Ca_{600}N_{150}$ 和 $Ca_{600}N_{300}$ 处理间差异不显著。$Ca_{600}N_{75}$ 荚果产量高于 Ca_0N_0、Ca_0N_{75}、Ca_0N_{150}、Ca_0N_{300}，而相比 Ca_0N225 产量降低 4.8%，但两个处理差异不显著（$P>0.05$），可见，在不追求花生荚果产量极高的条件下施氮量为 75 kg/hm^2，且配施 600 kg/hm^2 氧化钙可获得稳产。$Ca_{600}N_{150}$ 花生荚果产量高于不施钙（Ca_0）施氮（N_0～N_{300}）处理产量，表明获得花生荚果高产可以通过增施钙肥来实现，并且施用钙肥可作为氮肥减施后花生稳产高产的重要栽培措施。不同施钙量、施氮量处理间花生荚果产量的变化趋势，在饮马泉与济阳表现相同。两者互作条件下，荚果产量在 $Ca_{600}N_{150}$、$Ca_{600}N_{2250}$ 条件下均高产，虽两处理间差异未达显著水平，但均显著高于其他处理。与 N_0 相比，各施氮处理间花生产量分别提高 11.3%、27.9%、25.1%和 19.4%。Ca_{600} 的百果重、总果数显著高于 Ca_0，且在同一钙肥水平下，随施氮量增加呈先升高后降低的变化趋势。施氮量对百仁重和出仁率均有极显著影响，而施钙量对百仁重有显著影响，但是对出仁率无显著影响。与济阳相比，饮马泉平均花生荚果产量高 8.3%。

在不施钙肥条件下，氮肥与荚果产量的关系可用二次方程模拟 $y=-0.0311x^2+14.302x+4192.4$，获得高产时最佳施氮量为 229.9 kg/hm^2；在施钙肥条件下，氮肥与荚果产量的关系可用二次方程模拟 $y=-0.0344x^2+13.875x+5001.9$，获得高产时最佳施氮量为 201.8 kg/hm^2。钙肥的施用促进了植株对氮素的吸收，同时减少了相同荚果产量下氮肥的施用量。

表 4-24 不同施钙量和施氮量对花生产量和产量构成的影响

处理	诤阳(JY)					饮马泉(YMQ)				
	荚果产量 (kg/hm²)	总果数 (×10⁴/hm²)	百果重 (g)	百仁重 (g)	出仁率 (%)	荚果产量 (kg/hm²)	总果数 (×10⁴/hm²)	百果重 (g)	百仁重 (g)	出仁率 (%)
施钙量(Ca) (kg/hm²)										
Ca_0	5034b	330b	229.0b	94.6b	70.6a	5551b	345b	236.3b	97.3a	70.3a
Ca_{600}	5824a	351a	236.1a	95.9a	70.7a	62942a	366a	242.7a	98.8a	70.5a
施氮量(N) (kg/hm²)										
N_0	4401d	312d	218.1d	92.7d	70.0a	5073d	330d	225.1c	95.5c	69.8b
N_{75}	5053c	329c	230.5c	95.2c	70.5a	5648c	344c	238.9b	98.0b	70.3ab
N_{150}	5712b	347b	237.0bc	96.1c	70.8a	6486a	375a	249.7a	100.3a	70.8a
N_{225}	6172a	356a	242.4b	97.4b	71.0a	6348a	367b	244.3ab	99.ab	70.6a
N_{300}	5805b	352a	234.8a	94.8a	70.8a	6057b	363b	239.6b	97.5b	70.5a
施钙量×施氮量(Ca×N)										
$Ca_0 \times N_0$	3903g	299f	210.8f	92.3d	69.8c	4686f	320f	219.2e	95.0c	69.7c
$Ca_0 \times N_{75}$	4500f	313e	228.3de	94.4c	70.6ab	5219e	331e	235.4c	97.2b	70.0bc
$Ca_0 \times N_{150}$	5379d	336c	233.6cd	95.2b	70.7ab	6102c	361c	248.7a	99.7b	70.7ab
$Ca_0 \times N_{225}$	5876c	347bc	239.4bc	96.8a	71.0a	6044c	359c	241.5b	98.1b	70.6ab
$Ca_0 \times N_{300}$	5510cd	343c	232.9cd	94.3c	70.7ab	5703d	355c	236.8c	96.7bc	70.3abc
$Ca_{600} \times N_0$	4900e	324d	225.3e	93.1d	70.2bc	5459d	340d	231.0d	95.9c	69.8c
$Ca_{600} \times N_{75}$	5606c	345c	232.7cd	96.0ab	70.5ab	6078c	357c	242.4b	98.9ab	70.7ab
$Ca_{600} \times N_{150}$	6046b	358ab	240.3ab	97.0b	70.9ab	6871a	388a	250.7a	100.9a	70.9ab
$Ca_{600} \times N_{225}$	6467a	366a	245.4a	98.0b	71.1a	6651a	374b	247.1a	99.9ab	70.7a
$Ca_{600} \times N_{300}$	6099b	360a	236.7bc	95.4b	70.9ab	6412b	370b	242.4b	98.3b	70.6ab
变异来源										
施钙量(Ca)	**	**	**	*	ns	**	**	**	*	ns
施氮量(N)	**	**	**	**	**	**	**	**	**	**

注：同一列不同小写字母表示在5%水平上差异显著；**表示在1%水平差异显著；*表示在5%水平差异显著；ns代表差异不显著。3次重复。

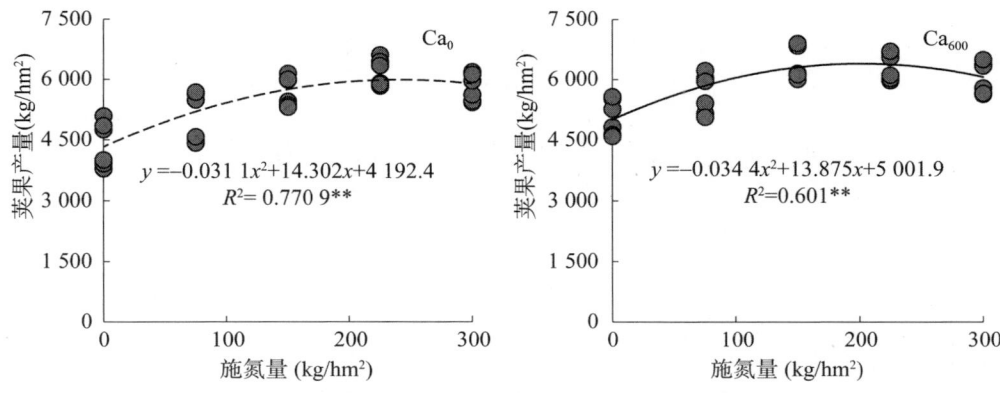

图 4-18 钙肥与氮肥互作对花生荚果产量的影响

＊＊表示在 1% 水平上显著相关。30 个重复

施钙和施氮是调节花生干物质和氮素积累分配的重要栽培措施(张佳蕾等，2016；刘俊华等，2020)。有研究表明，盐碱地胁迫下施用钙肥 150 kg/hm²，花生荚果产量提高达 21.5%(史晓龙等，2017)；Rogers(1948)研究发现，砂壤土增施钙肥(白云质石灰石和钙质硅酸盐矿渣)675 kg/hm²，花生产量提高 405～675 kg/hm²。山东酸性土壤施用钙肥 210 kg/hm² 时，花生产量增幅最大(张佳蕾等，2016)；湖南酸性红壤(pH 为 4.6)施钙量 750 kg/hm² 时，花生荚果和籽仁产量提高显著(王建国等，2018)。与济阳相比，饮马泉样地平均花生荚果产量高 8.3%，可能原因是，与济阳相比，饮马泉样地土壤偏弱酸性、土质松软、水热条件适宜，为花生干物质积累和荚果充实奠定了良好的基础条件，同时氮肥增产效率因土壤质地和氮素水平存在较大差异(张翔等，2011)。不同花生产区对氮肥的投入量存在差异，同时获得的产量水平也不同。辽宁省花生产区施氮量在 75～105 kg/hm² 时，荚果产量为 3 114～7 506 kg/hm²(孙晨桐，2019)。湖北省农户花生平均氮肥施用量为 114.7 kg/hm²，平均产量为 2 968 kg/hm²(余常兵等，2011)。山东省花生平均施氮量在 181.0 kg/hm² 左右，产量高达 4 256 kg/hm²(房增国等，2009)。本研究发现，中、低产田花生增施钙肥 600 kg/hm²、施氮量 150～225 kg/hm² 可获得高产，高于山东省平均产量，可解释为增施钙肥对碱性地块、酸性地块的花生产量都有增产作用(张佳蕾等，2016；史晓龙等，2017；王建国等，2018)。在不追求花生荚果产量极高的条件下，采取增施钙肥＋减施氮肥栽培措施(氮肥施用量为 75 kg/hm²)，可获得稳产，其增产增效的效果最佳。在产量构成因素中，总果数、百果重是获得高产的主要因素。减氮后增施钙肥可促进结果数增加、荚果大而饱满，即总果数和百果

重增加,是维持花生高产的重要保证。

四、减氮增钙对花生产量及产量构成的影响

在南方和北方产区,施肥处理可整体显著提高花生的荚果和籽仁产量、单株饱果数、百果重、百仁重(表4-25)。

表4-25 不同处理对花生产量及产量构成因素的影响

土壤类型	处理	荚果产量 (kg/hm^2)	籽仁产量 (kg/hm^2)	单株饱果数	百果重 (g)	百仁重 (g)
北方产区	T0	4 440±187e	3 034±168e	3.8±0.26c	110.7±3.05c	53.6±1.67c
	T1	7 550±226b	5 373±155b	5.7±0.15a	131.1±4.15a	63.8±2.13ab
	T2	8 362±271a	5 972±259a	6.0±0.22a	136.7±8.50a	65.0±1.09ab
	T3	5 602±264d	3 917±123d	4.7±0.24b	118.0±2.25bc	58.6±2.44bc
	T4	7 890±208ab	5 785±224ab	5.8±0.16a	134.±4.41a	66.7±3.05a
	T5	6 425±192c	4 557±205c	5.2±0.35a	122.1±4.21b	60.4±2.27ab
南方产区	S0	3 162±224d	2 330±170c	9.3±0.75d	107.5±5.56b	47.99±1.54b
	S1	4 480±209bc	3 212±144bc	11.5±1.06c	108.3±4.33b	55.63±1.57a
	S2	5 814±157a	4 215±207a	15.3±1.12a	110.7±4.16b	55.51±0.85a
	S3	4 813±199b	3 528±273b	13.3±0.84b	118.5±3.73b	56.41±0.69a
	S4	5 720±231a	4 136±163a	13.8±1.31b	125.5±4.29a	57.96±1.23a

注:同列不同小写字母,表示相同产区不同处理间差异在$P<0.05$水平具有统计学意义。

在北方产区,T2处理的荚果产量和籽仁产量均较常规施肥处理(T1)显著提高,而T4处理的荚果产量和籽仁产量与T1处理间均无显著差异。整体来看,T1、T2、T4、T5处理间的单株饱果数、百果重和百仁重无显著差异,且均显著高于T0和T3处理。在不施氮肥的条件下,增钙基施(T3)处理的荚果产量为5 602 kg/hm^2,比T0处理显著提高26.2%;在基施氮肥条件下,T2处理比高氮基施处理(T1)的荚果产量显著提高10.8%;减氮且分期追施条件下,T4的荚果产量比T5显著提高22.8%,表明基施钙肥对产量提升的效果优于花针期追施钙肥的效果;在基施钙肥条件下,T2处理的荚果产量比T3处理显著提高49.3%,T4处理的荚果产量比T3处理显著提高40.8%。以上结果表明,氮肥与钙肥是影响产

量的重要因素,整体来看,施氮肥处理的荚果产量显著高于 T0 和 T3 处理;在同等基施氮肥条件下,增施钙肥有助于提高产量。

在南方产区,S2 和 S4 处理的荚果和籽仁产量较高,且显著高于其他处理,但两者间无显著差异;S1、S3 处理的荚果产量较 S0 处理增加 41.7%~52.2%。增施钙肥处理(S2 和 S4)的荚果产量分别较相应不施钙肥处理(S1 和 S3)显著提高 29.8%和 18.8%,表明增施钙肥可显著提高花生荚果产量。与 S3 处理相比,S1 处理的氮肥用量提高 28.7%,而荚果产量减少 333 kg/hm^2,表明在南方红壤土不施钙肥条件下过量施氮不利于产量的形成。与 S4 处理相比,S2 处理增施氮肥同时配施钙肥 568 kg/hm^2,荚果产量提高 94 kg/hm^2,单株饱果数提高 10.9%,表明增施氮、钙肥有利于提高单株饱果数,为花生高产的形成奠定基础。

以上两产区产量结果表明,增施钙肥可以提高荚果产量,但南方红壤花生增产潜力高于北方砂壤土花生。砂壤土花生减施氮肥会显著降低花生产量,在南方红壤中减施氮肥与高氮肥处理相比产量增加,这与北方砂壤土花生结果不一致,说明南方红壤花生适当减少氮肥投入有利于产量的提高。

综上所述,在减少氮肥投入的前提下,改变施肥方式,以钙肥作底肥、花针期追施氮肥可增加花生结荚期的根瘤数量与鲜重,提高花生生育中后期的碳氮代谢水平,促进植株干物质积累、提高单株饱果数、百果重,最终提高花生产量。根据花生生长发育不同阶段的营养需求,深入开展系统、多年多点试验有利于进一步研究氮钙配施、减氮对产量及产量构成因素的影响,为肥料减施和缓控施肥配方提供依据,以实现花生精简施肥、肥效全程可控。

五、外源钙与 AMF 协同对连作花生产量的影响

不同处理下连作花生荚果产量存在差异。AMF+Ca_{20} 处理的荚果数量最高,显著高于其他处理,较对照提高 33.9%;Ca_{20} 处理的荚果数量也显著高于对照,但与 AMF 处理差异不显著;饱果率的变化趋势与荚果数量一致,也表现为 Ca_{20}+AMF 处理表现最优,显著高于其他处理;荚果重和饱果重的变化趋势一致,AMF+Ca_{20} 处理显著高于其他处理,而 AMF、Ca_{20}、CK 间无显著差异(表 4-26)。

表 4-26 外源钙与 AMF 协同对连作花生产量的影响

处理	荚果数量（个/株）	饱果率（%）	荚果重（g/株）	饱果重（g/株）
CK	24.8c	55.6c	36.00b	28.00b
AMF	25.1bc	58.0c	36.67b	29.89b
Ca_{20}	25.9b	64.5b	37.78b	31.33b
AMF+Ca_{20}	33.2a	72.5a	48.67a	39.33a

注：同列不同字母表示差异显著。

第五节
钙调控花生荚果发育的转录组分析

花生(Arachis hypogaea L.)是豆科作物家族的重要成员,也是植物油、蛋白质、维生素和矿物质的主要来源,可用于人类消费、动物饲料、生物能源和保健品等(Li et al.,2011)。花生开花受精后,形成了一种新的器官,叫作果针(它是一个细长的子房)。位于花生果针顶端的胚在少数细胞分化后保持相对静止状态。随着花生果针的伸长入土后,胚胎和荚果的发育恢复。在此期间,环境条件发生显著变化,黑暗、机械刺激、水分和营养的共同作用促进了荚果的生长和膨大。

花生为喜钙作物,若土壤中可交换钙不足会引起花生空荚或不饱满。随着分子生物学技术的发展,转录组学和蛋白质组学促进花生基因组学发展迅速,为科学研究提供帮助。一些研究比较了花生地上部果针和地下部荚果的基因和蛋白表达差异(Zhu et al.,2013)。Chen et al.(2013)推测花生地上部果针中光合作用通路发生了很大的改变,IAA、ABA和激动素等生长调节剂可能是促进地下部荚果膨大的关键因素。其他研究已经探索了花生果针发育不同时期基因表达的变化。为了研究花生3个不同发育时期的果针发育过程,Xia et al.(2013)将1 300万个短序列组装成72 527个基因簇,结果表明,花生荚果发育初期许多酶参与植物激素生物合成和信号通路,以及光信号途径。这些候选基因和蛋白质已经被确定了调控机制,并且为研究钙信号转导对花生荚果发育调控机理提供了宝贵资源。通过比较读取参考基因组,可以全面、快速检测特定物种的特定基因表达差异(Glazinska et al.,2017)。

Ca^{2+}不仅作为一种营养元素,还作为第二信使参与多种代谢过程的调控。关于钙信号转导与植物激素之间的关系,Yang et al.(2015)报道了蒺藜苜蓿中钙调素结合转录激活因子(MtCAMTAs)的表达对生长素(IAA)、水杨酸(SA)、茉莉酸(JA)和脱落酸(ABA)等4种激素有响应,且这些激素在豆科植物根瘤器官发生的调节中起关键作用。此外,草莓果实的成熟似乎受到植物激素和钙信号转导的共同调控。近年来,虽然对花生非生物抗逆性相关的钙生理已经有了较为全面的了解,但对于了解花生荚果发育的相关机制,特别是 Ca^{2+} 和激素调节途径,需要分离和鉴定更多的候选基因。为了更好地了解 Ca^{2+} 在花生荚果发育中的作用,本试验通过转录组测序技术比较低钙与施钙条件下地上部果针和地下部荚果的差异表达基因,挖掘钙影响荚果发育的关键基因,找出钙调控花生荚果发育的调控途径。

一、转录组测序数据概述

在本试验研究中,试图使用 RNA-seq 方法揭示钙调控花生荚果发育的调控途径(图 4-19)。共有 99 030 828 个 clean read,平均长度为 90 bp,约对应于获得 8.91 Gb 的原始数据。组装片段共计 141 819 个,平均长度为 391 bp。其中,长度 100~200 bp 的包括 81 881 条(57.73%),200~300 bp 的包括 18 847 条(13.28%),300~300 bp 的包括 9 256 条(6.52%),400~500 bp 的包括 5 633 条(3.97%),长度超过 500 bp 的包括 26 202 条(18.47%)。共组装片段 102 819 个,总长度为 102.72 Mb,平均为 999 bp。其中,100~500 bp 的包括 46 924 条(45.63%),500~1 000 bp 的包括 17 974 条(17.48%),1 000~1 500 bp 的包括 12 891 条(12.53%),1 500~2 000 bp 的包括 10 011 条(9.73%),超过 2 000 bp 的包括 15 019 条(14.60%)。组合序列的长度是成功组装的标准。长度分布结果表明,Illumina 测序重复性好,可靠性高。

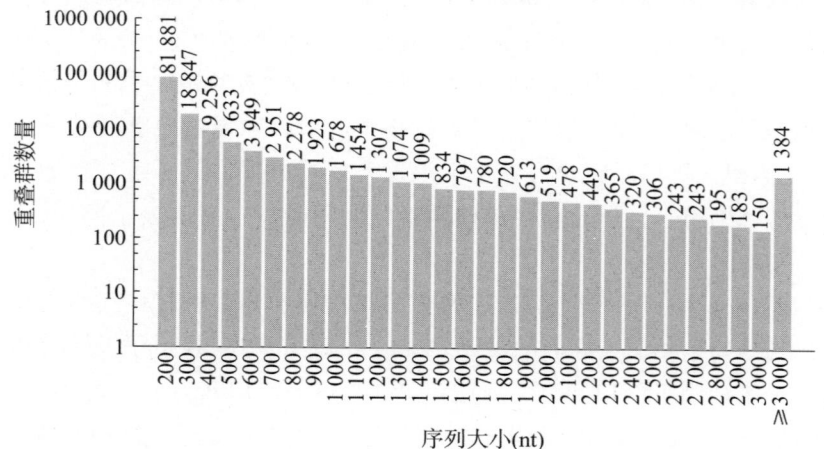

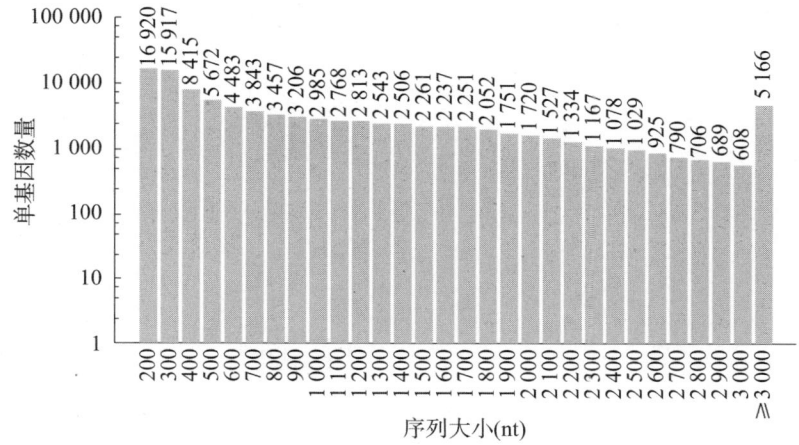

图 4-19 contigs 和 unigenes 的长度分布

二、unigenes 功能注释

单基因的功能注释包括蛋白质功能注释、COG 功能注释和基因本体（GO）函数注释。unigenes 用 NR、NT、Swiss-Prot、KEGG、COG、GO 数据库注释。然后在每个数据库中对注释的 unigenes 数量进行计数（图 4-20A）。物种分布分析显示，与大豆序列同源的 unigenes 数量占 42.2%，与西芹、菜花和短叶苜蓿序列的同源性分别为 13.8%、13.1% 和 11.5%（图 4-20B）。本试验使用带有 NR 注释的 Blast2GO 程序获得 unigenes 的 GO 注释。GO 有 3 个本体：分子功能、细胞成分和生物过程。每个 GO 条目都属于一种本体（Conesa et al.，2005）。图 4-20C 显示将序列分类得到 55 个功能组。将这些基因映射到 COG 数据库以进一步预测可能的功能和统计。在 25 个 COG 类别中，一般功能预测（7 524,32.03%）代表最大的群体，其次是转录（4 202,17.89%），复制、重组和修复（4 128,17.57%）。共有 14 985 个序列，用 MicroSAtellite（MISA）软件检测到包含 18 215 个可能的 EST-SSRs。SSR 分类数量统计表明，三核苷酸（40.86%）是最丰富的重复基序类型，其次是二核苷酸（29.94%）、单核苷酸（21.61%）、六核苷酸（2.67%）、四核苷酸（2.53%）和五核苷酸（2.38%）重复单位。在 cSSRs 检测中，AG/CT 为优势型，其次为 AAG/CTT、ATC/ATG 和 AAT/ATT。

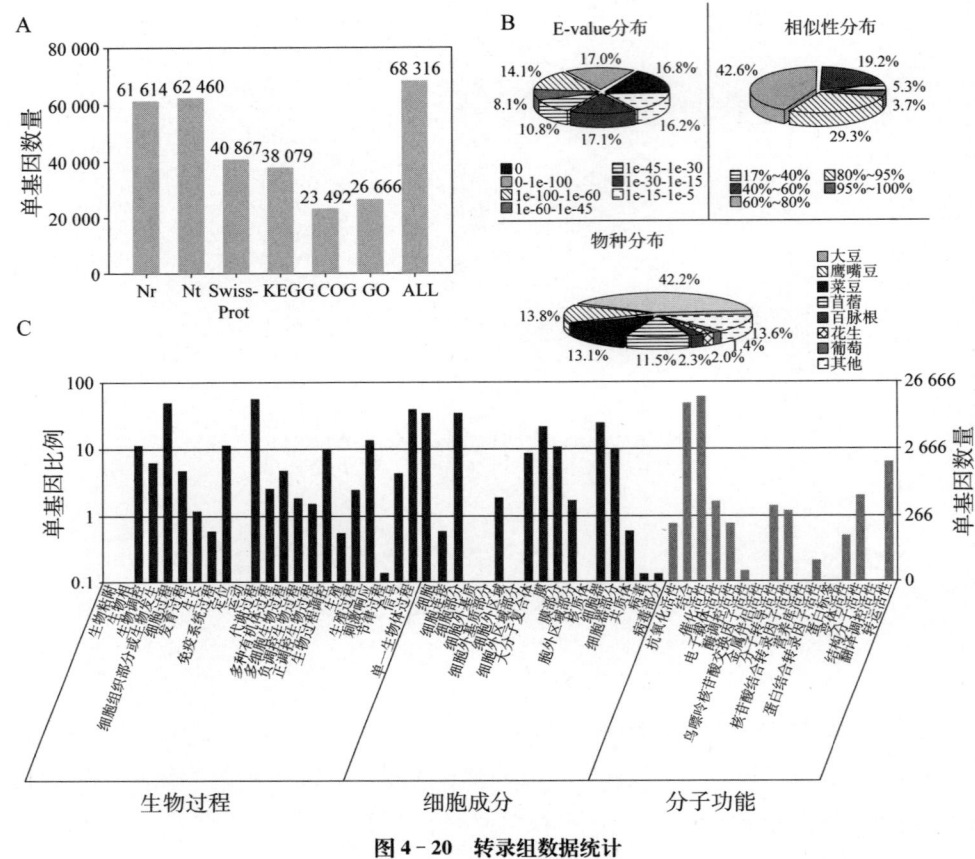

图4-20 转录组数据统计

三、差异表达基因分析

分别对缺钙和施钙后花生地上部果针及地下部荚果中差异表达基因进行分析。从不同文库中获得的原始数据（以百万计）如下：GD1,14.91；GD2,15.59；GS1,14.54；GS2,14.34；PD1,16.02；PD2,16.67；PS1,14.19；PS2,12.84。饱和度分析表明，当数据量达到一定数量时，检测到基因的生长曲线为趋于平缓，表明基因鉴定的测序量达到饱和。对两个比较组（GD/GS和PD/PS）中DEGs的GO注释进行分类,包括3个主要GO类别的子类别。在生物过程类中,本试验确定了3个丰富子类别,即代谢过程、细胞过程和单一有机体过程。细胞部分和膜是细胞成分范畴的主要亚类,而催化活性结合是主要的分子功能范畴(图4-21)。KEGG富集分析将DEGs对应到不同途径。在GD/GS组中,DEGs主要富集于光合作用、吞噬体、糖酵解/糖异生、异黄酮生物合成、糖基磷脂酰肌醇(GPI)锚定生物合成、碳代谢和ABC。同时,在PD/PS组中主要富集在植物昼夜节律、植物激素信号转导、吞噬体、异黄酮生物合成、糖酵解/糖异生、脂肪酸代谢及不饱和脂肪酸的生物合成。

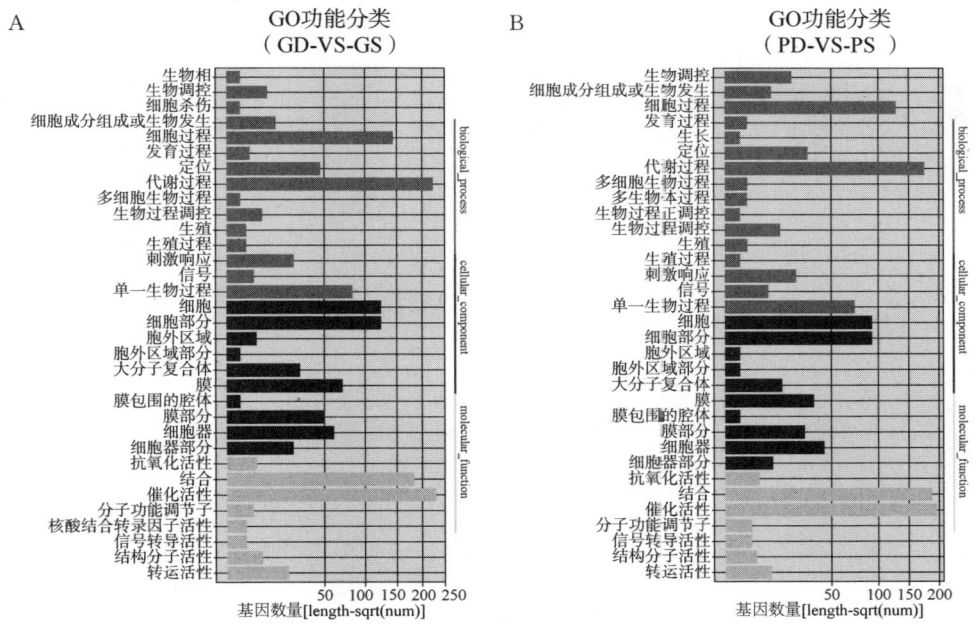

图4-21 差异基因GO分析

四、差异表达基因qRT-PCR验证

采用FPKM法计算基因表达量。栽培花生的参考转录本和转录组数据用于

生成一个集成的参考库。本试验绘制所有表达基因的散点图,不同的颜色表现为上调、下调或不受调控的基因。比较 DEGs 总数,并绘制了一个直方图来显示显著上调或下调基因数量(图 4-22A)。为了确认转录组测序结果,随机选取 GS、GD、PS、PD 组中 10 个 DEGs 进行 qRT-PCR 分析。选择的基因参与钙信号转导和植物激素生物合成途径、物质生物合成、转录因子和运输。qRT-PCR 趋势和 RNA-seq 数据的一致性表明 RNA-seq 数据的可信度(图 4-22B)。

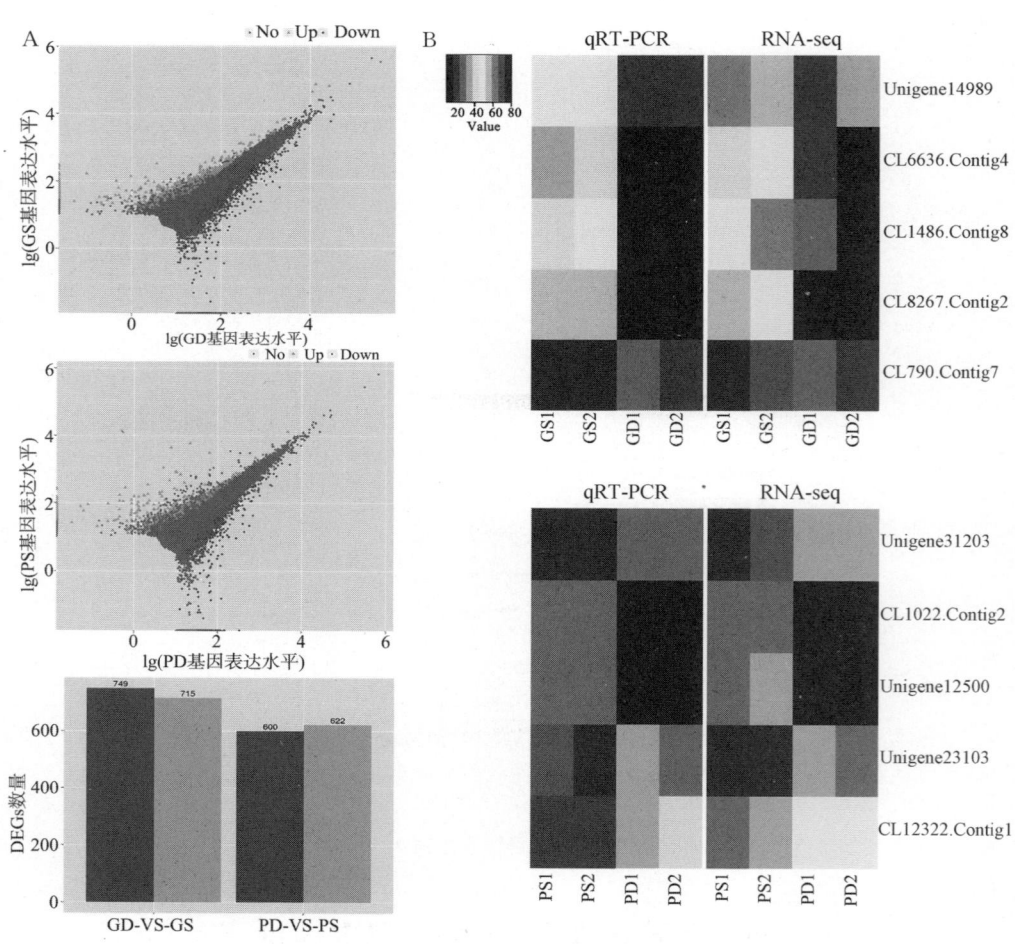

图 4-22　差异表达基因统计及验证

五、GD 和 GS 中差异表达基因分析

在 GS 中 20 多个 unigenes 被标注为转录因子,包括 NAC、WRKY、bHLH 和乙烯响应转录因子等,均受到诱导表达。与 GD 相比,M1/AGAMOUS/DEFICIENS/SRF(MADS)转录因子家族在 GS 中表达下调。与荚果中相反,GD 和 GS 中钙相关基因未呈现明显差异,一些钙结合蛋白(CBPs)及钙结合转录因子的表达在 GS 中表达上调。脂氧合酶(LOX)基因在 GS 中有较高的表达水平,其中有 6 个 LOX 基因的表达量是 GD 中的 2 倍以上。通过 GO 分析筛选出与激素相关的基因。参与生物合成和赤霉素(GA)、生长素(IAA)、脱落酸(ABA)和油菜素内酯等信号途径的几种 DEGs 在 GS 中表达上调。通过 GO 分析筛选了大量转运蛋白相关基因,一些能量和物质相关转运基因,包括糖转运基因、碳水化合物跨膜转运蛋白、脂质转运蛋白、蛋白质跨膜转运蛋白、肌醇转运蛋白,以及锌转运体、硫酸盐转运体和核碱基转运体都在 GS 中表达上调。同时,MFS 转运子、ABC 转运蛋白和肌醇转运蛋白呈现上调和衰减。只有肽/组氨酸转运蛋白在 GS 中表达下调。

六、PD 和 PS 中差异表达基因分析

本试验筛选出 PD 和 PS 之间的差异表达蛋白,这些蛋白的功能表明钙在花生荚果发育中的调控作用。钙信号途径中的钙依赖性蛋白激酶(CDPKs)、钙结合蛋白(CBP)和钙调蛋白(CaM)结合蛋白等在钙充足条件下均表达上调,特别是 Ca^{2+} 相关蛋白丝裂原活化蛋白激酶(MAPKKK)在 PS 组中的表达也高于 PD 组。钙调蛋白(CaM)结合蛋白在发育中起重要作用,特别是 Ca^{2+} 相关蛋白丝裂原活化蛋白激酶(MAPKKK)在 PS 组中的表达也高于 PD 组。两类植物激素(生长素和赤霉素)相关基因在 PD 和 PS 组中表达呈显著差异。生长素相关基因包括 7 个生长素响应因子和 1 个吲哚-3-乙酸-氨基合成酶(ARFs)在 PS 中上调表达。2 个赤霉素相关的 DEGs,即 GA 20 氧化酶和 GA 受体 GID1 表达上调。GA 20 氧化酶是催化

赤霉素(GA)失活生物途径中的关键酶,同时植物中 GA 生物合成过程中的关键酶戊二烯酸氧化酶(KAO)(Yamaguchi and Kamiya,2000;Paparelli et al.,2013)在 Ca^{2+} 充足时表达上调。这些结果与 PS 组中 IAA 和 GA_3 的高含量一致(图 4-23)。结果表明,钙相关基因表达上调会促进 GA 水平,这可能在早期胚胎发育中起重要作用。编码储存蛋白、油质和一些合成酶的基因,如长链酰基-CoA 合成酶和胼胝质合成酶在足钙条件下表现出较高的水平(5~8 倍)。此外,8 个脂氧合酶也在 PS 中上调表达,前期研究表明,脂氧合酶是茉莉酸合成途径中的第一关键酶,它在植物种子萌发、生长和抗逆性中起重要作用(Rahimi et al.,2016)。GIGANTEA,一个与生物钟和光敏色素信号有关的基因(Cha et al.,2017),在 PS 组中表达下调。这种现象可能是由于在地下部荚果中这种光反应基因不会起到调控作用,而黑暗是花生荚果正常发育的先决条件。

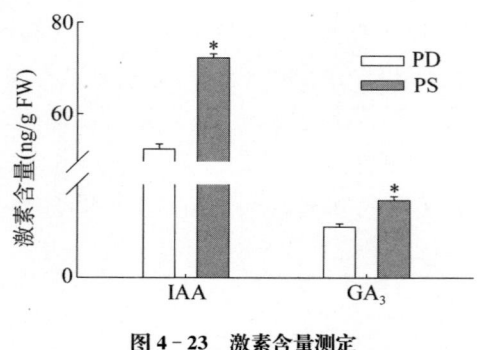

图 4-23 激素含量测定

第六节
施钙对花生品质的影响

花生品质是衡量花生产品质量的重要标志。同时,籽仁品质关乎着食用方向。蛋白质和脂肪含量是花生籽仁品质的重要指标。花生制品以食用蛋白为主,通常需要花生籽仁蛋白质含量要高,但油用花生则以籽仁含油量高为宜(张佳蕾,2013)。目前,影响花生籽仁品质的因素,除了品种外,栽培措施同样影响籽仁品质(张佳蕾,2013;金欣欣等,2021)。施肥作为作物生产中重要的栽培技术措施,肥料类型和施肥方式均显著影响花生产量、产量构成因素及籽仁品质:一方面影响荚果性状,表现为增加了单株结果总数、百果重(周录英等,2008;杨启睿等,2024),另一方面适宜的氮肥供应提高了花生体内氮代谢相关酶活性,有利于增加籽仁蛋白质和氨基酸含量(张翔等,2010;Li et al.,2024)。

一、施钙与覆膜对缺钙红壤花生籽仁品质的影响

花生籽仁中脂肪及其脂肪酸组成、蛋白质含量是花生重要的品质指标。不同年份对花生品质产生影响较小。施钙与覆膜栽培提高了花生脂肪、棕榈酸、硬脂酸含量和油亚比(O/L)。其中,脂肪含量以 2014 年 Ca_{750} - OF 处理最高,为 60.64%;而 O/L 以 2014 年 Ca_{750} - PF 最高,为 2.07。施钙与覆膜降低了蛋白质、油酸、亚油酸含量,且施钙量越大,降低幅度越大。总之,施钙与覆膜栽培提高了花生含油量、延长了籽仁货架期(表 4 - 27)。

表 4-27 施钙与覆膜栽培对缺钙红壤花生籽仁品质的影响

年份	处理	脂肪(%)	蛋白质(%)	油酸(%)	亚油酸(%)	油亚比(O/L)	棕榈酸(%)	硬脂酸(%)
2014	Ca_0-OF	57.02c	30.63a	51.73b	32.36a	1.60b	8.91bc	1.37d
	Ca_{375}-OF	59.58ab	25.88b	51.22b	30.22b	1.70b	9.64ab	2.44ab
	Ca_{750}-OF	60.64a	23.44c	49.87b	29.62b	1.69b	10.07a	2.89a
	Ca_0-PF	57.02c	29.54a	60.06a	30.29b	1.98a	8.25c	0.94d
	Ca_{375}-PF	58.47bc	26.53b	57.12a	27.21c	2.10a	8.82bc	1.90ab
	Ca_{750}-PF	59.79ab	24.66bc	57.49a	27.81c	2.07a	9.28ab	2.37c
	均值	58.75	26.78	54.58	29.58	1.86	9.16	1.98
2015	Ca_0-OF	53.79b	27.55a	40.80a	40.14a	1.06c	10.03b	1.77b
	Ca_{375}-OF	56.69ab	22.27b	40.74a	37.80a	1.35a	10.89ab	2.99a
	Ca_{750}-OF	58.79a	20.35b	39.41a	38.46a	1.29ab	11.01ab	2.79a
	Ca_0-PF	55.78ab	24.70ab	44.34a	37.56a	1.14bc	10.16ab	1.91b
	Ca_{375}-PF	55.77ab	23.96ab	42.66a	37.48a	1.32ab	10.53ab	2.83a
	Ca_{750}-PF	58.24a	21.62b	39.44a	38.40a	1.41a	11.25a	3.18a
	均值	56.51	23.41	41.23	38.31	1.26	10.64	2.58

二、氮肥与钙肥互作对花生籽仁品质的影响

施氮肥与施钙肥对花生籽仁品质的影响在不同试验地点存在差异。相比 N_0 处理,济阳(JY)和饮马泉(YMQ)试验区不同施氮量处理的花生籽仁粗蛋白含量和总氨基酸含量均显著提高,其中粗蛋白含量增加 1.24~3.57 个百分点、总氨基酸含量增加 1.19~3.70 个百分点,但籽仁含油量呈先降低后增加的趋势,降低 1.70~5.34 个百分点。与不施钙处理(Ca_0)相比,施钙(Ca_{600})处理的籽仁中粗蛋白含量、总氨基酸含量分别降低 0.10~1.55 个百分点、0.02~1.23 个百分点,但含油量提高 0.16~2.62 个百分点。与 N_0Ca_0 处理相比,$N_{150}Ca_{600}$ 处理的籽仁粗蛋白含量提高 1.74 个百分点(济阳)和 1.58 个百分点(饮马泉),含油量降低 2.20 个百分点(济阳)和 1.54 个百分点(饮马泉);但相比中高氮处理($N_{225}Ca_0$),粗蛋白含量降低 1.71 个百分点(济阳)和 1.08 个百分点(饮马泉),含油量增加 1.51 个百分点(济阳)和 1.13 个百分点(饮马泉)。因此,花生栽培过程中氮肥与钙肥配合施用

有利于调控花生籽仁品质,通过减施氮肥+增施钙肥栽培技术可减少粗蛋白含量增幅与含油量的降幅(图4-24)。

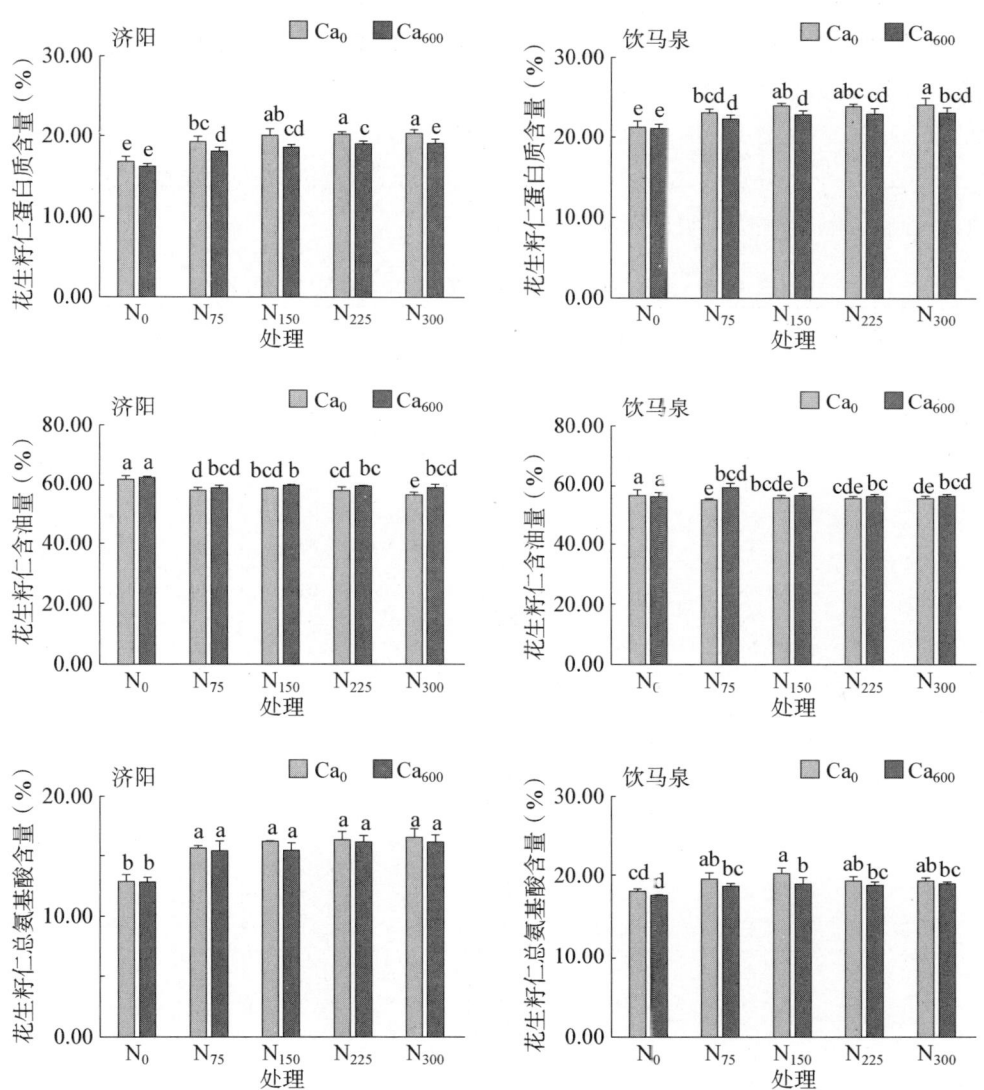

图4-24 施氮与施钙对花生籽仁主要品质影响

不同小写字母表示施肥处理间差异显著($P<0.05$)

施氮肥与施钙肥对花生籽仁脂肪酸组分均产生显著影响。相比 N_0 处理,不同施氮处理的花生籽仁油酸含量、油亚比、花生酸含量均有不同程度的减少,其中济阳试验区油酸含量降低 1.97~3.05 个百分点、饮马泉试验区油酸含量降低 1.69~2.75 个百分点;但亚油酸、棕榈酸、硬脂酸、山嵛酸含量均有不同程度的增加,其中亚油酸含量在济阳试验区升高 1.14~2.41 个百分点、在饮马泉试验区升高 0.93~2.36 个百分点。相比 Ca_0 处理,施钙处理花生籽仁油酸含量、油亚比均降低,其中济阳试验区油酸含量降低 0.50~1.58 个百分点、饮马泉试验区油酸含量降低 0.47~1.20 个百分点;但亚油酸含量明显提高,济阳、饮马泉试验区分别提高 0.50~1.27 个百分点、0.68~1.12 个百分点。施钙对棕榈酸、硬脂酸、山嵛酸、花生酸含量影响轻微且无明显影响规律(表 4-28)。

表 4-28 施氮与施钙对花生籽仁脂肪酸组分含量(%)的影响

样点	钙肥水平	氮肥水平	油酸	亚油酸	油酸/亚油酸	棕榈酸	硬脂酸	花生酸	山嵛酸
济阳	Ca_0	N_0	55.71a	23.65b	2.36a	8.44b	2.74b	1.74a	1.61b
		N_{75}	53.74b	25.48a	2.11b	8.45b	3.29a	1.73a	1.74ab
		N_{150}	53.14b	25.57a	2.08b	8.77ab	3.46a	1.70a	1.82a
		N_{225}	52.77b	26.06a	2.02b	9.00a	3.49a	1.70a	1.86a
		N_{300}	52.80b	25.68a	2.06b	8.82ab	3.24a	1.76a	1.82a
		平均	53.63A	25.29B	2.13A	8.69A	3.24A	1.71A	1.77A
	Ca_{600}	N_0	55.21a	24.72b	2.23a	8.51a	2.81a	1.57a	1.75a
		N_{75}	52.15b	26.46a	1.97b	8.86a	3.19a	1.54a	1.82a
		N_{150}	52.51b	26.84a	1.96b	9.07a	3.23a	1.41a	1.88a
		N_{225}	52.06b	26.56a	1.96b	8.68a	3.26a	1.52a	1.82a
		N_{300}	52.25b	25.87a	2.02b	8.69a	3.00ab	1.46a	1.83a
		平均	52.84A	26.09A	2.03A	8.76A	3.10A	1.50B	1.82A
饮马泉	Ca_0	N_0	54.49a	24.00b	2.27a	8.91b	3.30a	1.63a	1.89b
		N_{75}	52.28b	25.60a	2.04b	9.07ab	3.41a	1.55a	2.02ab
		N_{150}	52.45b	25.94a	2.02b	9.33a	3.65a	1.61a	2.06a
		N_{225}	52.59b	25.69a	2.05b	9.05ab	3.46a	1.61a	1.95ab
		N_{300}	52.80b	25.60a	2.06b	9.17ab	3.41a	1.51a	2.08a
		平均	52.92A	25.37B	2.09A	9.11A	3.45A	1.57A	2.00A
	Ca_{600}	N_0	54.00a	24.68b	2.19a	9.03a	3.38b	1.65a	1.93a
		N_{75}	51.81b	26.70a	1.94b	9.00a	3.45b	1.61a	1.93a
		N_{150}	51.25b	27.04a	1.90b	9.25a	3.71a	1.60a	2.03a
		N_{225}	51.49b	26.82a	1.92b	9.25a	3.47b	1.64a	1.99a
		N_{300}	51.98b	26.39a	1.97b	9.31a	3.39b	1.57a	2.03a
		平均	52.11A	26.33A	1.98A	9.17A	3.48A	1.61A	1.98A

注:不同小写字母表示施氮处理间差异显著($P<0.05$)。不同大写字母表示施钙处理间差异显著($P<0.05$)。

在不同试验区域存在差异。相比 N_0 处理,不同施氮处理花生籽仁氨基酸组分

（人体必需氨基酸：蛋氨酸、苯丙氨酸、赖氨酸、亮氨酸、异亮氨酸、苏氨酸、缬氨酸；人体非必需氨基酸：精氨酸、脯氨酸、组氨酸）含量均有不同程度的提高，其中苯丙氨酸、赖氨酸含量显著增加（$P<0.05$），在济阳和饮马泉试验区分别提高 0.14～0.19 个百分点和 0.05～0.09 个百分点、0.35～0.47 个百分点和 0.07～0.33 个百分点。施钙对氨基酸组分影响无明显规律，但氮、钙配施改善了氨基酸组分（表 4-29）。

表 4-29　施氮与施钙对花生籽仁氨基酸组分含量（%）的影响

样点	钙肥水平	氮肥水平	蛋氨酸	苯丙氨酸	精氨酸	赖氨酸	亮氨酸	脯氨酸	组氨酸	苏氨酸	缬氨酸	异亮氨酸
济阳	Ca_0	N_0	0.08b	0.69b	1.22b	0.46b	1.01b	0.50b	0.31b	0.65a	0.65b	0.47b
		N_{75}	0.09ab	0.84a	1.67a	0.58a	1.19a	0.60a	0.35a	0.70a	0.74a	0.55a
		N_{150}	0.10ab	0.86a	1.62a	0.56a	1.22a	0.59a	0.35a	0.67a	0.75a	0.57a
		N_{225}	0.11a	0.88a	1.69a	0.57a	1.23a	0.57ab	0.35a	0.70a	0.77a	0.57a
		N_{300}	0.10ab	0.87a	1.67a	0.59a	1.23a	0.59a	0.36a	0.72a	0.76a	0.53a
		平均	0.10A	0.83A	1.57A	0.55A	1.18A	0.57A	0.34A	0.69A	0.74A	0.54A
	Ca_{600}	N_0	0.08b	0.69b	1.30b	0.51b	0.99c	0.53b	0.33b	0.61b	0.65b	0.46b
		N_{75}	0.11a	0.84a	1.65a	0.60ab	1.22a	0.59a	0.37a	0.72a	0.76a	0.57a
		N_{150}	0.10a	0.85a	1.66a	0.59ab	1.14b	0.60a	0.36ab	0.65ab	0.73a	0.53a
		N_{225}	0.11a	0.87a	1.64a	0.61a	1.23a	0.60a	0.37a	0.73a	0.75a	0.57a
		N_{300}	0.10a	0.83a	1.67a	0.62a	1.17ab	0.61a	0.37a	0.66a	0.73a	0.54a
		平均	0.10A	0.82A	1.58A	0.59A	1.15A	0.59A	0.36A	0.67A	0.72A	0.53A
济阳	Ca_0	N_0	0.12a	0.97b	1.91b	0.64c	1.37b	0.58b	0.39b	0.77c	0.83a	0.64b
		N_{75}	0.14a	1.04a	2.18a	0.71b	1.45ab	0.63ab	0.41ab	0.80b	0.87a	0.67ab
		N_{150}	0.14a	1.06a	2.11a	0.69b	1.46a	0.58ab	0.41ab	0.82ab	0.87a	0.68a
		N_{225}	0.15a	1.03a	2.12a	0.71b	1.44ab	0.62ab	0.41ab	0.88a	0.86a	0.67ab
		N_{300}	0.14a	1.04a	2.24a	0.76a	1.43ab	0.65a	0.43a	0.87a	0.85a	0.66ab
		平均	0.14A	1.03A	2.11A	0.70A	1.43A	0.61A	0.41A	0.83A	0.86A	0.67A
	Ca_{600}	N_0	0.12a	0.95b	1.93b	0.65a	1.33b	0.56b	0.37b	0.77a	0.80b	0.62b
		N_{75}	0.12a	1.00a	2.00a	0.69a	1.37a	0.61ab	0.40a	0.82a	0.83a	0.64ab
		N_{150}	0.14a	1.02a	2.00a	0.69a	1.40a	0.62a	0.41a	0.81a	0.84a	0.65a
		N_{225}	0.14a	1.01a	2.09a	0.70a	1.40a	0.61ab	0.41a	0.81a	0.85a	0.65a
		N_{300}	0.14a	1.01a	2.10a	0.71a	1.39a	0.61ab	0.41a	0.81a	0.85a	0.65a
		平均	0.13A	1.00A	2.02A	0.69A	1.38A	0.60A	0.40A	0.80A	0.83A	0.64A

注：不同小写字母表示施氮处理间差异显著（$P<0.05$）；不同大写字母表示施钙处理间差异显著（$P<0.05$）。

三、外源钙与 AMF 协同对连作花生籽仁品质的影响

不同处理连作花生的籽仁品质存在差异。与对照相比,Ca_{20}、AMF+Ca_{20} 处理显著增加花生籽仁蛋白质、总氨基酸含量,且两者差异显著,AMF+Ca_{20} 较 Ca_{20} 处理分别提高 8.7%、16.5%;AMF 处理的籽仁脂肪酸含量较 CK 显著增加 7.3%,但油酸和亚油酸含量无显著变化;AMF+Ca_{20} 处理的籽仁脂肪酸、油酸含量都显著提高 9.4%,亚油酸含量显著降低 12.9%;不同处理的油亚比均显著高于对照,且 AMF+Ca_{20} 处理最高,较 CK 显著增加 25.4%。研究表明,AMF 能够提高蔬菜作物的产量和品质(韩冰等,2011)。本研究发现,AMF 与外源钙离子结合(AMF+Ca_{20})可以更好地提高连作花生的产量和品质(表 4-30)。这可能与两者协同引起植物次生代谢物的改变有关(Sbrana and Giovannetti,2014)。综上,AMF 与外源钙协同能够提高连作花生根、叶矿物质元素含量,促进干物质积累,从而增加连作花生的产量和品质。本研究结论可为缓解花生连作障碍提供实践参考。

表 4-30　外源钙与 AMF 协同对连作花生品质的影响

处理	蛋白质(%)	脂肪酸(%)	总氨基酸(%)	油酸(%)	亚油酸(%)	油酸/亚油酸值
CK	18.27c	52.46c	16.20c	52.46b	27.20a	1.93c
AMF	19.10c	56.28ab	17.83bc	54.62b	26.11ab	2.09b
Ca_{20}	20.13b	53.77bc	18.29b	53.77b	24.79bc	2.17b
AMF+Ca_{20}	21.89a	57.38a	21.30a	57.38a	23.68c	2.42a

四、荚果产量与花生籽仁品质组分含量的相关分析

花生产量与籽仁品质组分进行相关性分析,发现,产量与粗蛋白、总氨基酸、亚油酸含量等呈极显著正相关($P<0.01$),而产量与含油量、油酸、油亚比及花生酸

含量呈显著负相关(图4-25)。粗蛋白与总氨基酸及组分、亚油酸含量间呈极显著正相关,与含油量存在极显著负相关。含油量与油酸、亚油酸、油亚比关联较弱。油酸含量与脂肪酸间具有部分正相关关系,与氨基酸组分呈负相关。可见,由于粗蛋白与含油量存在负相关关系,因此,花生产量与籽仁品质协同提升可依据生产需要(籽仁高蛋白或者是高含油量),采用合理的栽培技术开展调控。

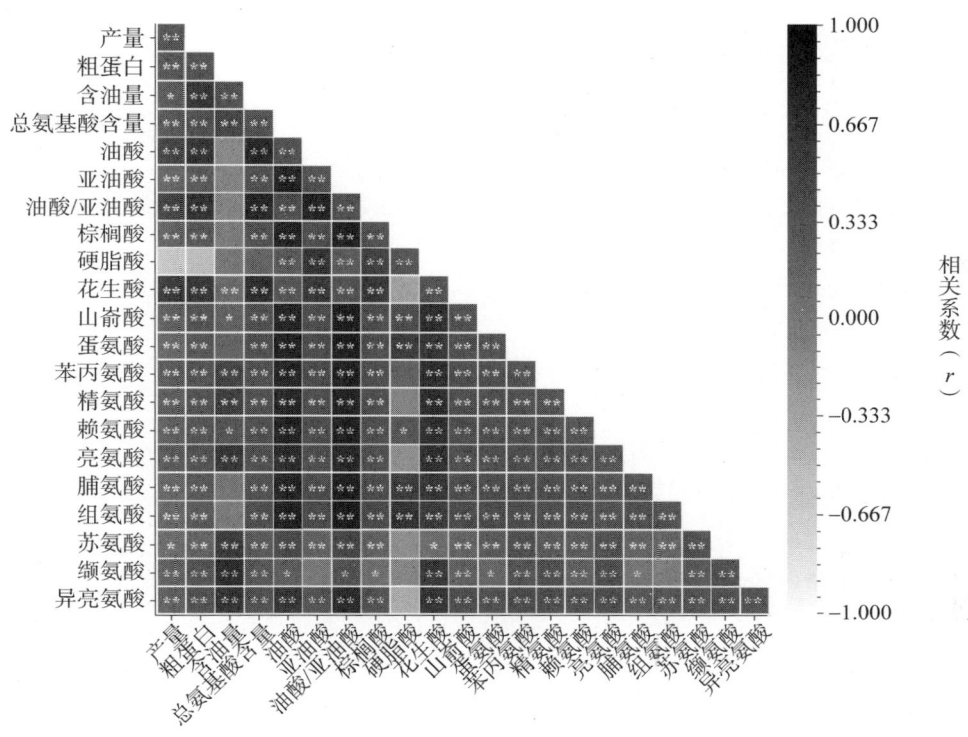

图4-25 荚果产量与花生籽仁品质组分含量的相关分析

深灰色($0<r≤1$)表示正相关,浅灰色($1≤r<0$)表示负相关,白色($r=0$)表示不相关,颜色越深表示相关性越强;* 和 ** 分别表示在0.05和0.01水平上显著相关。

施氮、复合肥、花生专用复混肥提高了花生籽仁中粗蛋白、总氨基酸、亚油酸、部分脂肪酸组分(棕榈酸、硬脂酸、山嵛酸含量)及氨基酸组分的含量,但籽仁含油量降低;而增施钙肥技术与分层施肥技术均降低了籽仁中粗蛋白、总氨基酸含量、油亚比,但提高了含油量;氮肥与钙肥配施可减少粗蛋白含量增幅与含油量的降幅。花生油用生产上需要多产油,同时尽可能获得多的粗蛋白,建议采用减氮增钙绿色高效栽培技术;花生食用生产上需要粗蛋白含量高越好,建议采用单粒精播高产栽培＋氮肥高效施用技术。

参考文献

陈安余,赵长星,王月福,等.断根对不同苗情花生根系生长分布与衰老特性的影响.应用生态学报,2014,25(5):1387-1394.

陈利军,邹邦基,史奕,等.旱地施肥对春小麦根系生长、代谢的影响及促进水分有效利用的机理.植物营养与肥料学报,1995(02):26-32.

丁红,张智猛,戴良香,等.不同抗旱性花生品种的根系形态发育及其对干旱胁迫的响应.生态学报,2013,33(17):5169-5176.

冯烨,郭峰,李宝龙,等.单粒精播对花生根系生长、根冠比和产量的影响.作物学报,2013,39(12):2228-2237.

房增国,赵秀芬,李俊良.山东省不同区域花生施肥现状分析.中国农学通报,2009,25(13):129-133.

顾学花,孙莲强,高波,等.施钙对干旱胁迫下花生生理特性、产量和品质的影响.应用生态学报,2015,26(5):1433-1439.

韩冰,贺超兴,郭世荣,等.丛枝菌根真菌对盐胁迫下黄瓜幼苗渗透调节物质含量和抗氧化酶活性的影响.西北植物学报,2011,31(12):2492-2497.

贾立华,赵长星,王月福,等.不同质地土壤对花生根系生长、分布和产量的影响.植物生态学报,2013,37(7):684-690.

金欣欣,宋亚辉,王瑾,等.播期对花生农艺性状、产量和品质的影响.中国油料作物学报,2021,43(5):898-905.

厉广辉,万勇善,刘风珍,等.不同抗旱性花生品种根系形态及生理特性.作物学报,2014,40(3):531-541.

李杰,张洪程,常勇,等.高产栽培条件下种植方式对超级稻根系形态生理特征的影响.作物学报,2011,37(12):2208-2220.

刘俊华,吴正锋,沈浦,等.氮肥与密度互作对单粒精播花生根系形态、植株性状及产量的影响.作物学报,2020,46(10):1605-1616.

刘珂珂,于宏,高华鑫,等.施钙对酸性土花生钙素吸收与积累的影响.中国油料作物学报,2024,46(03):657-663.

刘颖,伊淼,王建国,等.氮、钙配施对花生根系生长及氮肥利用的影响.聊城大学学报(自然科学版),2020,33(04):98-104.

吕丽华,陶洪斌,夏来坤,等.不同种植密度下的夏玉米冠层结构及光合特性.作物学报,2008,34:447-455.

马群,李国业,顾海永,等.我国水稻氮肥利用现状及对策.广东农业科学,2010,37(11):126-129.

任小平,姜慧芳,廖伯寿.不同类型花生根部性状的初步研究.中国油料作物学报,2006,28(1):16-20.

史晓龙,戴良香,宋文武,等.施用钙肥对盐胁迫条件下花生生长发育和产量的影响.花生学报,2017,46(2):40-46.

索炎炎,范瑞兆,司贤宗,等.砂姜黑土区花生优质高产的氮钙硫施肥模型研究.核农学报,2019,33(07):1448-1456.

孙虎,李尚霞,王月福,等.施氮量对不同花生品种积累氮素来源和产量的影响.植物营养与肥料学报,2010,16(1):153-157.

孙晨桐.氮肥水平对花生生长发育及氮素利用的影响.沈阳:沈阳农业大学硕士学位论文,2019.

肖继兵,刘志,孔凡信,等.种植方式和密度对高粱群体结构和产量的影响.中国农业科学,2018,51(22):4264-4276.

谢娇,刘建玲,吴晶,等.钙在冀东花生上的产量效应研究.河北农业大学学报,2021,44(5):30-35.

杨吉顺,李尚霞,张智猛,等.施氮对不同花生品种光合特性及干物质积累的影响.核农学报,2014,28(1):154-160.

杨启睿,李岚涛,张潇,等.施钾对夏花生产量、品质及光温生理特性的影响.中国农业科学,2024,57(7):1335-1349.

伊森,王建国,尹金,等.减氮增钙及施用时期对花生生长发育及生理特性的影响.中国农业科技导报,2021,23(04):164-172.

衣婷婷,唐朝辉,王建国,等.外源钙与丛枝菌根真菌协同对连作花生产量和品质的影响.山东农业科学,2023,55(11):144-150.

么传训,于宏,郭峰,等.钙肥对不同类型土壤上花生根系形态、氮素吸收积累及产量的影响.山东农业科学,2022,54(08):93-98.

尤召阳,杨莎,张佳蕾,等.钙肥类型及施用时期对花生干物质积累量和产量的影响.中国油料作物学报,2023,45(02):359-367.

于天一,逢焕成,任天志,等.冬季作物种植对双季稻根系酶活性及形态指标的影响.生态学报,2012,32(24):7894-7904.

余常兵,李银水,谢立华,等.湖北省花生平衡施肥技术研究Ⅳ.农户花生施肥状况.湖北农业科学,2011,50(21):4354-4356.

万书波.中国花生栽培学.上海:上海科学技术出版社,2003.

王才斌.花生营养生理生态与高效施肥.北京:中国农业出版社,2017.

王翠娟,史春余,王振振,等.覆膜栽培对甘薯幼根生长发育、块根形成及产量的影响.作物学报,2014,40(09):1677-1685.

王建国,张昊,李林,等.不同钙肥梯度与覆膜对低钙红壤花生根系形态发育及产量的影响.中国油料作物学报,2017,39(06):820-826.

王建国.水钙互作对南方红壤旱地花生产量影响机制.长沙:湖南农业大学博士学位论文,2017.

王建国,张昊,李林,刘等.施钙与覆膜栽培对缺钙红壤花生干物质生产、熟相、产量构成及品质的影响.华北农学报,2018,33(4):131-138.

王建国,张佳蕾,郭峰,等.钙与氮肥互作对花生干物质和氮素积累分配及产量的影响.作物学报,2021,47(09):1666-1679.

王晓云,李向东,邹琦.施氮对花生叶片多胺代谢及衰老的调控作用.作物学报,2001,27:442-446.

王有宁,王荣堂,董秀荣.地膜覆盖作物农田光温效应研究.中国生态农业学报,2004,12(3):139-141.

王媛媛.钙、硫肥不同用量及配比对花生生理特性、产量和品质的影响.泰安:山东农业大学,2013.

吴正锋.花生高产高效氮素养分调控研究.北京:中国农业大学博士学位论文,2014.

查丽,谢孟林,朱敏,等.垄作与覆膜对川中丘陵春玉米根系分布及产量的影响.应用生态学报,2016,27(3):855-862.

张海平,单世华,蔡来龙,等.钙对花生植株生长和叶片活性氧防御系统的影响.中国油料作物学报,2004,(26):33-36.

张佳蕾,郭峰,孟静静,等.酸性土施用钙肥对花生产量和品质及相关代谢酶活性的影响.植物生态学报,2015,39(11):1101-1109.

张佳蕾,郭峰,孟静静,等.钙肥对旱地花生生育后期生理特性和产量的影响.中国油料作物学报,2016,38(03):321-327.

张佳蕾.不同品质类型花生品质形成差异的机理与调控.泰安:山东农业大学,2013.

张翔,张新友,毛家伟,等.施氮水平对不同花生品种产量与品质的影响.植物营养与肥料学报,2011,17(6):1417-1423.

张翔,李刘杰,张新友,等.花生氮素营养研究进展.花生学报,2010,39(2):41-44.

张智猛,戴良香,慈敦伟,等.生育后期干旱胁迫与施氮量对花生产量及氮素吸收利用的影响.中国油料作物学报,2019,41(4):614-621.

周卫,林葆,朱海舟.硝酸钙对花生生长和钙素吸收的影响.土壤通报,1995,(5):225-227+233.

周录英,李向东,王丽丽,等.钙肥不同用量对花生生理特性及产量和品质的影响.作物学报,2008,34(5):879-885.

周录英,李向东,汤笑,等.氮、磷、钾肥配施对花生生理特性及产量、品质的影响.生态学报,2008,28(6):2707-2714.

褚光,周群,薛亚光,等.栽培模式对杂交粳稻常优5号根系形态生理性状和地上部生长的影响.作物学报,2014,40(07):1245-1258.

Cui L, Guo F, Zhang J L, et al. Arbuscular mycorrhizal fungi combined with exogenous calcium improves the growth of peanut (Arachis hypogaea L.) seedlings under continuous cropping. Journal of Integrative Agriculture, 2019, 18(2):407-416.

Li G H, Guo X, Sun, W, et al. Nitrogen application in pod zone improves yield and quality of two peanut cultivars by modulating nitrogen accumulation and metabolism. BMC Plant Biol, 2024, 24:48.

Kiba T, Kudo T, Kojima M, et al. Hormonal control of nitrogen acquisition: roles of auxin, abscisic acid, and cytokinin. Journal of experimental botany, 2010, 62(4):1399-1409.

Rogers H T. Liming for peanuts in relation to exchangeable soil calcium and effect on yield, quality, and uptake of calcium and potassium. Journal of the American Society of Agronomy, 1948, 40(1):15-31.

Asseng S, Kassie B T, Labra M H, et al. Simulating the impact of source-sink manipulations in wheat [J]. 2017, 202(000):10.

Sbrana C, Avio L, Giovannetti M. Beneficial mycorrhizal symbionts affecting the production of health-promoting phytochemicals. Electrophoresis, 2014, 35(11):1535-1546.

Yang S, Li L, Zhang J L, et al. Transcriptome and differential expression profiling analysis of the mechanism of Ca^{2+} regulation in peanut (Arachis hypogaea) pod development. Front Plant Sci, 2017, 8:1609.

Wang Y, Pang Y, Chen K, et al. Genetic bases of source-, sink-, and yield-related traits revealed by genome-wide association study in Xian rice. The Grop Journal, 2020(1):119-131.

Zharare G E, Blamey F C, Asher C J. Effects of pod-zone calcium supply on dry matter distribution at maturity in two groundnut cultivars grown in solution culture. J Plant Nutr, 2012, 35(10):1542-1556.

Dewey C N, Li B. RSEM: accurate transcript quantification from RNA-Seq data with or without a reference genome. BMC Bioinformatics, 2011,12(1):323.

Zhu W, Zhang E H, Li H F, et al. Comparative proteomics analysis of developing peanut aerial and subterranean pods identifies pod swelling related proteins. Journal of Proteomics, 2013,91:172 – 187.

Chen X, Zhu W, Azam S, et al. Deep sequencing analysis of the transcriptomes of peanut aerial and subterranean young pods identifies candidate genes related to early embryo abortion. Plant Biotechnol J, 2013,11:115 – 127.

Glazinska P, Wojciechowski W, Kulasek M, et al. De novo Transcriptome profiling of flowers, flower pedicels and pods of Lupinus luteus (Yellow Lupine) reveals complex expression changes during organ abscission. Front Plant Sci, 2017,8:641.

Yamaguchi S, Kamiya Y. Gibberellin biosynthesis: its regulation by endogenous and environmental signals. Plant Cell Physiol, 2000,41(3):251 – 257.

Paparelli E, Parlanti S, Gonzali S, et al. Nighttime sugar starvation orchestrates gibberellin biosynthesis and plant growth in Arabidopsis. Plant Cell, 2013,25(10):3760 – 3769.

Cha J Y, Kim J, Kim T S, et al. Gigantea is a co-chaperone which facilitates maturation of zeitlupe in the Arabidopsis circadian clock. Nat. Commun, 2017,8(1):3.

Rahimi S, Kim Y J, Sukweenadhi J, et al. PgLOX6 encoding a lipoxygenase contributes to jasmonic acid biosynthesis and ginsenoside production in Panax ginseng. J Exp Bot, 2016, 67(21):6007 – 6019.

第五章

施钙对花生碳氮代谢、养分吸收与利用的影响

增施钙肥和氮肥可显著促进氮素和干物质积累,两者互作实现了增产,但施钙与施氮对花生增产的生理与机理未深入研究。探明施钙与覆膜、施氮等如何影响氮代谢及养分吸收与利用,发挥钙与覆膜、氮肥对花生产量形成的最佳互作效应,对促进氮代谢酶活性、氮素利用效率、钙素积累及协调干物质积累与产量的关系具有重要意义。

第一节
花生叶片氮代谢酶活性

叶片是氮代谢的主要场所,其主要氮代谢酶(GS、GDH、GOGAT)催化蔗糖、蛋白质等营养物质的合成。谷氨酰胺合成酶(GS)是氨同化的关键酶之一,参与并影响氮代谢;GDH 对植物氮代谢有重要的影响;GOGAT 广泛存在于植物中,对氨的同化有一定的调节作用。有研究表明,施用适量氮肥和钙肥对于花生主要的氮代谢酶活性有促进作用,同时也有利于花生氮代谢水平的提高(张智猛等,2008)。

本研究表明,在相同钙肥条件下,GS 活性随施氮量的增加而提高。全生育期,Ca_0 处理(不施钙)的 GS 活性呈先升后降再升的趋势,而 Ca_{600} 处理的 GS 活性则呈持续上升的趋势(图 5-1)。生育前期,Ca_{600} 处理的 GS 活性低于 Ca_0 处理,但是在生育中后期 GS 活性大幅提高。成熟期,Ca_0 处理在 N_{300} 条件下 GS 活性比 N_0 处理提高了 57.8%,而 Ca_{600} 处理提高了 87.3%。以上说明,在保证氮肥的基础上施加钙肥,大大促进了花生生长中后期 GS 活性的提高。因此,在保证氮肥的基础

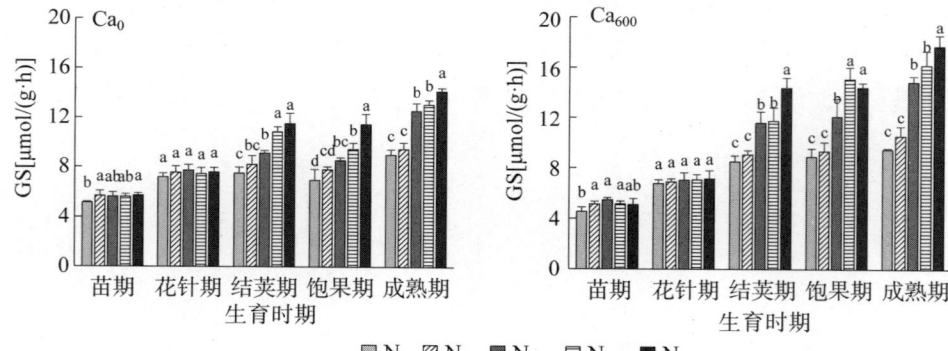

图 5-1 氮、钙互作对花生叶片 GS 活性的影响
不同字母表示处理间存在显著差异($P<0.05$)

上,施用钙肥可以提高 GS 的活性,保证花生的氮代谢水平。

Ca_0 条件下各氮梯度处理花生的 GDH 活性在苗期至花针期升高,花针期至饱果期降低,饱果期至成熟期再升高;Ca_{600} 条件下各氮梯度处理花生的 GDH 活性在苗期至花针期升高,随后持续降低(图 5-2)。在相同氮梯度处理下,Ca_{600} 苗期至饱果期的 GDH 活性均高于 Ca_0 处理,而成熟期的 GDH 活性则低于 Ca_0 处理,说明钙肥可提高花生生育前中期的 GDH 活性而降低生育后期的 GDH 活性。Ca_0 与 Ca_{600} 两种条件下,花生的 GDH 活性均在花针期最高,不同的是,Ca_0 条件下花生的 GDH 活性在 N_{225} 处理时最高,而 Ca_{600} 条件下花生的 GDH 活性在 N_{150} 处理时最高。可见,在保证氮肥的基础上,施用钙肥有利于 GDH 酶活性的提高,保证花生的氮代谢水平。

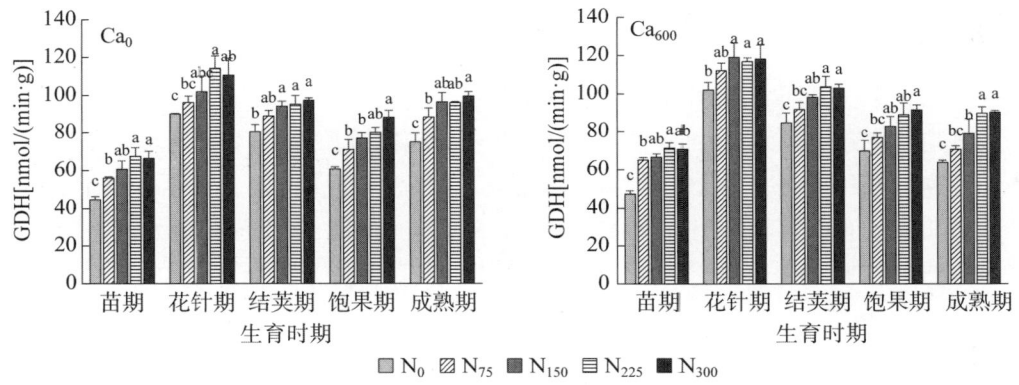

图 5-2 氮、钙互作对花生叶片 GDH 活性的影响

Ca_0 条件下各氮梯度处理的花生在全生育期内 GCGAT 活性都呈先升后降的趋势,而 Ca_{600} 条件下各氮梯度处理的 GOGAT 活性则呈上升、下降、再上升的趋势(图 5-3)。Ca_0 条件下各氮梯度处理结荚期 GOGAT 有最大酶活,并且其在饱果期仍然保持较高活性,这就保证了花生在生育后期的氮代谢水平;Ca_{600} 处理在花针期 GOGAT 活性最强,随后降低,甚至饱果期酶活低于 Ca_0 处理,但成熟期酶活又有所提升,可保证生育后期氮代谢水平;此外,在苗期和花针期,Ca_{600} 处理的 GOGAT 活性高于 Ca_0 处理,在结荚期与饱果期均低于 Ca_0 处理,而成熟期的酶活又高于 Ca_0 处理。饱果期 Ca_0 处理 N_{150} 和 N_{225} 梯度下 GOGAT 活性较 N_0 处理分别提升了 29.8% 和 27.3%,Ca_{600} 处理 N_{150} 和 N_{225} 梯度下 GOGAT 活性较 N_0 处理分别提升了 39.0% 和 48.2%。以上说明,钙肥的施用有利于生育前期花生叶片

中 GOGAT 活性的提升,而不利于生育后期 GOGAT 活性的提升,而适量增加氮肥的施用量可以有效地提高 GOGAT 活性。

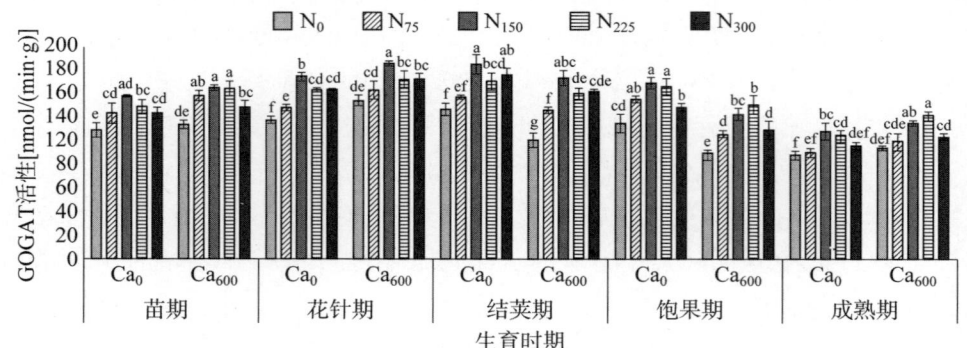

图 5-3 氮、钙互作对花生叶片 GOGAT 活性的影响

在整个生育期内,叶片中蛋白质含量(鲜重)呈先减少后增加的趋势,且两种钙处理均在成熟期取得最大值(图 5-4)。在相同施氮量条件下,Ca_0 处理在苗期及花针期的叶片蛋白质含量大于 Ca_{600} 处理,而在生育中后期 Ca_{600} 处理的叶片蛋白含量均大于 Ca_0 处理,其中成熟期 $Ca_{600}N_{75}$ 处理叶片蛋白质含量有最大值,较 Ca_0 处理增加了 11.6%~31.8%。

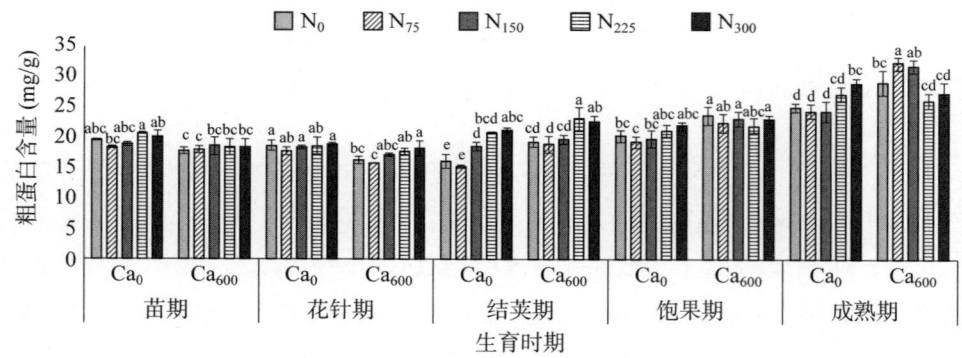

图 5-4 氮、钙互作对花生叶片蛋白含量的影响

氮、钙互作可显著提高花生生育前期功能叶片的叶绿素含量,降低生育后期功能叶片叶绿素含量,防止花生贪青晚熟;氮、钙互作能显著促进叶片的氮素代谢,且随施氮量的增加,叶片谷氨酰胺合成酶(GS)、谷氨酸脱氢酶(GDH)和谷氨酸合成酶(GOGAT)活性显著提高;施钙也能提高 GS、GDH 和 GOGAT 活性。

第二节
花生植株钙素营养特性

钙素在植物体内再利用程度较低。花生根系吸收的钙素主要受蒸腾作用的影响。花生荚果可从土壤中吸收钙素,但荚果吸收钙素的能力较弱,因此酸化土壤中花生易出现缺钙症状,增施钙肥后能促进花生针壳和籽仁对钙素的吸收,提高荚果钙素的分配率。

一、施钙对不同土壤类型花生不同器官钙素吸收利用的影响

(一) 施钙对花生不同器官中钙含量的影响

花生不同器官钙含量差异明显,不同器官钙含量依次为叶＞茎＞根＞果针＞荚果。茎、叶、果针中的钙含量随生育期推进逐渐升高,而根中钙含量在苗期最高,至结荚期显著下降,结荚期至成熟期则变化不大;荚果中的钙含量在结荚期显著高于成熟期。不同类型土壤施钙后花生各生育期钙含量均显著增加,但对不同生育时期各器官的促进作用不尽相同,施钙后苗期各器官钙含量均显著增加,与 SCK 相比,SCa 苗期营养器官(根、茎、叶)钙含量提高 7.2%～11.1%、7.2%,而 RCa 较 RCK 苗期的营养器官(根、茎、叶)钙含量分别提高 17.6%～24.3%。结荚期,茎中钙含量增加最多,其中,SCa 较 SCK 提高 10.4%、RCa 较 RCK 提高 26.7%。成熟期以荚果中钙含量增加最多,SCa 较 SCK 提高 21.9%、RCa 较 RCK 提高 32.0%。以上表明,施钙可提高花生各器官钙含量,进而提高植株及群体钙素积累量,为产量形成奠定基础,且红壤土施钙效果优于砂壤土(表 5-1)。

表 5-1 施钙对花生不同器官钙含量的影响(mg/kg)

处理	根			茎			叶			果针		荚果	
	苗期	结荚期	成熟期	苗期	结荚期	成熟期	苗期	结荚期	成熟期	结荚期	成熟期	结荚期	成熟期
SCK	14.16ab	10.62ab	10.44b	16.49b	17.56b	22.74c	20.18b	24.02a	31.53b	6.59b	13.43a	2.50a	2.29a
SCa	15.33a	11.56a	11.34a	18.33a	19.38a	27.91a	21.63a	24.83a	33.40a	7.91a	13.97a	2.66a	2.79a
RCK	9.00c	8.89c	9.53c	13.72c	14.44c	20.72c	15.59c	22.98b	27.85c	6.54b	12.54b	2.38a	1.86b
RCa	11.11b	9.22b	10.03b	16.14b	18.29b	25.45b	19.38b	24.90a	31.12b	7.84a	13.72a	2.70a	2.45a

(二) 施钙对花生钙素积累和分配的影响

花生不同器官钙素积累量差异明显,在苗期为叶＞茎＞根,在结荚期为叶＞茎＞荚果＞根＞果针,在成熟期为叶＞茎＞荚果＞果针＞根(图 5-5)。施钙后,花生不同生育期各器官钙素积累量均显著增加,其中成熟期荚果的钙素积累量增加最为显著,与 SCK 相比,SCa 处理的成熟期荚果钙素积累量在 2019 年和 2020 年分别增加 84.4%、95.2%;与 RCK 相比,RCa 处理的成熟期荚果钙素积累量在 2019 年和 2020 年分别增加 89.5%、93.6%。总体来看,施钙促进了钙素向花生荚果中富集。

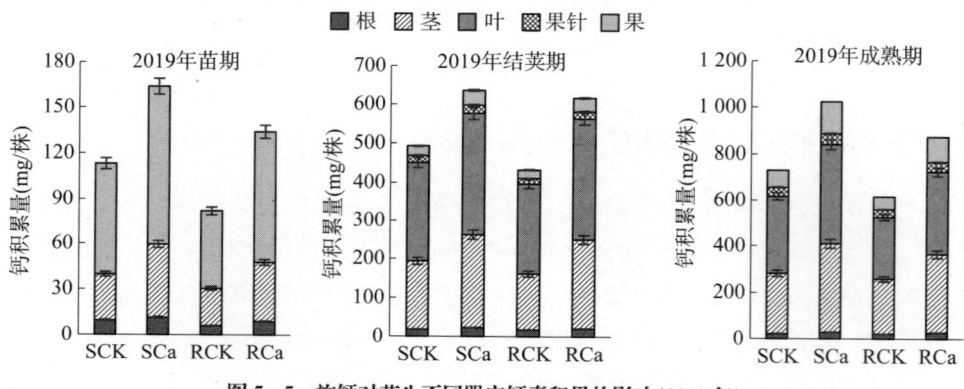

图 5-5 施钙对花生不同器官钙素积累的影响(2019 年)

苗期钙素主要分配于叶中,茎次之,根中最少;结荚期、成熟期不同器官钙素分配率均为叶＞茎＞果＞果针＞根(图 5-6)。随着生育进程的推进,叶中钙素分配率逐步下降;反之,荚果中钙素分配率则显著升高。施钙影响各器官钙素分配率,总体来看,施钙后苗期各器官钙素分配率在不同年份间呈无规律升降变化,但随着生育期的推进,钙素在花生植株内逐渐积累,荚果中的钙素分配率逐渐升高,至成

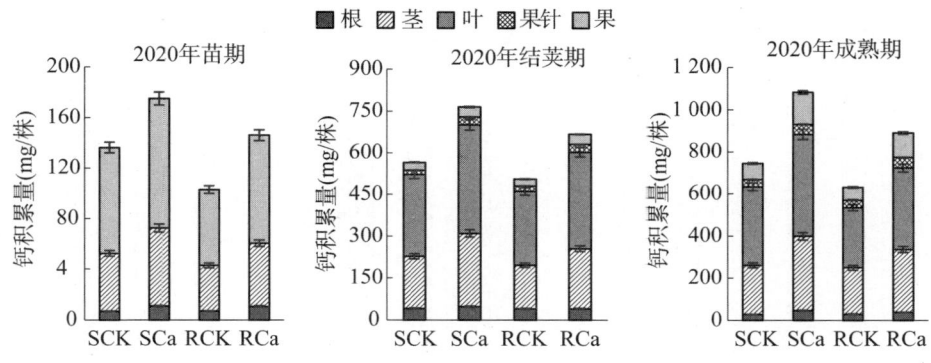

图 5-6　施钙对花生不同器官钙素积累的影响(2020 年)

熟期达到最高值，与 SCK 相比，2019 年和 2020 年 SCa 的成熟期荚果钙素分配率分别增加 31.7%、34.2%，两年相同处理下 RCa 较 RCK 成熟期荚果钙素分配率分别增加 33.6%、37.3%；施钙也提高了茎中钙素分配率，但与荚果中钙素分配率持续增加不同的是，茎中钙素分配率在结荚期增加最多，至成熟期增加趋势减弱。此外，施钙均降低了结荚期和成熟期叶中的钙素分配率，而根和果针中钙素分配率总体来说是下降的，但因为大田试验受外界因素影响较大，进而导致两年结果不完全一致(图 5-7、图 5-8)。总体来看，增施钙肥对花生生殖器官(荚果)钙素分配率的提高有促进作用。

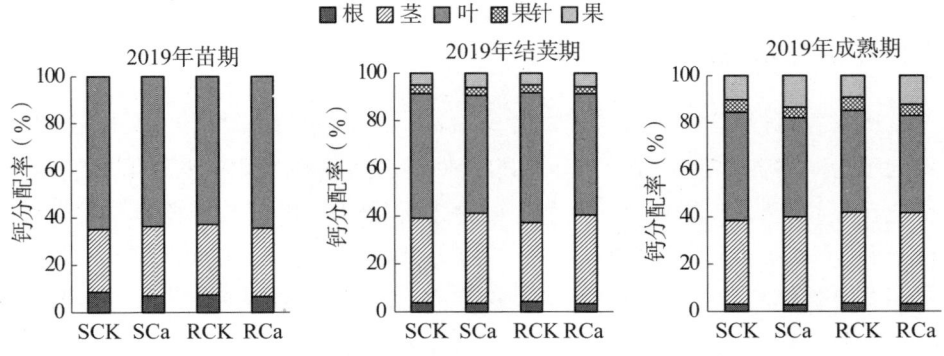

图 5-7　施钙对花生不同器官钙素分配的影响(2019 年)

综合来看，在不同旱地土壤施钙后促进了花生植株性状的改善和生殖器官对钙素的吸收，进而提高了钙素在荚果中的分配比率和生殖器官中干物质的积累量(刘珂珂等，2024)。生殖器官中钙素积累量的增加是改善花生品质的重要因素，

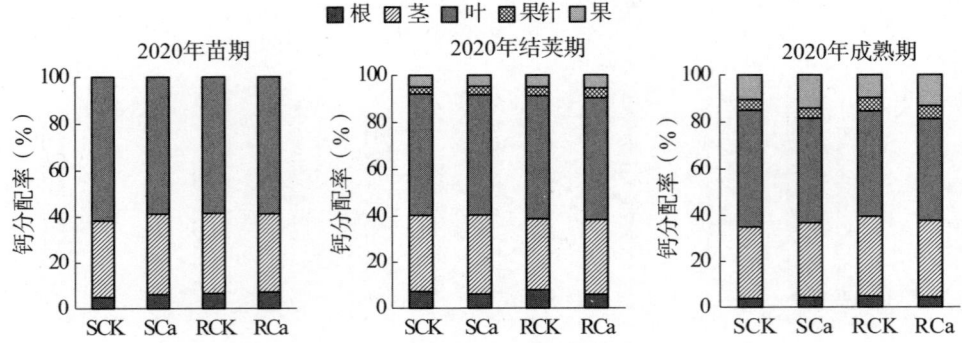

图 5-8 施钙对花生不同器官钙素分配的影响（2020 年）

特别是荚果中钙素分配率的显著增加对品质改善起着至关重要的作用。此外，不同土壤中施钙对花生的影响变化规律基本一致，但与壤土相比，在缺钙红壤上施钙效果更加显著。因此，在花生生产过程中，针对缺钙土壤施用钙肥是促进花生生长、提高产量、改善花生品质的重要途径。

二、施钙与覆膜对花生不同器官钙素吸收利用的影响

（一）植株钙含量

整体来看，各器官的钙素含量以叶片最高，其次是茎、果针、根系、果壳、籽仁，且不同年份间各器官钙素含量差异达显著水平（表 5-2）。增施钙肥可显著提高红壤旱地花生叶、茎、根、果针、果壳、籽仁的钙素含量（$P<0.05$），而覆膜栽培可显著降低叶和 0～20 cm 土层根系钙素含量。由于 40 cm 土层以下和 2014 年 20～40 cm 土层根系个别样品较少，只测定了一个重复值，故未做方差分析（表 5-4 中深层根系的镁含量同样未做方差分析）。0～20 cm 土层根系、生殖器官在栽培方式与施钙处理的交互作用间存在显著差异。年份、栽培方式、施钙梯度三因素方差分析表明，籽仁钙素含量在年份、栽培方式、施钙处理间的交互作用间均达到显著差异水平。

表 5-2 施钙与覆膜栽培对缺钙红壤花生植株各器官钙含量(mg/g)的影响

年份	处理	叶	茎	不同土层根系				果针	果壳	籽仁
				0~20 cm	20~40 cm	40 cm 以下	平均含量			
2014	Ca_0-OF	15.23d	5.78c	2.55d	2.53	5.71	3.07e	4.61d	1.37c	0.37c
	Ca_{375}-OF	21.60c	7.69b	4.23b	2.53	6.52	4.52b	6.68b	1.83b	0.51b
	Ca_{750}-OF	28.00a	9.15a	6.34a	3.32	7.20	6.01a	8.33a	2.36a	0.70a
	Ca_0-PF	14.30d	5.63c	2.22e	2.52	5.18	2.84f	4.70d	1.76b	0.41c
	Ca_{375}-PF	21.13c	7.62b	3.60c	2.49	5.49	3.79d	5.81c	1.79b	0.48b
	Ca_{750}-PF	24.17b	8.96a	4.24b	2.81	5.61	4.29c	8.36a	1.84b	0.46b
	均值	20.74	7.47	3.86	2.70	5.95	4.09	6.41	1.83	0.49
2015	Ca_0-OF	13.12e	4.25c	2.68c	2.49cd	2.72	2.66d	4.68e	1.59c	0.68c
	Ca_{375}-OF	17.37c	6.94b	4.01b	2.54c	3.06	3.59c	7.58c	1.62c	0.69c
	Ca_{750}-OF	23.21a	7.99a	5.25a	2.78b	3.09	4.40a	9.68b	1.84b	0.70c
	Ca_0-PF	12.75e	4.83c	2.67c	2.45d	2.72	2.64d	6.22d	1.61c	0.69c
	Ca_{375}-PF	16.21d	6.99b	4.17b	2.84a	3.32	3.80b	7.74c	1.64c	0.76b
	Ca_{750}-PF	22.58b	8.17a	5.27a	2.89a	2.96	4.42a	9.95a	1.94a	0.83a
	均值	17.54	6.52	4.01	2.66	2.98	3.59	7.64	1.71	0.73
方差分析 (P 值)	Y	<0.0001	<0.0001	0.0160	—	—	<0.0001	<0.0001	0.0010	<0.0001
	CM	<0.0001	0.5900	<0.0001	—	—	<0.0001	0.0770	0.8690	0.9340
	CaT	<0.0001	<0.0001	<0.0001	—	—	<0.0001	<0.0001	<0.0001	<0.0001
	Y×CM	0.0260	0.1110	0.0770	—	—	<0.0001	0.0350	0.090	<0.0001
	Y×CaT	<0.0001	0.2980	<0.0001	—	—	<0.0001	<0.0001	0.0060	<0.0001
	CM×CaT	0.01200	0.6780	<0.0001	—	—	<0.0001	<0.0001	<0.0001	<0.0001
	Y×CM×CaT	0.0040	0.5720	<0.0001	—	—	<0.0001	0.0920	<0.0001	<0.0001

(二) 植株钙积累量

花生不同器官钙素积累量大小顺序为叶＞茎＞果针＞根＞果壳＞籽仁,不同土层根系钙素含量大小顺序为0～20 cm根系＞40 cm以下根系＞20～40 cm根系。不同年份间各器官总钙素积累量为2014年＞2015年、Ca_{750}＞Ca_{375}＞Ca_0。覆膜与施钙显著提高缺钙红壤旱地花生植株各器官(40 cm以下根系除外)和整株钙素积累量($P<0.05$)。Ca_{750}处理下钙素积累量在营养器官根、茎、叶中提高幅度分别为77.7%、55.6%、88.0%,在生殖器官果针、果壳、籽仁中提高幅度分别为57.2%、77.4%、141.0%。总体来看,施钙后花生生殖器官中钙素积累量的提高有利于花生荚果生长发育、形态构建,为花生获得高产提供强库、大库。叶、茎、总根系、果壳、籽仁钙素积累量在年份与栽培方式的交互作用间均达到显著差异水平。年份、栽培方式、施钙处理三者间在根系、生殖器官(果针、果壳、籽仁)中钙素积累量存在交互作用,并存在显著差异(表5-3)。

(三) 植株钙分配率

总体来看,叶片钙素分配率最高,其次是茎、果针、根系、果壳、籽仁。不同年份间,红壤旱地花生各器官钙分配率存在显著差异($P<0.05$)。覆膜栽培显著降低茎、根系钙素分配率,对其他器官钙素分配率影响无明显规律。施钙提高了叶、籽仁中钙素分配率,降低了茎、20～40 cm土层根系、40 cm以下土层根系钙素分配率。不同施钙处理下果针与果壳中钙素分配率变化没有特定规律。果壳和籽仁钙素分配率在年份、栽培方式、施钙处理两两间或三者间的交互作用间均达差异水平(表5-4)。

(四) 钙肥利用率(CaUE)

中、高梯度钙肥与露地栽培不施钙(Ca_0-OF)处理相比,显著提高了缺钙红壤花生钙肥生产效率(PE_{Ca})。Ca_{375}钙肥生产效率高于Ca_{750}处理,处理间差异均未达显著水平。施钙+露地栽培钙肥生产效率(PE_{Ca})提高5.37～27.38 kg/kg,施钙+覆膜栽培提高1.12～20.22 kg/kg。Ca_{375}处理钙肥农学利用率(AE_{Ca})高于Ca_{750}处理,其中露地栽培提高1.46～2.41 kg/kg,覆膜栽培提高2.36～3.75 kg/kg。Ca_{375}钙肥偏生产力(PFP_{Ca})显著高于Ca_{750}处理,不同年份、栽培方式间变化差异较小。Ca_{375}和Ca_{750}处理钙肥偏生产力(PFP_{Ca})分别为10.07～14.58 kg/kg、5.78～9.38 kg/kg。2014年覆膜栽培钙肥利用率(CaUE)高于2014年露地栽培和2015年所有处理,而露地栽培不同施钙处理间钙肥利用率(CaUE)差异不显著。

表 5-3 施钙与覆膜栽培对缺钙红壤花生植株各器官钙积累量(mg/株)的影响

年份	处理	叶	茎	不同土层根系				果针	果壳	籽仁	整株
				0~20 cm	20~40 cm	40 cm 以下	总根系				
2014	Ca_0-OF	38.59d	21.50c	2.22b	0.46c	1.20b	3.88c	6.82c	2.11e	1.10d	74.00e
	Ca_{375}-OF	65.88c	29.10bc	3.44b	0.51bc	1.70a	5.65b	8.76c	4.96cd	3.80b	118.14d
	Ca_{750}-OF	84.21c	39.67b	5.02a	0.72a	1.91a	7.64a	12.56b	7.47a	6.89a	158.45c
	Ca_0-PF	71.19c	39.78b	3.11b	0.74a	2.10a	5.96b	9.10c	4.23d	2.39c	132.65c
	Ca_{375}-PF	111.95b	51.66a	4.97a	0.64ab	1.96a	7.57a	14.02b	5.94bc	4.30b	195.45b
	Ca_{750}-PF	133.06a	57.60a	5.23a	0.69a	1.80a	7.72a	17.59a	6.59ab	4.36b	226.92a
	均值	84.15	39.89	4.00	0.63	1.78	6.40	11.48	5.22	3.81	150.94
2015	Ca_0-OF	76.85c	35.53d	5.39d	1.22ab	1.84a	8.46cd	16.50c	3.93c	3.34e	144.61c
	Ca_{375}-OF	103.53b	46.32c	6.29c	0.87b	1.67a	8.83dd	24.42ab	5.33c	5.85c	194.27b
	Ca_{750}-OF	139.87a	52.71b	7.79b	1.03c	1.53a	10.36b	26.11a	5.52b	6.49c	241.05a
	Ca_0-PF	77.36c	37.19d	5.00d	1.20ab	1.50a	7.70d	20.14bc	4.88b	4.48d	151.74c
	Ca_{375}-PF	100.55b	47.36c	6.70c	1.08bc	1.61a	9.39bc	20.57bc	5.91b	7.94b	191.73b
	Ca_{750}-PF	139.26a	58.51a	9.11a	1.28a	1.58a	11.97a	26.36a	7.29a	9.51a	252.89a
	均值	106.24	46.27	6.71	1.12	1.62	9.45	22.35	5.48	6.27	196.05
方差分析(P值)											
Y		<0.0001	<0.0001	<0.0001	<0.0001	0.0080	<0.0001	<0.0001	0.2050	<0.0001	<0.0001
CM		<0.0001	<0.0001	<0.0010	<0.0001	0.0440	<0.0001	0.0020	<0.0001	<0.0001	<0.0001
CaT		<0.0001	<0.0001	<0.0001	0.7650	0.5700	0.0480	<0.0001	0.3820	<0.0001	<0.0001
Y×CM		0.0580	0.9350	0.2440	0.0080	<0.0001	0.1810	0.0020	0.0030	0.3640	0.2650
Y×CaT		0.5570	0.8240	0.0680	0.6470	0.0700	0.5280	0.8360	0.0880	0.0670	0.7960
CM×CaT		0.3850	0.4090	0.2620	<0.0001	0.0890	<0.0001	0.2890	0.0010	<0.0001	0.3910
Y×CM×CaT				0.0210		<0.0001	0.0010	0.0070			

表 5-4 施钙与覆膜栽培对缺钙红壤花生植株各器官钙素分配率(%)的影响

年份	处理	叶	茎	不同土层根系			总根系	果针	果壳	籽仁
				0~20 cm	20~40 cm	40 cm 以下				
2014	Ca$_0$-OF	52.12c	29.03ab	3.01ab	0.63a	1.62a	5.26a	9.25a	2.86b	1.49d
	Ca$_{375}$-OF	55.54abc	24.64c	2.91ab	0.43b	1.45a	4.80a	7.51ab	4.25a	3.26b
	Ca$_{750}$-OF	53.09bc	25.18bc	3.17a	0.45b	1.22ab	4.83a	7.89ab	4.68a	4.32a
	Ca$_0$-PF	53.65bc	30.04a	2.35c	0.57a	1.61a	4.52a	6.79b	3.20b	1.80cd
	Ca$_{375}$-PF	57.29ab	26.43abc	2.54bc	0.33c	1.00bc	3.87b	7.17ab	3.04b	2.20c
	Ca$_{750}$-PF	58.61a	25.30bc	2.31c	0.31c	0.80c	3.41b	7.81ab	2.93b	1.94cd
	均值	55.05	26.77	2.71	0.45	1.28	4.45	7.74	3.49	2.50
2015	Ca$_0$-OF	53.12bc	24.56a	3.73a	0.85a	1.28a	5.86a	11.43a	2.72ab	2.31c
	Ca$_{375}$-OF	53.27bc	23.87a	3.23a	0.45c	0.86b	4.54bc	12.56a	2.74ab	3.01b
	Ca$_{750}$-OF	58.03b	21.86b	3.23a	0.43c	0.63c	4.30c	10.83a	2.29b	2.69bc
	Ca$_0$-PF	50.99c	24.50a	3.29a	0.79a	0.99b	5.07b	13.28a	3.22a	2.95b
	Ca$_{375}$-PF	52.44c	24.69a	3.50a	0.56b	0.84b	4.90bc	10.75a	3.08b	4.14a
	Ca$_{750}$-PF	55.03b	23.12a	3.60a	0.51bc	0.62c	4.73bc	10.49a	2.88b	3.75a
	均值	53.81	23.77	3.43	0.60	0.87	4.90	11.55	2.82	3.14
方差分析 (P值)	Y	0.0170	<0.0001	<0.0001	<0.0001	<0.0001	<0.0001	<0.0001	<0.0001	<0.0001
	CM	0.3370	0.1000	0.0010	0.0840	0.0001	0.0001	0.1420	0.0520	0.5690
	CaT	<0.0001	<0.0001	0.8630	<0.0001	<0.0001	<0.0001	0.1010	0.0720	<0.0001
	Y×CM	<0.0001	0.7560	<0.0001	<0.0001	0.0680	0.0001	0.2320	<0.0001	<0.0001
	Y×CaT	0.0050	0.0130	0.5240	0.0060	0.5960	0.6900	0.1470	<0.0001	<0.0001
	CM×CaT	0.4290	0.7660	0.0360	0.3330	0.7610	0.1900	0.5520	0.0010	<0.0001
	Y×CM×CaT	0.0440	0.5720	0.0320	0.0180	0.0090	0.0030	0.0060	<0.0001	<0.0001

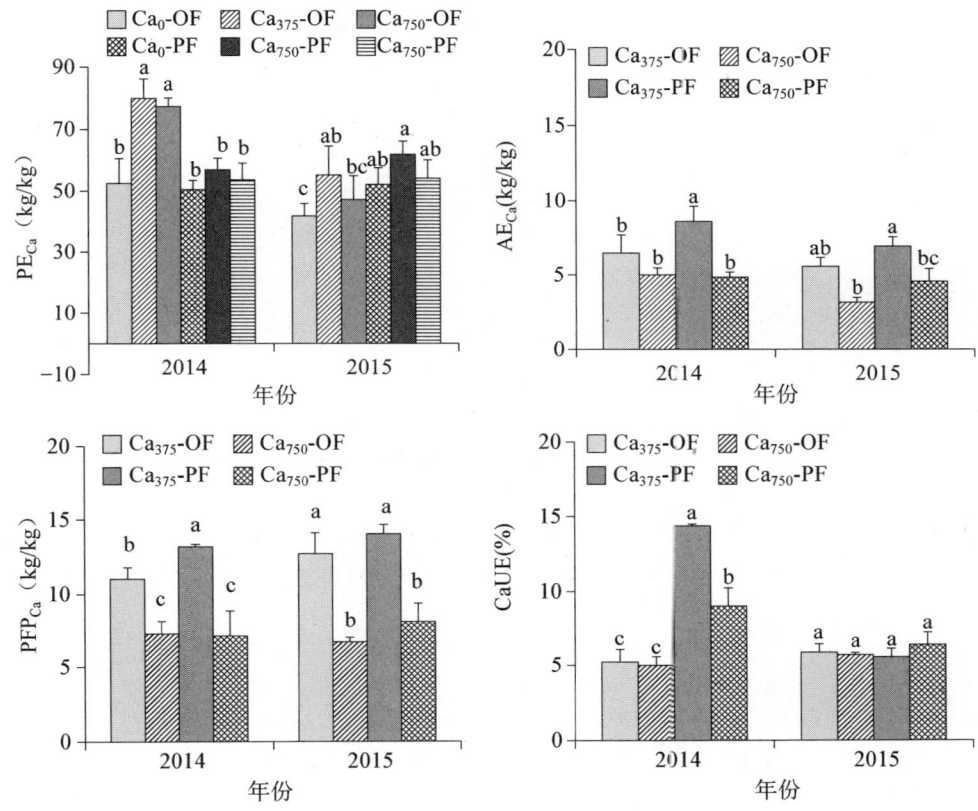

图 5-9 施钙与覆膜栽培对缺钙红壤花生钙肥偏生产力和利用效率的影响

总体看,本试验条件下钙肥利用率(CaUE)为 4.0%~14.6%(表 5-5、图 5-9)。

(五) 花生钙积累量与荚果产量的相关性

在本研究条件下,栽培方式与施钙处理显著影响缺钙红壤花生钙素累积量,同时也显著影响了花生荚果产量。花生钙素累积量和荚果产量存在极显著正相关($y=47.353x+367.89, R_2=0.6584, P<0.0001$),进一步表明钙素对缺钙红壤旱地花生产量形成具有决定性作用(图 5-10)。植株钙吸收量每增加 10 kg/hm^2,花生荚果产量增加 841 kg/hm^2、籽仁产量增加 606 kg/hm^2。

研究表明,土壤钙素水平越低,增产效果越明显;土壤钙含量越高,花生荚果产量越高(周录英等,2008;张二全和赵瑜,1995)。钙处理增加植株体内的钙含量,并且钙含量与钙供应量基本呈正相关(王媛媛,2013;李中勇等,2010)。增施钙肥与覆膜栽培显著提高红壤花生叶、茎、0~20 cm 土层根系、果针、果壳钙素含量和积累

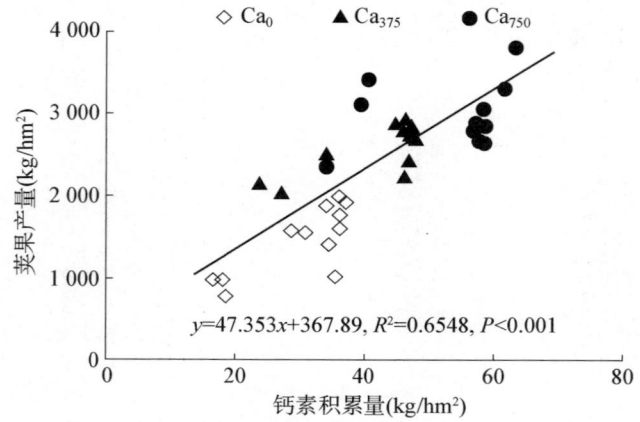

图 5-10　花生钙素积累与荚果产量的相关性

量（$P<0.05$）；同时，施钙显著提高籽仁中钙素含量和积累量（$P<0.05$），促进钙素营养更多的运输到荚果，提高籽仁钙素分配率，进而获得高产。建议花生生产中钙素应作为必需基肥施用。

三、氮钙互作对花生钙素积累和钙素分配的影响

在相同施氮量条件下，两种施钙条件（Ca_0、Ca_{600}）下花生的钙素积累量随生育期进程呈先增加后减少的趋势，在饱果期达到最大（图 5-11）。济阳试验区在 $Ca_{600}N_{225}$ 条件下有最大积累量（1 024.6 mg/株），较 Ca_0N_{225} 处理提高了 16.1%；饮马泉试验区在 $Ca_{600}N_{150}$ 处理下有最大积累量（1 010.6 mg/株），较 Ca_0N_{150} 处理提高了 16.7%。在相同的钙处理条件下，增加氮肥施用量，同生育期钙素积累量呈先增加后减少的趋势，济阳试验区以 N_{225} 条件下最高，在饱果期两种施钙条件下较 N_0 处理分别提高了 21.7%、21.5%；饮马泉试验区以 N_{150} 条件下最高，饱果期两种施钙条件下较 N_0 处理分别提高了 36.6%、26.5%。

施用钙肥显著增加了成熟期荚果中的钙素分配率，济阳试验区 Ca_{600} 处理各施氮条件下荚果中钙素分配率较 Ca_0 处理同比增加 2.5～15.0 个百分点，饮马泉试验区同比增加 2.8～11.6 个百分点；济阳试验区两种钙处理（Ca_0、Ca_{600}）在 N_{225} 条件下荚果钙素分配系数最高，而饮马泉试验区两种钙处理（Ca_0、Ca_{600}）则是在 N_{150}

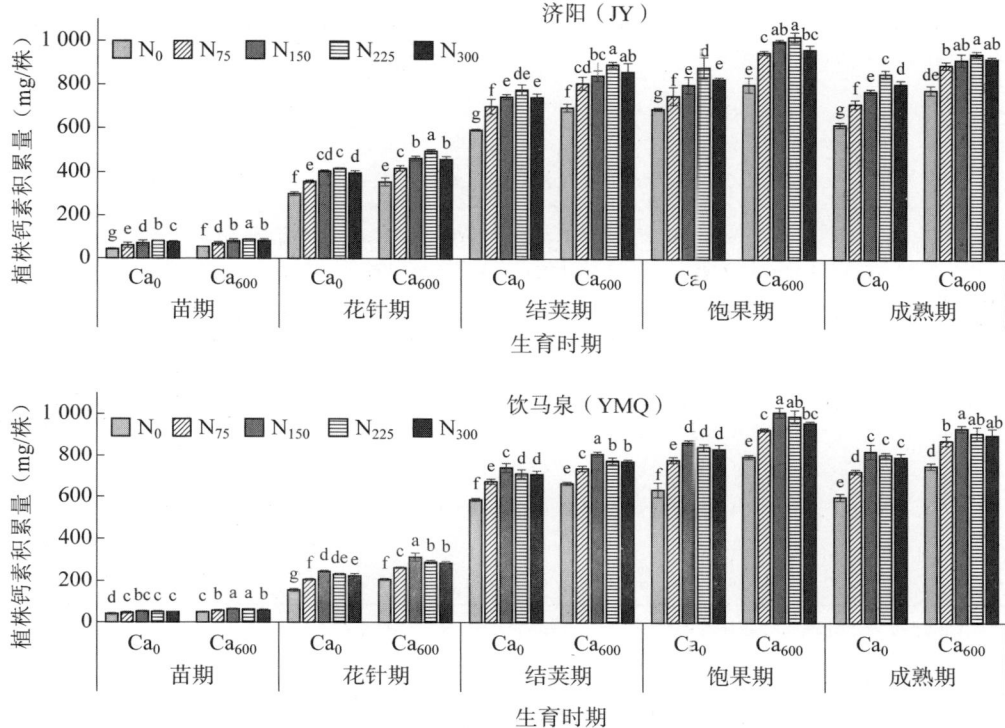

图 5-11 氮钙互作对花生植株钙素积累的影响

不同字母表示处理间存在显著差异($P<0.05$)

条件下荚果钙素分配系数最高。对于不同器官,钙素主要分配在叶部,占全株钙素积累量的 42.1%~47.2%;茎次之,分配率达到了 37.7%~41.9%;荚果中的分配率为 7.3%~11.7%(表 5-5)。

表 5-5 成熟期花生各器官钙素分配率(%)

	试验处理	根	茎	叶	果针	果
济阳 Ca_0	N_0	2.59±0.25ab	39.03±1.83a	46.23±2.09ab	4.87±0.65ab	7.28±0.21d
	N_{75}	2.71±0.70ab	37.71±1.48a	46.03±1.27ab	5.41±0.92a	8.14±0.1c
	N_{150}	3.07±0.42a	37.84±0.76a	45.82±1.21ab	4.96±0.86ab	8.31±0.25c
	N_{225}	2.53±0.15ab	39.33±0.32a	44.13±0.24b	5.16±0.25ab	8.85±0.35b
	N_{300}	2.73±0.38ab	38.75±0.57a	45.42±1.00ab	4.73±0.22abc	8.37±0.23c
济阳 Ca_{600}	N_0	2.17±0.20b	39.09±1.63a	47.15±1.87a	4.13±0.23bc	7.47±0.34d
	N_{75}	2.81±0.26ab	39.22±0.67a	44.72±1.42ab	4.23±0.64bc	9.02±0.09b

（续表）

试验处理		根	茎	叶	果针	果
济阳 Ca_{600}	N_{150}	2.66±0.42ab	39.53±0.73a	44.14±1.22b	4.18±0.46bc	9.49±0.27a
	N_{225}	2.17±0.08b	39.18±0.47a	44.95±0.65ab	3.78±0.19c	9.93±0.28a
	N_{300}	2.34±0.23b	39.64±0.25a	44.67±0.24b	3.73±0.25c	9.62±0.22a
饮马泉 Ca_0	N_0	2.10±0.10b	38.18±1.54c	47.04±1.26a	3.87±0.50a	8.81±0.41e
	N_{75}	2.10±0.24b	38.11±0.43c	46.28±0.68a	3.77±0.92ab	9.74±0.3cd
	N_{150}	1.71±0.27b	38.72±1.53c	46.13±1.14a	2.93±0.98abc	10.5±0.27b
	N_{225}	2.04±0.17b	38.31±0.35c	46.69±0.56a	2.71±0.61bc	10.24±0.29bc
	N_{300}	2.16±0.15b	39.65±0.80bc	45.66±0.72a	2.74±0.04bc	9.78±0.02cd
饮马泉 Ca_{600}	N_0	2.70±0.30a	41.89±1.27a	43.82±1.02b	2.26±0.40c	9.32±0.26de
	N_{75}	1.90±0.30b	41.90±0.82a	42.10±0.70c	3.33±0.30ab	10.77±0.22b
	N_{150}	2.15±0.33b	40.96±0.72ab	42.31±0.54bc	2.85±0.21abc	11.72±0.28a
	N_{225}	1.69±0.28b	41.15±0.44ab	42.68±0.46bc	3.15±0.10abc	11.32±0.37a
	N_{300}	2.04±0.38b	41.25±1.28ab	42.64±0.82bc	3.37±0.51ab	10.7±0.52b

注：不同字母表示处理间存在显著差异（$P<0.05$）。

第三节
施钙对花生氮、磷、钾养分吸收利用的影响

一、施钙与覆膜对花生氮、磷、钾素吸收利用的影响

(一) 对植株氮、磷、钾素吸收积累的影响

花生不同器官氮素积累量大小顺序为籽仁＞叶＞茎＞果针＞根＞果壳,不同土层根系氮素积累量大小顺序为 0～20 cm 土层根系＞40 cm 以下土层根系＞20～40 cm 土层根系。不同年份间植株(除去果壳)氮素积累量 2014 年＞2015 年。增施钙肥显著降低缺钙红壤旱地花生叶、茎、根系(40 cm 以下土层根系除外)果针、果壳氮素积累量,但显著提高籽仁、总氮素积累量($P<0.05$),其中 Ca_{750} 籽仁、总氮素积累量分别提高 69.7%～213.6%、18.4～70.0%。覆膜显著提高 2014 年植株各器官氮素积累量、2015 年籽仁和总氮素积累量。总本来看,施钙与覆膜有利于提高花生生殖器官中氮素积累量,为花生获得高产提供强库、大库。各器官(籽仁除外)氮素积累量在年份与栽培方式的交互作用间均达到显著差异水平。年份、栽培方式、施钙处理三者间及年份与施钙梯度在茎、根系、籽仁中氮素积累量存在交互作用,并存在显著差异影响(表 5 - 6)。

表 5-6 施钙与覆膜栽培对酸钙红壤花生植株氮素积累量（mg/株）的影响

年份	处理	叶	茎	不同土层根系				果针	果壳	籽仁	植株
				0~20 cm	20~40 cm	40 cm 以下	总根系				
2014	Ca_0-OF	62.47c	44.26b	17.49bc	2.93b	3.08b	23.50c	36.70abc	33.24b	97.03d	297.20d
	Ca_{375}-OF	50.61cd	27.37c	13.49c	3.07b	3.64b	20.20c	28.82c	34.60b	237.23b	398.83c
	Ca_{750}-OF	42.81d	29.80c	13.95c	2.70b	4.93b	21.57c	30.66bc	33.70b	302.68a	461.23ab
	Ca_0-PF	106.45a	68.86a	27.16a	4.76a	4.89a	36.81a	43.71ab	52.90a	189.76c	498.48ab
	Ca_{375}-PF	90.70b	51.91b	23.27ab	4.61a	6.14a	34.02ab	49.42a	54.10a	281.65a	561.80a
	Ca_{750}-PF	83.28b	44.94b	20.93ab	3.52b	5.24a	29.69b	38.13abc	47.22a	305.85a	549.11a
	均值	72.72	44.52	19.38	3.60	4.65	27.63	37.91	42.63	235.70	461.11
2015	Ca_0-OF	86.87ab	50.52a	29.54a	7.51ab	10.37a	47.43a	59.77a	31.91a	173.85c	450.34c
	Ca_{375}-OF	80.28b	42.48b	21.38b	4.85c	7.68bc	33.91c	52.65abc	30.59a	257.32b	497.24bc
	Ca_{750}-OF	86.88ab	43.87b	22.50b	4.95c	6.58c	34.03c	41.50c	25.83a	263.41b	495.52bc
	Ca_0-PF	93.25a	44.91ab	24.98b	7.83a	8.77b	41.58b	57.83ab	30.15a	211.24c	478.96bc
	Ca_{375}-PF	87.83ab	41.34b	21.79b	5.57c	7.09bc	34.46b	46.53bc	30.40a	296.98ab	537.53ab
	Ca_{750}-PF	81.25b	49.86b	24.84b	6.78b	8.14bc	39.76b	48.23bc	25.59a	326.47a	571.16a
	均值	86.06	45.50	24.17	6.25	8.11	38.53	51.09	29.08	254.88	505.12
方差分析（P 值）	Y	<0.0001	0.4930	<0.0001	<0.0001	<0.0001	<0.0001	<0.0001	<0.0001	0.0080	<0.0001
	CM	<0.0001	<0.0001	<0.0001	<0.0001	0.0080	<0.0001	0.0030	<0.0001	<0.0001	<0.0001
	CaT	<0.0001	<0.0001	<0.0001	<0.0001	0.0690	0.0130	<0.0001	0.0100	<0.0001	<0.0001
	Y×CM	<0.0001	<0.0001	<0.0001	0.1610	0.0010	0.0130	0.0020	<0.0001	0.9960	<0.0001
	Y×CaT	0.0070	<0.0001	0.2910	<0.0001	0.2470	0.2580	0.1080	0.6330	0.0060	0.3040
	CM×CaT	0.1950	0.8150	0.3700	0.7700	0.0010	0.0040	0.4620	0.5500	0.1510	0.4390
	Y×CM×CaT	0.3200	0.0130	0.0570	0.0070	0.0100	0.0040	0.0160	0.3860	0.0060	0.0140

注：OF 表示露地；PF 表示覆膜；CM 表示栽培方式；CaT 表示施钙处理。不同小写字母表示同一年处理间差异显著水平（$P<0.05$）。表 3-4 相同。

花生不同器官磷素积累量大小顺序为籽仁＞叶＞茎＞果针＞根＞果壳,不同土层根系磷素含量大小顺序为 0~20 cm 根系＞40 cm 以下根系＞20~40 cm 根系。年份、栽培方式、施钙处理显著影响植株磷素积累量($P<0.05$)。覆膜栽培显著提高花生不同器官磷素积累量,其植株总磷素积累量比露地栽培高 25.2%~74.8%。2015 年试验结果表明,施钙显著降低叶、茎、根系、果针、果壳磷素积累量,但施钙显著提高 2014—2015 年籽仁、植株总磷素积累量($P<0.05$),提高幅度为 56.1%~250.1%、19.2%~141.0%。植株磷素积累量在年份与栽培方式的交互作用间均达到显著差异水平,但在栽培方式与施钙处理间不存在交互作用(表 5-7)。

与氮、磷积累量有所不同,花生钾素积累量在不同器官中以茎最高,其次是籽仁、叶、果针、果壳、根。年份、栽培方式显著影响植株钾素积累量($P<0.05$)。增施钙肥与覆膜栽培显著提高籽仁、植株总钾素积累量,提高幅度分别为 126.9%~259.9%、6.3%~60.6%。2014 年不同器官钾素积累量为覆膜栽培＞露地栽培,不同施钙处理中籽仁、植株钾素积累量大小顺序为 $Ca_{750}>Ca_{375}>Ca_0$,但显著降低叶中钾素积累量。植株钾素积累量(除去籽仁)在年份与栽培方式的交互作用间均达到显著差异水平。年份、栽培方式、施钙处理三者间在叶、茎、果针、籽仁中钾素积累量存在交互作用,且差异达显著水平(表 5-8)。

(二)对植株氮、磷、钾分配率的影响

总体来看,花生籽仁氮素分配率最高,约占植株总氮素积累量的 50.1%,其次是叶、茎、果针、果壳、根系。除去籽仁,不同年份间各器官氮素分配率存在显著差异($P<0.05$)。增施钙肥显著降低叶、茎、根系、果针、果壳氮素分配率,但显著提高籽仁氮素分配率,提高百分率为 57.5%。覆膜栽培显著降低叶、果针氮素分配率,对其他器官氮素分配率影响无明显规律(表 5-9)。

花生植株磷素分配率主要集中在生殖器官(果针、果壳、籽仁),约占植株总磷素积累量的 75.9%。施钙显著降低叶、茎、根系、果针、果壳磷素分配率,但显著提高籽仁磷素分配率,不同钙肥处理间 $Ca_{750}>Ca_{375}>Ca_0$。覆膜栽培显著降低茎磷素分配率,对其他器官磷素分配率影响规律不一致(表 5-10)。

不同器官钾素分配率大小顺序为茎(24.0%~33.8%)＞叶或籽仁＞果针＞果壳＞根系,不同土层根系钾素分配主要集中在 0~20 cm 土层根系。增施钙肥显著降低叶、茎、根系、果针钾素分配率,其中叶片 Ca_{750} 降低幅度最大;但显著提高籽仁钾素分配率 6.1%~19.8%。2015 年试验结果表明,不同处理间 0~20 cm 土层根系、果针钾素分配率没有显著影响,但对其他器官钾素分配率影响较为复杂(表 5-11)。

表 5-7 施钙与覆膜栽培对缺钙红壤花生植株磷素积累量（mg/株）的影响

年份	处理	叶	茎	不同土层根系 0~20 cm	20~40 cm	40 cm 以下	总根系	果针	果壳	籽仁	植株
2014	Ca₀-OF	3.81b	5.27b	0.80b	0.15b	0.14d	1.09b	1.74c	1.72b	13.52e	27.14d
	Ca₃₇₅-OF	3.82b	3.32c	0.76b	0.16b	0.17d	1.08b	2.21c	1.92b	32.18d	44.53c
	Ca₇₅₀-OF	3.68b	3.88c	0.81ba	0.14ba	0.27bc	1.23b	2.32c	1.69ba	37.70c	50.50bc
	Ca₀-PF	7.39a	8.15a	1.69a	0.27a	0.24c	2.19a	3.33b	3.68a	29.72d	54.46b
	Ca₃₇₅-PF	7.00a	8.45a	1.64a	0.25a	0.33b	2.23a	5.95a	3.96a	51.17b	78.76a
	Ca₇₅₀-PF	7.13a	6.33b	1.35a	0.19a	0.45a	1.99a	4.10b	3.76a	56.97a	80.29a
	均值	5.47	5.90	1.17	0.19	0.27	1.64	3.28	2.79	36.88	55.55
2015	Ca₀-OF	4.32b	4.22a	1.65a	0.33a	0.46a	2.44a	3.90	1.52ab	18.67c	35.07c
	Ca₃₇₅-OF	3.80c	3.01b	1.08b	0.19bc	0.31d	1.58b	3.64	1.21cd	25.14b	38.37bc
	Ca₇₅₀-OF	3.46c	2.78b	1.09c	0.19c	0.25d	1.54c	2.61	0.96c	24.41b	35.77c
	Ca₀-PF	5.12a	4.24a	1.41b	0.32b	0.36b	2.10a	4.77	1.37bc	24.14b	41.74b
	Ca₃₇₅-PF	4.21b	3.02b	1.16c	0.22c	0.28cd	1.67b	3.62	1.65a	32.99a	47.16a
	Ca₇₅₀-PF	4.34b	3.29b	1.24c	0.26bc	0.32c	1.82b	3.38	1.14cd	33.90a	47.87a
	均值	4.21	3.43	1.27	0.25	0.33	1.86	3.65	1.31	26.54	41.90
方差分析 (P 值)	Y	<0.0001	<0.0001	0.0410	<0.0001	<0.0001	<0.0001	<0.0001	<0.0001	<0.0001	<0.0001
	CM	<0.0001	<0.0001	<0.0001	<0.0001	<0.0001	<0.0001	<0.0100	<0.0001	<0.0001	<0.0001
	CaT	0.0040	<0.0001	<0.0001	0.0010	0.0030	<0.0001	0.0010	0.0050	<0.0001	<0.0001
	Y×CM	<0.0001	<0.0001	0.0120	0.0010	<0.0001	<0.0001	<0.0001	0.0560	<0.0001	<0.0001
	Y×CaT	0.0990	0.1880	0.3270	0.8040	0.2320	0.2000	0.1260	0.1430	0.2270	0.2340
	CM×CaT	0.3540	0.0210	0.0100	0.0020	0.0010	0.0030	<0.0001	0.3260	0.9450	0.3920
	Y×CM×CaT	0.9430	0.0030								

表 5-8 施钙与覆膜栽培对缺钙红壤花生植株各器官钾素积累量 (mg/株) 的影响

年份	处理	叶	茎	不同土层根系				果针	果壳	籽仁	植株
				0~20 cm	20~40 cm	40 cm 以下	总根系				
2014	Ca_0-OF	44.33c	54.84b	3.82b	0.22b	0.23d	4.27b	30.07b	17.85d	21.24d	172.61c
	Ca_{375}-OF	35.79d	54.49b	5.09ab	0.38a	0.43bc	5.91ab	28.27b	25.30c	53.91c	203.66bc
	Ca_{750}-OF	31.58d	60.71b	4.07b	0.32a	0.33cd	4.72b	33.25b	26.79c	74.25a	231.29b
	Ca_0-PF	64.05a	95.91a	6.34a	0.37a	0.55ab	7.25a	36.64b	36.89b	43.68d	284.43a
	Ca_{375}-PF	52.15b	85.39a	6.23a	0.37a	0.43bc	7.02a	49.83a	49.68a	76.13a	320.20a
	Ca_{750}-PF	58.86ab	77.98a	6.31a	0.41a	0.58a	7.29a	47.85a	52.47a	78.64a	323.09a
	均值	47.79	71.55	5.31	0.34	0.42	6.08	37.65	34.83	57.97	255.88
2015	Ca_0-OF	70.82b	93.16ab	9.53ab	1.23a	0.83a	11.59a	69.24a	34.41a	27.24d	306.46b
	Ca_{375}-OF	69.23b	98.41a	10.25ab	0.62b	0.66b	11.54a	72.43a	30.59a	49.89b	332.10a
	Ca_{750}-OF	70.45b	97.36a	8.74b	0.72b	0.37c	9.82b	58.42b	22.37b	51.67b	310.09b
	Ca_0-PF	91.32a	92.81ab	10.34ab	0.73b	0.60b	11.67a	73.23a	35.29a	40.01c	344.33a
	Ca_{375}-PF	76.00b	82.89b	8.89b	0.47c	0.42c	9.78b	61.26a	34.43a	68.35a	332.71a
	Ca_{750}-PF	68.23b	97.99a	10.72a	0.49c	0.46c	11.67a	60.77a	30.69a	71.96a	341.31a
	均值	74.34	93.77	9.75	0.71	0.56	11.01	65.89	31.30	51.52	327.83
方差分析 (P 值)											
	Y	<0.0001	<0.0001	<0.0001	<0.0001	<0.0001	<0.0001	<0.0001	0.0030	<0.0001	<0.0001
	CM	<0.0001	<0.0001	<0.0001	<0.0001	0.0960	<0.0001	0.0030	<0.0001	<0.0001	<0.0001
	CaT	<0.0001	0.3920	0.8670	<0.0001	<0.0001	0.5930	0.4330	0.0210	<0.0001	0.0040
	Y×CM	<0.0001	<0.0001	0.0050	<0.0001	<0.0001	<0.0001	<0.0001	<0.0001	<0.0001	<0.0001
	Y×CaT	0.3370	0.2010	0.2860	<0.0001	<0.0001	0.0390	0.0020	0.0370	0.7810	0.0070
	CM×CaT	0.0180	0.0840	0.0020	0.0380	<0.0001	0.0010	0.7210	0.8140	0.0970	0.4680
	Y×CM×CaT	<0.0001	0.0430	0.1810	<0.0001	<0.0001	0.1570	0.0100	<0.0001	0.0040	0.1360

表 5-9 施钙与覆膜栽培对缺钙红壤花生植株各器官氮素分配率(%)的影响

年份	处理	叶	茎	不同土层根系 0～20 cm	20～40 cm	40 cm 以下	总根系	果针	果壳	籽仁
2014	Ca_0 - OF	21.02a	14.89a	5.88a	0.99a	1.04a	7.91a	12.35a	11.18a	32.65f
	Ca_{375} - OF	12.72c	6.82b	3.36bc	0.77ab	0.90a	5.03bc	7.23bc	8.68b	59.52b
	Ca_{750} - OF	9.27d	6.48c	3.02c	0.58b	1.07a	4.68c	6.62c	7.27c	65.69a
	Ca_0 - PF	21.34a	13.83a	5.44a	0.96a	1.00a	7.40a	8.68b	10.63a	38.12e
	Ca_{375} - PF	16.20b	9.23b	4.15ab	0.82ab	1.09a	6.07b	8.80b	9.62b	50.09d
	Ca_{750} - PF	15.18b	8.16bc	3.81b	0.64b	0.95a	5.40bc	6.95bc	8.60b	55.72c
	均值	15.95	9.90	4.28	0.79	1.01	6.08	8.44	9.33	50.30
2015	Ca_0 - OF	19.35a	11.26a	6.58a	1.67a	2.31a	10.56a	13.30a	7.06a	38.46d
	Ca_{375} - OF	16.17b	8.57b	4.30c	0.97c	1.55bc	6.83c	10.60bc	6.14bc	51.69b
	Ca_{750} - OF	17.53ab	8.86b	4.54c	1.00c	1.33c	6.87c	8.37c	5.21d	53.16ab
	Ca_0 - PF	19.48a	9.38b	5.22b	1.64b	1.84b	8.69b	12.07ab	6.29b	44.09c
	Ca_{375} - PF	16.34b	7.69b	4.06c	1.04c	1.32c	6.42c	8.68c	5.65cd	55.23ab
	Ca_{750} - PF	14.25c	8.74b	4.36c	1.19c	1.42c	6.97c	8.52c	4.47e	57.05a
	均值	17.19	9.08	4.84	1.25	1.63	7.72	10.26	5.81	49.95

表 5-10 施钙与覆膜栽培对缺钙红壤花生植株各器官磷素分配率(%)的影响

年份	处理	叶	茎	不同土层根系 0～20 cm	20～40 cm	40 cm 以下	总根系	果针	果壳	籽仁
2014	Ca_0 - OF	14.03a	19.42a	2.93a	0.57a	0.50ab	4.01a	6.41b	6.33b	49.81e
	Ca_{375} - OF	8.60b	7.41d	1.69b	0.35b	0.37b	2.42b	4.96cd	4.31d	72.30ab
	Ca_{750} - OF	7.27b	7.70d	1.61b	0.28b	0.54a	2.44b	4.58d	3.33e	74.68a
	Ca_0 - PF	13.55a	14.98b	3.10a	0.49a	0.44ab	4.03a	6.06bc	6.76a	54.63b
	Ca_{375} - PF	8.93b	10.72c	2.09b	0.32b	0.42ab	2.84b	7.56a	5.03c	64.93c
	Ca_{750} - PF	8.89b	7.86d	1.68b	0.24b	0.56a	2.48b	5.11cd	4.69cd	70.97b
	均值	10.21	11.35	2.18	0.38	0.48	3.04	5.78	5.07	65.55
2015	Ca_0 - OF	12.37a	12.10a	4.74a	0.95a	1.31a	7.00a	11.18a	4.31a	53.05c
	Ca_{375} - OF	9.91b	7.87c	2.82ab	0.50cd	0.80b	4.12c	9.49ab	3.16c	65.44b
	Ca_{750} - OF	9.69b	7.79c	3.05ab	0.53cd	0.71b	4.29c	7.30b	2.68d	68.25ab
	Ca_0 - PF	12.29a	10.16b	3.39b	0.77b	0.87b	5.03b	11.42a	3.28c	57.83c
	Ca_{375} - PF	8.92b	6.41c	2.47c	0.47d	0.60b	3.54c	7.70b	3.51b	69.92a
	Ca_{750} - PF	9.08b	6.90c	2.61c	0.55c	0.66b	3.82c	7.13b	2.37e	70.71a
	均值	10.38	8.54	3.18	0.63	0.83	4.63	9.04	3.22	64.20

表5-11　施钙与覆膜栽培对缺钙红壤花生植株各器官钾素分配率(%)的影响

年份	处理	叶	茎	不同土层根系				果针	果壳	籽仁
				0~20 cm	20~40 cm	40 cm 以下	总根系			
2014	Ca_0-OF	25.67a	31.75a	2.21ab	0.13b	0.13b	2.48ab	17.43a	10.36c	12.32e
	Ca_{375}-OF	17.64c	26.60b	2.49a	0.18a	0.21a	2.88a	13.91b	12.45b	26.52b
	Ca_{750}-OF	13.64d	26.35b	1.76b	0.14b	0.14b	2.04b	14.31b	11.52bc	32.15a
	Ca_0-PF	22.52b	33.79a	2.23ab	0.13b	0.20ab	2.56ab	12.75b	13.00b	15.39d
	Ca_{375}-PF	16.34c	26.64b	1.95ab	0.12b	0.13b	2.20b	15.56ab	15.50b	23.76c
	Ca_{750}-PF	18.25c	24.03b	1.95ab	0.13b	0.18ab	2.25b	14.82ab	16.27a	24.38c
	均值	19.01	28.19	2.10	0.14	0.17	2.40	14.80	13.18	22.42
2015	Ca_0-OF	23.12b	30.42ab	3.11a	0.40a	0.27a	3.78a	22.60a	11.21a	8.87e
	Ca_{375}-OF	20.85c	29.67ab	3.09a	0.19c	0.20b	3.47ab	21.80a	9.21b	15.01c
	Ca_{750}-OF	22.72b	31.40a	2.82a	0.23b	0.12c	3.17bc	18.84a	7.22c	16.67b
	Ca_0-PF	26.53a	26.94bc	3.00a	0.21bc	0.17bc	3.39abc	21.27a	10.25ab	11.62b
	Ca_{375}-PF	22.84b	24.90c	2.67a	0.14d	0.13c	2.94c	18.44a	10.34ab	20.54a
	Ca_{750}-PF	19.99c	28.70ab	3.14a	0.14d	0.13c	3.42abc	17.89a	8.97b	21.03a
	均值	22.67	28.67	2.97	0.22	0.17	3.36	20.14	9.53	15.62

(三) 对肥料利用效率的影响

2014年覆膜栽培相比露地栽培降低了养分生产效率(表5-12),但覆膜栽培提高了氮、磷、钾收获指数(图5-12)。随施钙量增加,氮、磷、钾生产效率、偏生产效率和收获指数显著提高,但100 kg荚果所需氮、磷、钾的量显著降低。Ca_{750}-OF(露地栽培)处理氮素生产效率(PE_N)、磷素生产效率(PE_P)、钾素生产效率(PE_K)相比不施钙(Ca_0-OF)分别提高8.17~13.66 kg/kg、67.22~147.00 kg/kg、12.64~30.75 kg/kg。Ca_{750}-OF每生产100 kg荚果比不施钙处理节省纯氮3.17~4.04 kg、纯磷0.27~0.30 kg、纯钾2.65~3.41 kg。

表5-12　施钙与覆膜栽培对缺钙红壤花生氮、磷、钾利用效率的影响

年份	处理	氮效率			磷效率			钾效率		
		PE_N (kg/kg)	PFP_N (kg/kg)	NRP (kg)	PE_P (kg/kg)	PFP_P (kg/kg)	PRP (kg)	PE_K (kg/kg)	PFP_K (kg/kg)	KRP (kg)
2014	Ca_0-OF	13.01d	2.06d	7.79a	142.39c	2.06d	0.71ab	22.45d	1.64d	4.53a
	Ca_{375}-OF	23.40b	4.98b	4.29b	209.61b	4.98b	0.48c	45.90b	3.96b	2.19ab
	Ca_{750}-OF	26.67a	6.57a	3.75b	243.62a	6.57a	0.41c	53.20a	5.22a	1.88c
	Ca_0-PF	13.41d	3.54c	7.51a	122.67c	3.54c	0.82a	23.54d	2.81c	4.28a
	Ca_{375}-PF	19.80c	5.94b	5.05b	141.29c	5.94b	0.71ab	34.75c	4.72a	2.88b
	Ca_{750}-PF	21.97bc	6.43a	4.55b	150.25ab	6.43a	0.67ab	37.39c	5.11a	2.68ab
	均值	19.71	4.92	5.49	168.31	4.92	0.63	36.20	3.91	3.07

(续表)

年份	处理	氮效率			磷效率			钾效率		
		PE_N (kg/kg)	PFP_N (kg/kg)	NRP (kg)	PE_P (kg/kg)	PFP_P (kg/kg)	PRP (kg)	PE_K (kg/kg)	PFP_K (kg/kg)	KRP (kg)
2015	Ca_0-OF	13.35c	3.21c	7.54a	171.64c	3.21c	0.59a	19.62c	2.55d	5.14a
	Ca_{375}-OF	21.52a	5.72b	4.66c	278.92b	5.72b	0.36b	32.26b	4.55b	3.12c
	Ca_{750}-OF	22.93a	6.06ab	4.37c	317.64a	6.06ab	0.32b	36.66ab	4.82b	2.73c
	Ca_0-PF	16.54b	4.22c	6.07b	189.87c	4.22c	0.53a	23.00c	3.35c	4.36d
	Ca_{375}-PF	22.11a	6.33ab	4.53c	252.05b	6.33ab	0.40b	35.71ab	5.03b	2.81c
	Ca_{750}-PF	23.95a	7.33a	4.19c	285.89b	7.33a	0.35b	40.09a	6.25a	2.51c
	均值	20.07	5.48	5.23	249.34	5.48	0.42	31.22	4.42	3.45

注：PE_P、PE_K 表示磷、钾素生产效率；PFP_P、PFP_K 表示磷、钾素偏生产力；PRP、KRP 表示 100 kg 荚果需要纯磷、纯钾的量。

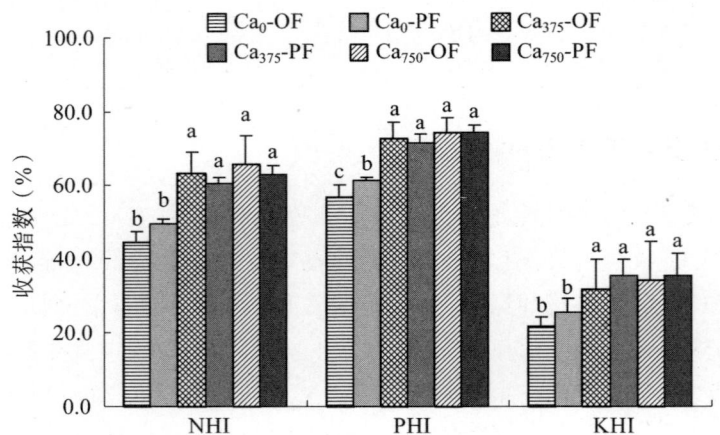

图 5-12 施钙与覆膜栽培对缺钙红壤花生氮、磷、钾收获指数的影响

（四）花生钙与氮、磷、钾协同吸收

在本研究条件下，缺钙红壤花生植株钙素积累量与氮、磷、钾积累量呈显著或极显著正相关关系，即随钙素吸收积累的增加，植株对氮、磷、钾的吸收积累也增加。用对数函数进行回归分析可知，植株总钙积累量与总氮素积累量的协同吸收关系（决定系数 $R^2=0.7837$）优于总钙积累量与钾、磷总积累量的协同关系（决定系数 $R^2=0.6591$、0.2019）（图 5-13）。

缺钙红壤施钙与覆膜栽培提高了花生干物质生产、荚果产量，促进了花生植株对氮、磷、钾的吸收积累。连续两年试验结果的总体规律基本一致，不同处理间存

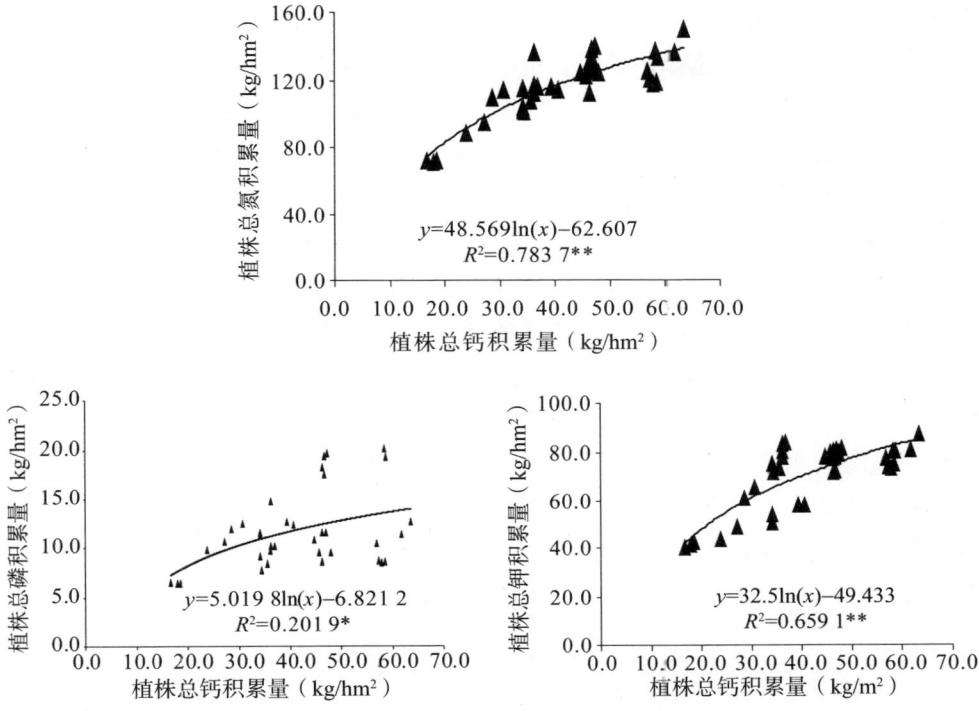

图 5-13 花生钙素与氮、磷、钾协同吸收关系

在一定差异,主要原因是水热条件等环境因素造成的。在本研究条件下,花生植株总钙积累量与氮、磷、钾积累量存在协同吸收关系,呈显著或极显著曲线关系。

二、氮钙互作对花生氮素吸收利用的影响

(一) 氮素积累动态

在济阳样地增施生石灰 600 kg/hm², 花生氮素最大积累量和积累速率分别提高 16.5% 和 26.8%, 且表现最大积累速率出现提前、快速积累期起始时期推后、快速积累终止时期和持续期缩短;随着施氮量增加,花生氮素最大积累量、最大积累速率和出现时间、快速积累期终止时期和快速积累持续期呈先升高后降低趋势,快速积累期起始时期缩短,不同施氮处理花生氮素积累在 N_{225} 时达到最大;施钙量

和施氮量互作下,花生氮素最大积累量在 $Ca_{600}N_{225}$ 达到最大,其最大积累速率为 $7.9 kg/(hm^2 \cdot d)$,快速累积持续时间为 29.6 天,与各处理平均值相比,花生氮素积累量提高了 22.1%,最大积累速率提高了 21.6%,快速累积持续时间延长了 0.3%。在饮马泉样地增施生石灰 $600 kg/hm^2$,花生氮素最大积累量和速率分别提高 16.2% 和 16.6%,表现快速积累期起始时期提前、快速积累期终止时期和快速积累持续期缩短;随着施氮量增加,花生氮素积累动态特征值变化趋势与济阳相似,而不同施氮处理花生氮素积累在 N_{150} 时获得最大;施钙量和施氮量互作下,花生氮素最大积累量在 $Ca_{600}N_{150}$ 达到最大,其最大积累速率为 $7.1 kg/(hm^2 \cdot d)$,快速累积持续时间为 31.5 天,与各处理平均值相比,花生干物质最大累积量提高了 14.9%,最大积累速率提高了 11.6%,快速积累持续时间延长了 3.3%。与济阳相比,饮马泉花生氮素最快积累起始时间、结束时间和最大速率出现时间都提早,而氮素快速积累持续期略长。与干物质积累相比,花生氮素快速积累期起始时间提前 7.5~9.4 天,最大积累速率出现时间提前 9.3~12.0 天,花生群体氮素营养吸收高峰期的出现早于干物质积累,表明氮素积累是干物质积累的基础(表 5-13)。

表 5-13 不同施钙量和施氮量花生氮素积累动态特征值

处理	济阳(JY)						饮马泉(YMQ)					
	Y_m (kg/hm²)	V_m[kg/(hm²·d)]	t_m (d)	t_1 (d)	t_2 (d)	T (d)	Y_m (kg/hm²)	V_m[kg/(hm²·d)]	t_m (d)	t_1 (d)	t_2 (d)	T (d)
施钙量(kg/hm²)												
Ca_0	268	5.7	53.8	38.3	69.3	31.0	264	5.7	49.3	34.1	64.5	30.4
Ca_{600}	313	7.2	52.9	38.7	67.2	28.5	306	6.6	48.2	33.0	63.3	30.3
施氮量(kg/hm²)												
N_0	225	5.5	52.2	38.8	65.5	26.7	225	5.5	45.8	32.3	59.2	26.9
N_{75}	280	6.4	53.1	38.7	67.6	28.9	275	6.3	47.4	33.1	61.7	28.6
N_{150}	302	6.7	53.3	38.5	68.1	29.6	318	6.6	50.0	34.2	65.8	31.6
N_{225}	334	7.0	54.0	38.2	69.8	31.7	309	6.4	49.7	33.9	65.5	31.5
N_{300}	311	6.7	53.6	38.3	68.8	30.5	297	6.2	49.4	33.7	65.1	31.4
施钙量×施氮量												
$Ca_0 \times N_0$	204	5.1	52.4	39.1	65.7	26.6	205	5.0	46.3	32.7	59.9	27.1
$Ca_0 \times N_{75}$	256	5.7	53.1	38.3	67.9	29.6	252	6.0	47.1	33.2	61.1	27.9
$Ca_0 \times N_{150}$	276	5.9	53.5	38.1	69.0	30.8	295	6.2	50.0	34.4	65.6	31.2
$Ca_0 \times N_{225}$	314	6.1	54.6	37.6	71.6	33.9	290	5.9	51.0	34.8	67.1	32.3

(续表)

处理	济阳(JY)						饮马泉(YMQ)					
	Y_m (kg/hm²)	V_m[kg/ (hm²·d)]	t_m (d)	t_1 (d)	t_2 (d)	T (d)	Y_m (kg/hm²)	V_m[kg/ (hm²·d)]	t_m (d)	t_1 (d)	t_2 (d)	T (d)
$Ca_0 \times N_{300}$	292	5.9	54.4	38.1	70.7	32.6	276	5.9	50.1	34.6	65.6	31.0
$Ca_{600} \times N_0$	245	6.0	52.0	38.7	65.4	26.7	244	6.0	45.3	32.0	58.6	26.6
$Ca_{600} \times N_{75}$	305	7.1	53.1	39.0	67.3	28.2	298	6.7	47.5	32.9	62.0	29.1
$Ca_{600} \times N_{150}$	329	7.5	53.2	38.7	67.6	28.9	342	7.1	49.5	33.8	65.3	31.5
$Ca_{600} \times N_{225}$	355	7.9	53.5	38.7	68.3	29.6	327	7.0	48.6	33.3	64.0	30.8
$Ca_{600} \times N_{300}$	330	7.7	52.4	38.3	66.5	28.2	319	6.9	47.2	32.0	62.3	30.3
平均	291	6.5	53.2	38.5	68.0	29.5	285	6.3	48.3	33.4	63.2	29.8

随生育进程,花生氮素积累量呈S形曲线变化,且随施钙量和施氮量增加,花生不同生育期氮素积累量升高(图5-14)。在济阳,成熟期 $JYCa_{600}$ 相比 $JYCa_0$,其氮素积累量提高16.6%;随着施氮量增加,成熟期各施氮处理的氮素积累量分别比 N_0 提高了24.5%、34.4%、48.5%和38.2%。在饮马泉,氮素积累特征与济阳表现相似,与 $YMQCa_0$ 处理相比,$YMQCa_{600}$ 成熟期氮素积累量提高了16.2%;不同施氮量处理间氮素积累量均在 Ca_{600} 条件下 N_{150} 时取得最大值。随着施氮量增加,成熟期各施氮处理干物质积累量分别比 N_0 提高了22.3%、41.5%、37.1%和32.2%。综合来看,施钙条件下中高氮处理的氮素积累量较高。施钙有利于植株健壮,促进了氮素吸收,而中、高施氮量既可提供充足的供氮能力,又减缓氮阻遏现象,促进了更多的氮素吸收。

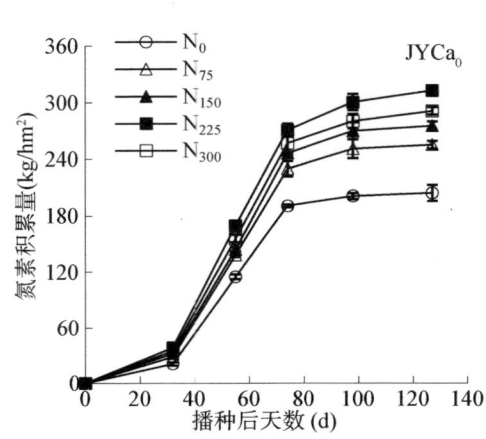
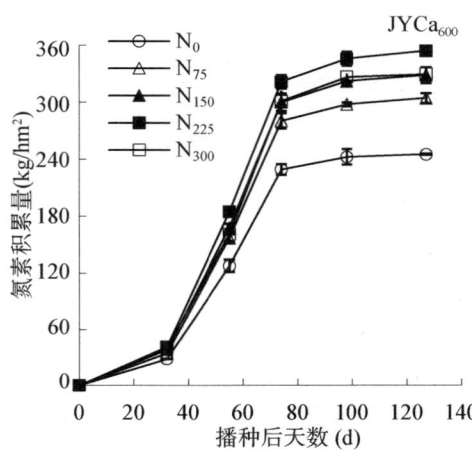

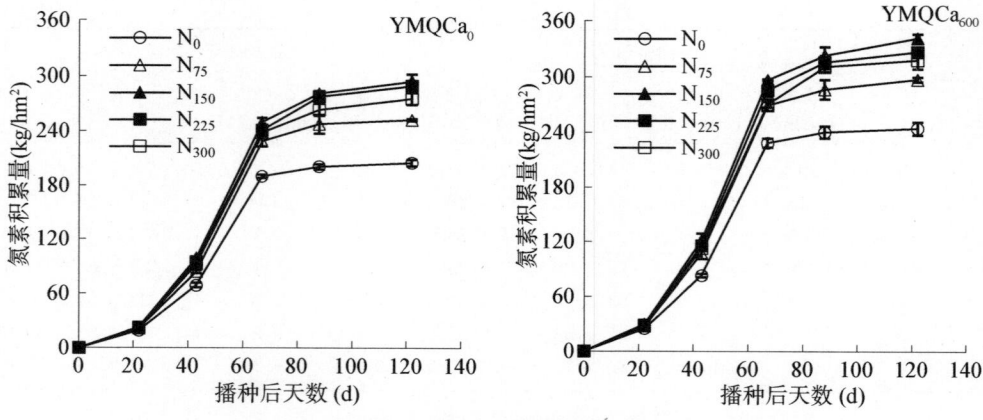

图 5-14 不同施钙量和施氮量花生氮素积累动态

(二) 氮素分配

在不同施钙量和施氮量间，花生生殖器官与营养器官的氮素积累量均差异极显著 (表 5-14)。增施钙肥促进氮素向生殖器官分配，提高 9.9%～12.0%。随着施氮量增加，济阳花生氮素分配到生殖器官和营养器官的量呈先升高后降低的趋势，其中 N_{225} 显著高于其他处理，其分配系数分别为 67.4% 和 32.6%；施钙和施氮互作下，生殖器官与营养器官氮素积累量均以 $Ca_{600}N_{225}$ 处理最高，其分配比例分别为 69.3% 和 30.7%。

随着施氮量增加，饮马泉花生氮素分配到生殖器官和营养器官的量，其规律与济阳一致，其中 N_{150} 生殖器官氮素积累量显著高于其他处理，其分配系数为 66.2%。

表 5-14 不同施钙量和施氮量对花生氮素分配的影响

处理	济阳(JY)				饮马泉(YMQ)			
	营养器官 (kg/hm²)	营养器官 (%)	生殖器官 (kg/hm²)	生殖器官 (%)	营养器官 (kg/hm²)	营养器官 (%)	生殖器官 (kg/hm²)	生殖器官 (%)
施钙量 (kg/hm²)								
Ca_0	96.8	36.3	170.9b	63.7	98.8b	37.7	164.2b	62.3
Ca_{600}	100.7a	32.4	211.6a	67.6	104.3a	34.3	201.2a	65.7
施氮量 (kg/hm²)								
N_0	81.5e	36.5	143.1d	63.5	86.5c	38.7	137.9e	61.3

(续表)

处理	济阳(JY)				饮马泉(YMQ)			
	营养器官 (kg/hm²)	营养器官 (%)	生殖器官 (kg/hm²)	生殖器官 (%)	营养器官 (kg/hm²)	营养器官 (%)	生殖器官 (kg/hm²)	生殖器官 (%)
N_{75}	96.9d	34.8	182.9c	65.2	98.8b	36.1	175.7d	63.9
N_{150}	100.9c	33.6	201.0b	66.4	107.0a	33.8	210.6a	66.2
N_{225}	108.4a	32.6	225.2a	67.4	108.0a	35.2	199.8b	64.8
N_{300}	106.0b	34.3	204.3b	65.7	107.2a	36.3	189.4c	63.7
施钙量×施氮量								
$Ca_0 \times N_0$	78.0g	38.2	126.2g	61.8	82.2d	40.1	122.6h	59.9
$Ca_0 \times N_{75}$	94.1e	36.9	161.0f	63.1	95.1c	37.7	156.8g	62.3
$Ca_0 \times N_{150}$	98.7d	35.9	176.6e	64.1	104.9ab	35.7	189.0de	64.3
$Ca_0 \times N_{225}$	108.0a	34.5	204.8c	65.5	106.5ab	36.9	182.4e	63.1
$Ca_0 \times N_{300}$	105.2ab	36.1	186.1d	63.9	105.2ab	38.2	170.0f	61.8
$Ca_{600} \times N_0$	85.0f	34.7	160.0f	65.3	90.9c	37.3	153.2g	62.7
$Ca_{600} \times N_{75}$	99.6cd	32.7	204.7c	67.3	102.6b	34.5	194.6d	65.5
$Ca_{600} \times N_{150}$	103.1bc	31.4	225.3b	68.6	109.2a	32.0	232.3a	68.0
$Ca_{600} \times N_{225}$	108.7a	30.7	245.5a	69.3	109.5a	33.5	217.2b	66.5
$Ca_{600} \times N_{300}$	106.9ab	32.4	222.6b	67.6	109.1a	34.3	208.9c	65.7
变异来源								
施钙量(Ca)	**		**		**		**	
施氮量(N)	**		**		**		**	
施钙量×施氮量(Ca×N)	ns		ns		ns		ns	

注:同一列不同小写字母表示在5%水平上差异显著;**表示在1%水平上差异显著;*表示在5%水平上差异显著;ns代表差异不显著。3次重复。

在不同施钙量和施氮量及其互作条件下,生殖器官与营养器官氮素积累量均在$Ca_{600}N_{150}$处理最高,其分配系数分别为68.0%和32.0%,表明更多的氮素分配到生殖器官。

施钙是调节花生干物质和氮素积累分配的重要手段(王建国,2017;Adams et al.,1993)。施硝酸钙促进花生对氮素营养的吸收及向"库"中的运输与转化(周卫等,1995)。随施钙量的增加,花生生殖器官氮素积累量和分配率提高,氮素吸收效率提高(王建国等,2018)。戴良香等(2020)研究表明,施氮量为90 kg/hm²时,花生籽仁干重和氮素积累量最高。施氮量过高会使花生营养体旺长而倒伏,产量和氮肥利用率降低(孙虎等,2010)。本研究中,花生干物质积累和氮素积累的变化规律一致，增施钙肥显著提高花生植株氮素积累量，且随着施氮量的增加，氮素积累量表现为先升高后降低的趋势。从文中的两个区域试验结果来看，花生氮素快速积累期起始时间和最大积累速率时间较干物质积累分别提前 7.5～9.4 天和 9.3～12.0 天，花生群体氮素营养吸收高峰期的出现早于干物质积累，表明氮素营养的吸收和积累是干物质积累的基础。施钙和施氮互作下，生殖器官与营养器官氮素积累量以 $Ca_{600}N_{150}$ 和 $Ca_{600}N_{225}$ 处理最高，其生殖器官分配比例为 68.0%～69.3%，表明更多的氮素分配到生殖器官，为提高群体质量建成打下物质基础。而施氮量过大会导致更多的氮素分配到花生营养器官中，地上部营养生长过盛，由此可见，根据不同的土壤肥力采取氮肥减施策略有利于氮素的高效利用。

（三）氮素利用

在相同的钙处理条件下，提高氮肥的施用量，氮肥偏生产力会逐渐下降（表 5-15）。Ca_{600} 条件下 N_{75} 时偏生产力最高，济阳试验区为 74.75 kg/kg，较 N_{300} 处理显著提高了 267.9%；饮马泉试验区为 81.04 kg/kg，较 N_{300} 处理显著提高了 278.5%。氮肥农学利用率总体表现为先增加后下降，其中济阳试验区在 Ca_{600} 条件下 N_{75} 时农学利用率最高，为 9.86 kg/kg，较 N_{300} 处理显著提高了 116.7%；饮马泉试验区在 $Ca_{600}N_{150}$ 条件下农学利用率最高，为 9.41 kg/kg，较 N_{300} 处理显著提高了 176.5%。氮素利用率均呈现不断下降的趋势，在 Ca_{600} 条件下 N_{75} 时有最大的氮素利用率，济阳试验区为 79.1%，饮马泉试验区为 70.8%。在相同的氮处理条件下，除济阳试验区 N_{150} 条件下 Ca_{600} 处理的氮肥农学利用率低于 Ca_0 外，其他

表 5-15 氮钙互作对花生氮肥利用率的影响

试验处理		氮肥偏生产力（kg/kg）		氮肥农学利用率（kg/kg）		氮素利用率（%）	
		济阳	饮马泉	济阳	饮马泉	济阳	饮马泉
Ca_0	N_{75}	60±1.05b	69.58±2.42b	6.63±1.05bc	7.1±0.69c	67.88±5.34b	62.8±1.64b
	N_{150}	35.86±0.49d	40.68±0.54d	9.17±0.49a	8.99±0.56a	49.74±1.01d	59.4±0.79c
	N_{225}	25.67±0.64f	26.86±0.31f	6.4±0.43c	5.29±0.4d	48.29±0.48d	37.37±1.38d
	N_{300}	18.37±0.34h	19.01±0.29h	4.25±0.28d	3.17±0.11e	27.91±0.73e	23.47±2.16e
Ca_{600}	N_{75}	74.75±1.34a	81.04±1.87a	9.86±0.6a	8.25±0.66b	79.14±6.75a	70.84±3.15a
	N_{150}	40.31±0.6c	45.81±0.24c	7.64±0.6b	9.41±0.24a	56.89±4.48c	64.86±1.82b
	N_{225}	28.74±0.59e	29.56±0.35e	6.97±0.59bc	5.71±0.11d	50.45±1.2d	38.17±1.53d
	N_{300}	20.33±0.39g	21.37±0.28g	4.55±0.23d	3.4±0.1e	29.26±0.81e	25.76±1.55e

注：不同字母表示处理间达到显著差异（$P<0.05$）。

处理施用钙肥,花生的偏生产力、氮肥农学利用率和氮素利用率均增加,增幅分别为 10.1%～24.6%、7.1%～48.7% 和 2.1%～16.6%。由此可见,增钙减氮显著提高了花生的氮肥利用率。

钙是植物生长所必需的营养物质,钙素营养可以提升花生氮素的代谢作用、降低空壳率、提高荚果的饱满度。钙还可以改变土壤的 pH,改善花生的营养环境。土壤中含有的钙可以满足植物的需求,但近三十年来,由于大量使用化肥等原因,有关植物钙不足的报道仍在持续。也有研究发现,土壤中钙素含量愈低,那么施用钙肥的增产效果就会愈显著;土壤中钙含量愈高,则花生荚果的产量也就愈高(王建国等,2018)。本研究结果,在相同的钙处理条件下,增加氮肥的施用量,在每一个生育时期钙素积累均呈现出先升高后降低的趋势,在 N_{225} 处理下有最大值;在相同氮处理条件下,增加钙肥的施用量,在每一个生育时期钙素积累均有增高,且荚果中的钙素分配在生育后期也得到了显著提高。以上结果表明,在适量增施氮肥并且增施钙肥条件下,有利于花生钙素积累和分配。

第四节
施钙对花生镁、铁、锌养分吸收利用的影响

镁(Mg)是花生所需的大量元素,其在植物的碳、氮代谢、叶片抗氧化代谢等过程中发挥着重要作用(彭云等,2014),且是多种酶的活化剂;Mg 不足导致土壤中养分失去平衡,进而限制了作物单产的进一步提高;南方红壤地区土壤 Mg 缺乏较为严重(黄鸿翔等,2010),已成为限制作物增产的重要因素之一。铁(Fe)、锌(Zn)是花生所需的微量元素。Fe 是固氮酶、豆血红蛋白、铁氧还蛋白等的重要组分(万书波,2003;左元梅等,2002);Zn 可以促进蛋白质代谢和生殖器官的发育,是植物体内多种重要酶的组分或活化剂。

从栽培角度上,增施钙肥提高了土壤 pH,有利于促进钙与氮、磷、钾的协同吸收,增强花生抗旱能力,提高花生产量,解决了缺钙地块花生空壳问题(王建国等,2017)。地膜覆盖栽培能够改善土壤生态环境、促进农作物对土壤养分的吸收及产量的提高(万书波,2003;张帆等,2018),在农业生产中应用广泛。本节重点研究施钙与覆膜栽培对镁、铁、锌吸收富集的影响,以期为花生高产高效栽培提供理论依据。

一、花生植株不同器官中镁、铁、锌含量

(一) Mg 含量

在成熟期,缺钙红壤旱地花生植株中 Mg 含量以叶片(5.34~7.72 mg/g)最高,其次是茎、果针、根系、籽仁,果壳的 Mg 含量最低;随着土层深度增加,根系中

Mg 含量逐渐降低。不论是覆膜栽培还是露地栽培,增施钙肥显著降低了花生叶片和果壳的 Mg 含量($P<0.05$),但其茎、根系、果针和籽仁的 Mg 含量均有所增加,与不施钙(Ca_0)相比分别提高 17.2%、13.8%、20.1%、5.1%。覆膜栽培提高了茎、果针和籽仁中的 Mg 含量。由于 40 cm 土层以下和 2014 年 20~40 cm 土层根系个别样品较少,所以仅测定了一个重复值,未做方差分析。栽培方式与施钙处理对根系、果针的 Mg 含量存在显著的交互作用,茎、叶、果针、果壳中 Mg 含量在年份、栽培方式、施钙处理三者间的交互作用间均达到显著水平(表 5-16)。

表 5-16 施钙与覆膜栽培对缺钙红壤花生植株各器官中 Mg 含量(mg/g)的影响

年份	处理	叶	茎	根系				果针	果壳	籽仁
				不同土层(cm)			平均含量			
				0~20	20~40	40 以下				
2014	Ca_0 - OF	6.83b	3.23c	2.86b	2.26	1.58	2.56c	3.01b	1.43b	2.29d
	Ca_{375} - OF	5.61d	3.71bc	3.48a	2.33	1.59	2.94b	3.70a	1.12cd	2.38ab
	Ca_{750} - OF	5.34d	3.99ab	3.44a	2.60	1.71	2.93b	3.61a	0.98d	2.32b
	Ca_0 - PF	7.69a	3.33c	2.75b	2.49	1.76	2.52c	3.68a	2.11a	2.35ab
	Ca_{375} - PF	6.92b	4.12ab	3.31a	2.73	1.99	3.00ab	3.75a	1.54b	2.46a
	Ca_{750} - PF	6.32c	4.16a	3.49a	3.03	2.13	3.18a	3.75a	1.22c	2.46a
	均值	6.45	3.76	3.22	2.57	1.79	2.86	3.58	1.40	2.38
2015	Ca_0 - OF	7.43b	3.36e	2.32c	2.10	1.48	2.11c	2.29c	1.42a	1.96d
	Ca_{375} - OF	6.88c	3.98c	2.35bc	2.21	1.57	2.16b	3.43a	0.90d	2.11c
	Ca_{750} - OF	6.16d	3.87d	2.47a	2.14	1.55	2.22a	3.64a	0.80e	2.07cd
	Ca_0 - PF	7.72a	3.82d	2.16d	1.76	1.47	1.96d	3.13b	1.06b	2.16bc
	Ca_{375} - PF	6.76c	4.13b	2.37b	1.96	1.63	2.16b	3.55a	0.98c	2.29ab
	Ca_{750} - PF	6.02d	4.26a	2.48a	1.97	1.62	2.23a	3.65a	0.81e	2.31a
	均值	6.83	3.90	2.36	2.02	1.55	2.14	3.28	1.00	2.15
方差分析(P 值)										
	Y	*	*	*	—	—	*	*	*	*
	CM	*	*	ns	—	—	ns	*	*	*
	CaT	*	*	*	—	—	*	*	*	*
	Y×CM	*	ns	ns	—	—	*	ns	*	*
	Y×CaT	ns	ns	*	—	—	*	*	*	ns
	CM×CaT	ns	ns	ns	—	—	*	*	*	ns
	Y×CM×CaT	*	*	ns	—	—	ns	*	*	ns

注:Y 表示年份;CM 表示栽培方式;CaT 表示施钙处理。* 表示处理间在 $P=0.05$ 水平上存在显著差异;ns 表示差异不显著($P>0.05$);一表示未进行差异显著分析。不同小写字母表示同一年处理间差异显著($P<0.05$)。下同。

(二) Fe 含量

花生不同器官的 Fe 含量依次为根系＞茎＞果针＞叶＞果壳＞籽仁(表 5-17)。施钙处理改善了整个植株 Fe 营养状况,提高了缺钙红壤旱地花生叶、茎、根系、果针、果仁中的 Fe 含量,较 Ca_0 分别提高 32.2%、23.9%、26.8%、18.8%、7.8%,且钙肥用量越大,效果越明显。但施钙降低了果壳中的 Fe 含量,较 Ca_0 降低 13.0%。同一钙肥处理下,覆膜栽培降低了果针中的 Fe 含量,显著降低了叶、茎、根系中的 Fe 含量($P<0.05$),较露地栽培处理整体上分别降低 21.8%、19.2%、21.1%、11.9%,但增加了果壳的 Fe 含量。花生籽仁的 Fe 含量低于其他器官,覆膜栽培对其 Fe 含量影响较小。茎 Fe 含量在栽培方式与施钙处理的交互作用间均达到显著水平。

表 5-17 施钙与覆膜栽培对缺钙红壤花生植株各器官中 Fe 含量的影响(mg/g)

处理	叶	茎	不同土层根系				果针	果壳	籽仁
			0~20 cm	20~40 cm	40 cm 以下	平均			
Ca_0-OF	0.765bc	1.237b	1.643c	1.218	2.470	1.719cd	1.008bc	0.595b	0.030b
Ca_{375}-OF	0.960a	1.497a	2.120b	1.500	2.490	2.090b	1.137ab	0.506c	0.034ab
Ca_{750}-OF	0.982a	1.503a	2.369a	1.509	2.507	2.251a	1.286a	0.509c	0.036a
Ca_0-PF	0.558d	0.966c	1.243d	1.078	1.888	1.346e	0.903c	0.677a	0.033ab
Ca_{375}-PF	0.669cd	1.061c	1.606c	1.080	1.980	1.605d	0.993bc	0.623b	0.034ab
Ca_{750}-PF	0.888b	1.398b	1.783c	1.499	2.239	1.828c	1.126ab	0.577b	0.033ab
方差分析(P 值)									
CM	*	*	*	—	—	*	*	*	*
CaT	*	*	*	—	—	*	*	*	*
CM×CaT	ns	*	ns	—	—	ns	ns	ns	ns

(三) Zn 含量

施钙显著降低了红壤花生叶、茎、果壳、籽仁中的 Zn 含量,与 Ca_0 相比分别降低 18.3%、16.8%、18.35、14.0%。施中钙(Ca_{375} 处理)提高了总根系 Zn 含量,而施高钙(Ca_{750} 处理)降低了总根系 Zn 含量,但 2 个处理对果针的 Zn 含量则无显著影响。覆膜栽培降低了营养器官的 Zn 含量,但提高了果壳、籽仁的 Zn 含量,较露地栽培分别提高 10.8%、12.2%。茎、叶、生殖器官(果针、果壳、籽仁)Zn 含量在栽培方式与施钙处理间的交互作用下达到显著水平(表 5-18)。

表 5-18 施钙与覆膜栽培对缺钙红壤花生植株各器官中 Zn 含量的影响(μg/g)

处理	叶	茎	不同土层根系				果针	果壳	籽仁
			0~20 cm	20~40 cm	40 cm 以下	平均			
Ca_0-OF	65.73a	45.33a	83.13b	55.21	65.20	76.15b	40.09a	32.56b	41.18a
Ca_{375}-OF	47.03c	39.40bc	93.03a	52.09	65.89	81.27a	41.94a	30.67b	34.54c
Ca_{750}-OF	56.90b	40.20b	64.88c	64.47	83.70	68.80c	44.07a	26.41c	29.44d
Ca_0-PF	56.47b	45.03a	45.93e	61.59	72.23	53.32e	41.27a	39.18a	40.89a
Ca_{375}-PF	51.10bc	36.17bc	57.57d	52.80	66.70	58.59d	40.85a	31.61b	39.91a
Ca_{750}-PF	44.73c	34.63c	44.33e	57.64	54.58	47.99f	36.03b	28.57ab	37.19b
方差分析(P 值)									
CM	*	*	*	—	—	—	*	*	*
CaT	*	*	*	—	—	—	*	ns	*
CM×CaT	*	ns	*	—	—	—	*	*	*

二、花生植株镁、铁、锌积累

(一) Mg 积累量

施钙提高了花生植株 Mg 积累量,与 Ca_0 相比提高 10.7%。施钙对不同年份间营养体 Mg 积累的影响存在差异,与不施钙处理相比,施钙处理下 2014 年营养体 Mg 积累有所提高,但降低了 2015 年 Mg 积累。施钙显著增加了生殖体(针壳、籽仁)Mg 积累量,其中针、壳 Mg 积累量较不施钙处理增加 8.2%、籽仁 Mg 积累量及分配系数分别显著提高 96.7%、77.5%。覆膜栽培提高了植株、营养体、生殖体 Mg 积累量,较露地栽培分别提高 33.3%、35.1%、30.8%和 27.7%。不同年份覆膜栽培对籽仁分配系数的影响存在差异。施钙处理与栽培方式对籽仁 Mg 分配系数存在显著的交互影响。年份、施钙处理、栽培方式三者间对籽仁 Mg 积累量及分配系数的影响显著(表 5-19)。

表 5-19 施钙与覆膜栽培对缺钙红壤花生植株 Mg 素积累与分配的影响

年份	处理	营养体(mg/株)	生殖体(mg/株) 针壳	生殖体(mg/株) 籽仁	植株(mg/株)	籽仁镁分配系数
2014	Ca_0 - OF	32.53b	6.64b	6.89d	46.06d	0.15d
	Ca_{375} - OF	34.83b	7.87b	17.92b	60.62c	0.30b
	Ca_{750} - OF	37.65b	8.51b	22.81a	68.97c	0.33a
	Ca_0 - PF	67.24a	12.18a	13.54c	92.96b	0.15d
	Ca_{375} - PF	70.55a	14.16a	22.06a	106.77a	0.21c
	Ca_{750} - PF	69.39a	12.23a	23.11a	104.72ab	0.22c
2015	Ca_0 - OF	78.3ab	11.56b	9.61d	99.54c	0.10e
	Ca_{375} - OF	72.92bc	14.01a	17.79b	104.72bc	0.17c
	Ca_{750} - OF	67.87c	12.21ab	19.10b	99.19b	0.19b
	Ca_0 - PF	81.93a	13.37ab	13.98c	109.29ab	0.13d
	Ca_{375} - PF	75.22ab	12.97ab	24.03a	112.22a	0.21c
	Ca_{750} - PF	73.68b	12.72ab	26.34a	112.74a	0.23a
方差分析(P 值)						
CM×CaT		ns	ns	ns	ns	*
Y×CM×CaT		ns	ns	*	ns	*

(二) Fe 积累量

施钙明显促进了花生根系对 Fe 的吸收和积累。施钙处理的花生植株、营养体、针壳、籽仁 Fe 积累量与 Ca_0 相比，分别显著增加 18.7%、19.3%、13.0%、98.8%。增施钙肥实现了籽仁 Fe 的富集，其分配系数显著提高 68.8%。不同年份覆膜栽培对花生植株、营养体、针和壳 Fe 积累量、籽仁 Fe 分配系数的影响均无明显规律。覆膜栽培籽仁 Fe 积累量显著高于露地栽培，约提高 19.3%。植株、营养体、籽仁的 Fe 积累量、籽仁 Fe 分配系数在施钙处理与栽培方式间交互作用显著（表 5-20）。

表 5-20 施钙与覆膜栽培对缺钙红壤花生植株 Fe 积累与分配的影响

年份	处理	营养体(mg/株)	生殖体(mg/株) 针壳	生殖体(mg/株) 籽仁	植株(mg/株)	籽仁铁分配系数
2014	Ca_0 - OF	8.71d	2.40d	0.09e	11.19d	0.008d
	Ca_{375} - OF	11.19c	2.86cd	0.26c	14.31c	0.018b
	Ca_{750} - OF	12.44bc	3.53b	0.36a	16.33bc	0.022a
	Ca_0 - PF	12.42bc	3.37bc	0.19d	15.99c	0.012c
	Ca_{375} - PF	13.95b	4.47a	0.30b	18.72b	0.016b
	Ca_{750} - PF	18.15a	4.43a	0.31b	22.90a	0.014c
2015	Ca_0 - OF	20.43a	5.01a	0.15d	25.59a	0.006e
	Ca_{375} - OF	20.90a	5.32a	0.28b	26.50a	0.011d

(续表)

年份	处理	营养体(mg/株)	生殖体(mg/株)		植株(mg/株)	籽仁铁分配系数
			针壳	籽仁		
2015	Ca$_{750}$-OF	21.16a	5.00a	0.33ab	26.49a	0.013bc
	Ca$_0$-PF	14.70b	4.98a	0.22c	19.90b	0.011cd
	Ca$_{375}$-PF	15.28b	4.89a	0.36a	20.53b	0.017a
	Ca$_{750}$-PF	21.19a	5.13a	0.38a	26.69a	0.014b
方差分析(P 值)						
CM×CaT		*	ns	*	*	*
Y×CM×CaT		ns	ns	*	ns	*

(三) Zn 积累量

增施钙肥降低了花生营养体 Zn 积累量,与 Ca$_0$ 相比明显降低 18.4%;显著提高籽仁 Zn 积累量及籽仁 Zn 分配系数,较 Ca$_0$ 分别提高 61.0%、62.1%,表现为 Ca$_{750}$>Ca$_{375}$。覆膜栽培增加了总植株、生殖体 Zn 积累量,较露地栽培分别提高 18.6%、17.2%、42.1%。不同年份覆膜栽培对花生营养体 Zn 积累量、籽仁 Zn 分配系数的影响均无明显规律。植株、营养体、籽仁 Zn 积累量及分配系数在年份、施钙处理、栽培方式三者间交互作用达到显著水平(表 5-21)。

表 5-21 施钙与覆膜栽培对缺钙红壤花生植株中 Zn 积累与分配的影响

年份	处理	营养体(mg/株)	生殖体(mg/株)		植株(mg/株)	籽仁锌分配系数
			针壳	籽仁		
2014	Ca$_0$-OF	430.6c	109.4d	123.6d	663.6c	0.19d
	Ca$_{375}$-OF	394.3c	138.2cd	260.5bc	793.0bc	0.33a
	Ca$_{750}$-OF	408.8c	149.6bc	290.0b	848.3b	0.34a
	Ca$_0$-PF	712.6a	174.0ab	236.5c	1 123.1a	0.21c
	Ca$_{375}$-PF	633.3ab	204.2a	357.2a	1 194.8a	0.30b
	Ca$_{750}$-PF	569.8b	178.0ab	349.3a	1 097.1a	0.32a
2015	Ca$_0$-OF	1 003.9a	221.8ab	202.7d	1 428.4a	0.14d
	Ca$_{375}$-OF	743.8c	236.3a	248.0cd	1 228.1c	0.20c
	Ca$_{750}$-OF	770.0c	197.9b	318.8bc	1 286.7bc	0.25b
	Ca$_0$-PF	846.3b	252.4a	265.2b	1 363.9ab	0.19c
	Ca$_{375}$-PF	707.1cd	222.4ab	418.8a	1 348.4ab	0.31a
	Ca$_{750}$-PF	656.0d	203.2b	424.3a	1 283.4bc	0.33a
方差分析(P 值)						
CM×CaT		ns	*	ns	ns	ns
Y×CM×CaT		*	ns	*	*	*

三、花生植株钙与镁、铁、锌协同吸收关系

2014年增施钙肥处理花生植株Zn积累量有升高也有降低,而2015年试验结果表明,施钙肥降低了植株Zn积累量,2年结果规律不一致,因此未进行与钙协同吸收关系分析。由图5-15可知,植株Ca积累量与Mg、Fe积累量均呈极显著正相关。采用对数函数进行回归分析可知,植株Ca积累量与Mg、Fe素积累量存在协同吸收关系,即随钙肥施用量的增加,花生植株对钙素吸收积累量提高,同时植株对Mg、Fe的吸收积累也增加。

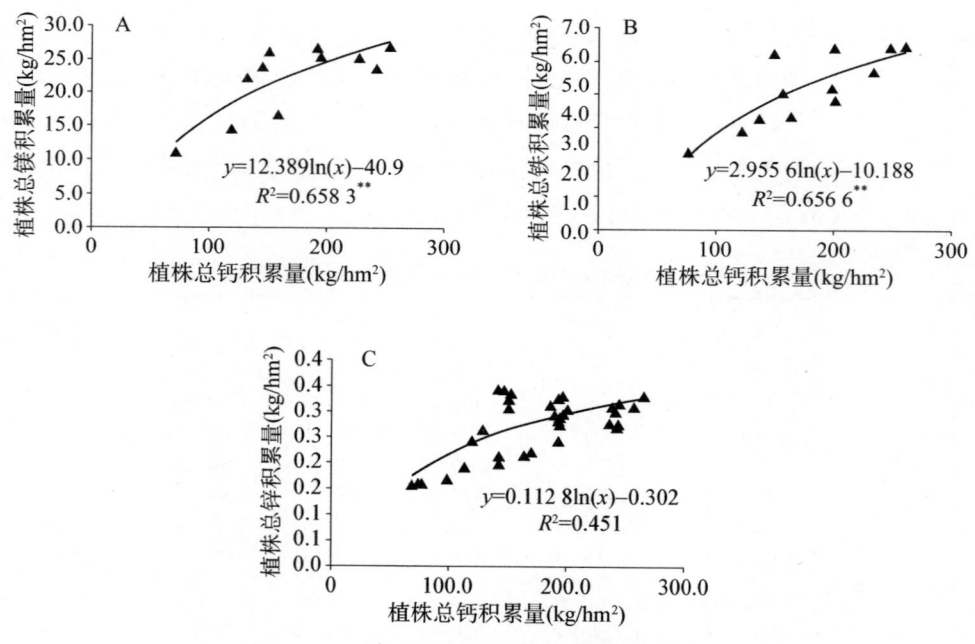

图5-15 花生植株钙素与镁、铁、锌协同相关关系

**表示在$P=0.01$水平上存在显著相关

本研究表明施钙与覆膜栽培可缓解土壤酸胁迫,进而促进花生植株对Mg的吸收,进一步改善整个植株Fe营养状况,提高了花生籽仁Mg、Fe、Zn积累量及籽仁Mg、Fe、Zn分配系数,进一步扩大了"库容"。植株Ca积累量与Mg、Fe积累量

呈极显著正相关关系,存在协同吸收关系(尤召阳等,2024)。研究结果可为南方酸性缺钙红壤旱地改良及花生高产高效栽培提供依据。

参考文献

戴良香,张智猛,张冠初,等.氮肥用量对花生氮素吸收与分配的影响.核农学报,2020,34(2):370-375.

黄鸿翔,陈福兴,徐明岗,等.红壤地区土壤镁素状况及镁肥施用技术的研究.土壤肥料,2000,5:19-23.

刘珂珂,于宏,高华鑫,等.施钙对酸性土花生钙素吸收与积累的影响.中国油料作物学报,2024,46(03):657-663.

李中勇,高东升,王闯,等.土壤施钙对设施栽培油桃果实钙含量及品质的影响.植物营养与肥料学报,2010,16(1):191-196.

彭云,韩晓日,杨劲峰,等.镁肥不同用量对花生叶片抗氧化代谢的影响.花生学报,2014,43(2):7-11.

孙虎,王月福,王铭伦,等.施氮量对不同类型花生品种衰老特性和产量的影响.生态学报,2010,30(10):2671-2677.

万书波.中国花生栽培学.上海:上海科学技术出版社,2003.

王建国,张昊,李林,等.施钙与覆膜栽培对缺钙红壤花生钙素积累、分配及利用率的影响.华北农学报,2017,32(6):205-212.

王建国.水钙互作对南方红壤旱地花生产量影响机制.长沙:湖南农业大学博士学位论文,2017.

王建国,张昊,李林,等.施钙与覆膜栽培对缺钙红壤花生干物质生产、熟相、产量构成及品质的影响.华北农学报,2018,33(4):131-138.

王建国,张昊,李林,等.施钙与覆膜对缺钙红壤花生氮、磷、钾吸收利用的影响.中国油料作物学报,2018,40(1):110-118.

王媛媛.钙、硫肥不同用量及配比对花生生理特性、产量和品质的影响.泰安:山东农业大学,2013.

尤召阳,王建国,刘颖,等.氮钙互作对花生氮素利用及钙素积累的影响.中国油料作物学报,2024,46(04):904-912.

张二全,赵瑜.土壤钙素水平与花生施钙效果研究初报.土壤肥料,1995,(03):39-41.

张帆,王晨冰,赵秀梅,等.果园垄膜覆盖对土壤微生物量碳氮及土壤呼吸的影响.核农学报,2018,32(7):1448-1455.

张智猛,万书波,宁堂原,等.氮素水平对花生氮素代谢及相关酶活性的影响.植物生态学报,2008(06):1407-1416.

周录英,李向东,王丽丽,等.钙肥不同用量对花生生理特性及产量和品质的影响.作物学报,2008,34(5):879-885.

周卫,林葆,朱海舟.硝酸钙对花生生长和钙素吸收的影响.土壤通报,1995(5):225-227+233.

左元梅,刘永秀,张福锁.铁营养对花生根瘤生长发育和功能的影响.植物营养与肥料学报,2002,8(4):462-466.

Adams J F, Hartzog D L, Nelson D B. Supplemental calcium application on yield, grade, and seed quality of runner peanut. Agronomy Journal, 1993,85(1):86-93.

第六章

钙对花生根瘤固氮及土壤肥力的影响

第一节
施钙对花生结瘤固氮的影响

豆科植物与根瘤菌的共生固氮是在一个特殊的器官——根瘤中完成的。根瘤的形成是从豆科作物与根瘤菌之间信号分子的交换开始的。低氮条件下宿主植物从根中释放类黄酮作为吸引根瘤菌的信号分子,这些信号被特定的根瘤菌识别后,诱导根瘤菌结瘤因子的产生,然后结瘤因子被宿主植物根细胞上的受体识别。在百脉根和蒺藜苜蓿中的研究表明,此类受体是一类具有 Lys 结构域的受体激酶,对结瘤因子调控的下游反应有重要作用。结瘤因子与受体识别后会打开位于核膜、细胞质膜上的 Ca^{2+} 通道,胞外 Ca^{2+} 的流入使胞质内 Ca^{2+} 浓度迅速上升,从而激活 CCaMK,形成钙振荡(Riely et al.,2007)。CCaMK 激酶和位于下游的 NSP1、NSP2 等转录因子诱导结瘤基因的表达。这些基因的激活表达导致根毛变形、侵染线形成,然后根瘤菌通过侵染线进入根皮层、皮层和中柱鞘细胞分裂形成根瘤原基,进而形成根瘤。

生长素在根瘤形成过程中发挥重要作用。生长素通过刺激皮层细胞分裂来响应根瘤菌的侵染,从而形成根瘤(Suzaki et al.,2012)。然而,外部施用生长素或生长素合成抑制剂通常会阻止根瘤的发育。因此,对根瘤起始和发育至关重要的生长素梯度和局部生长素极大值被精确控制。在根中,生长素的分布和最大值主要受局部生长素转运的调控。生长素通过生长素极性转运体——生长素内流转运体(AUX1/LAX)和生长素外流促进因子(PIN)在静止中心处于最大浓度,并按照浓度梯度分布(Swarup et al.,2005)。在根瘤原基形成和发育过程中,生长素的分布及其峰值浓度在各种豆科植物中都有研究,包括蒺藜苜蓿、百脉根和大豆(Pacios-Bras et al.,2003;Bustos-Sanmamed et al.,2013;Turner et al.,2013)。相比之下,我们对生长素在花生结瘤中的作用认识较为有限,因为与花生共生的根瘤菌是通过裂缝侵染进入根瘤的,而根瘤原基则是来源于侧根附近的皮层细胞。最近一项关于调控花生结瘤基因的转录组学表明,根瘤菌侵染后生长素代谢和反应发生了改变，这表明生长素参与了花生结瘤(Peng et al., 2017)。另外有研究表明，某些豆科植物在没有根瘤菌侵染的情况下，合成生长素转运抑制剂可以触发根瘤结构或假根瘤的形成(Hirsch et al., 1989)，表明抑制生长素运输足以建立生长素最大值，从而激活调控根瘤起始和形成的程序。

一、转录组学数据概述

采用 Illumina HiSeq 高通量测序完成了施钙处理及未施钙处理的花生品种花育 22 根系(含根瘤)的转录组测序，构建文库，对获得的原始数据经过过滤、测序错误率检查、GC 含量分布检查后，获得能用于后续分析使用的 clean reads。如表 6-1 所示，每个样品产生 44.17 M～52.29 Mbp 的 Raw data，去除低质量数据后得到 clean data 的序列数在 42.24 M～51.19 Mbp，Q20 和 Q30 的碱基比例分别达 97% 和 93% 以上，充分证明样本的测序数据质量较好。将得到的 clean data 用于进一步分析，与栽培花生基因组进行比对，质控后的测序数据中 94% 以上可以比对到参考基因组中，79% 以上的 reads 被定位到唯一的区域，由此说明，测序数据的比对效果较好，可以进行后续分析。

表 6-1 测序数据统计

样品	原始数据	过滤后数据	错误率(%)	Q20(%)	Q30(%)	GC(%)	比对数据(%)	比对单基因(%)
G1	45 125 908	43 378 886	0.03	98.03	94.14	43.75	96.90	83.37
G2	44 177 890	42 248 250	0.03	98.06	94.2	43.92	96.96	83.49
G3	46 303 346	44 653 124	0.03	97.99	94.07	44.06	96.60	83.57
CK1	44 488 586	42 634 102	0.02	98.12	94.46	43.87	95.08	81.69
CK2	45 140 474	43 184 098	0.03	97.89	93.88	44.06	94.03	79.79
CK3	52 290 412	51 199 296	0.03	98.06	94.12	44.29	95.51	83.20

二、差异表达基因分析

本试验以 $|log2Fold\ Change|\geq1$，且 $FDR<0.05$ 为条件，对施钙处理及未施钙

处理的花生品种花育22根系(含根瘤)的差异基因进行筛选(图6-1A),其中右边深色表示显著上调的基因,左边浅色表示显著下调的基因,两者间表示差异不显著的基因。如图6-1B所示,与CK相比,处理后共获得2 313个差异基因,其中上调的有1 553个,下调的有760个。

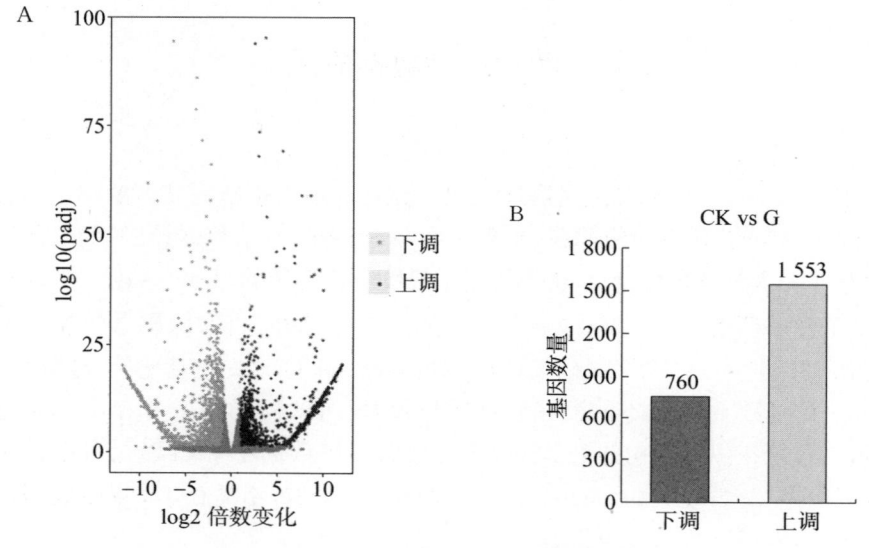

图6-1　花生根部响应钙处理的差异基因分析

三、差异表达基因的GO功能注释分析

对得到的差异基因进行GO功能注释,可以阐明样品在基因功能上的差异,从宏观上展示花生根部响应钙基因的功能分布特征。基于前期筛选出来的差异基因,选取了富集分析结果中 q 值最低的50个GO-Term,绘制富集条目柱形图(图6-2)。本研究中差异基因的功能注释分为三大类:生物过程(biological process)、分子功能(molecular function)、细胞组成(cellular component)。如图6-2所示,钙肥处理的差异基因主要参与的生物过程是代谢途径(GO:0009064),另外也有大量基因注释到分解过程(GO:0046395)、细胞壁过程(GO:0044036)、应激响应

(GO:0009408)等过程中;在细胞组分中,集中在细胞壁(GO:0009505)、胞外区(GO:0044421)、胞外空隙(GO:0005615)、中央液泡(GO:0042807);在行使的分子功能中,结合(GO:0005507)、转氨酶活性(GO:0052654)、转运活性(GO:0005372)。

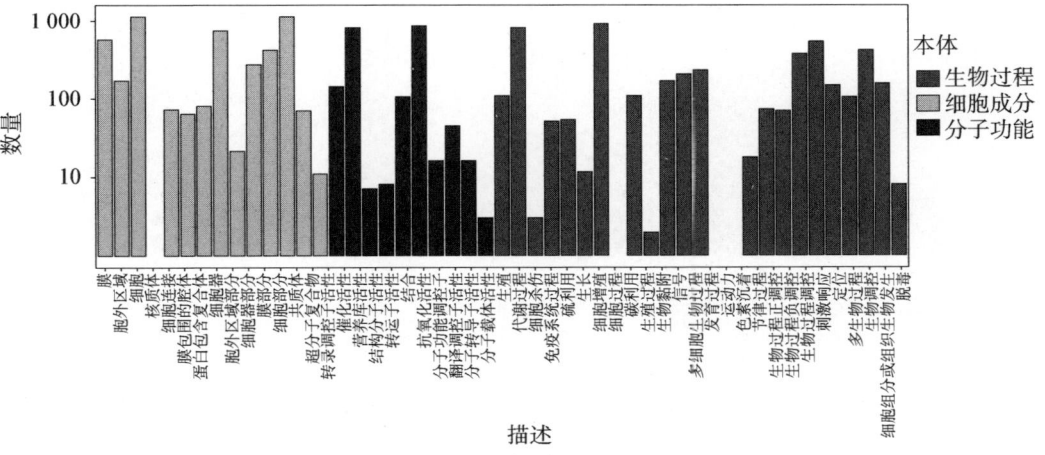

图6-2 花生根部响应钙肥处理的差异基因 GO 注释

四、差异表达基因的 KEGG 通路富集分析

生物体内的不同基因产物通过相互作用行使生物学功能,对差异表达基因的通路进行注释分析有助于进一步解读基因的功能。因此,为了深入了解差异表达基因的功能,本研究对施钙处理及未进行处理的花生根系(含根瘤)的差异表达基因进行了 KEGG 通路分析。如图6-3所示,选取差异表达基因富集的前20条 KEGG 通路进行展示,可以看出,差异基因主要富集在代谢途径(metabolic pathways)、植物激素信号转导(plant hormone signal transduction)、内质网中蛋白质加工(protein processing in endoplasmic reticulum)、苯丙素生物合成(phenylpropanoid biosynthesis)、半乳糖代谢(galactose metabolism)、精氨酸和脯氨酸代谢(arginine and proline metabolic)、缬氨酸及亮氨酸和异亮氨酸(valine、leucine and isoleucine degradation)、玉米素生物合成(zeatin biosynthesis)、酪氨酸

代谢(tyrosine metabolism)。

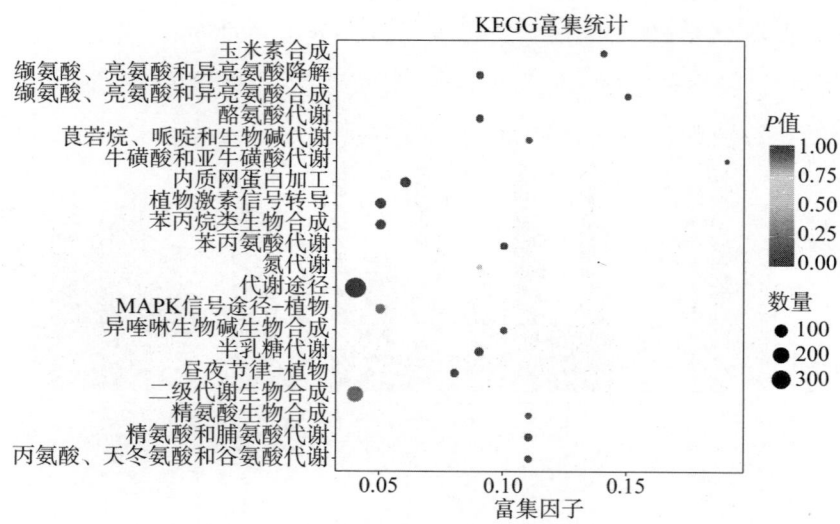

图 6-3 差异基因的 KEGG 通路分析

五、代谢组检测中差异代谢物的筛选

对施钙处理及未施钙处理的花生根系(含根瘤)分别进行代谢组检测,进行差异分析,以 $|\log 2\ \text{Fold change}| \geqslant 1$ 且 VIP$\geqslant$1 为条件进行差异代谢物筛选。为了直观地表现不同处理下差异代谢物的变化情况,将筛选出来的差异代谢物进行聚类分析,如图 6-4 所示,共检测到 10 大类代谢物。通过对差异代谢物的进一步分析发现,该试验共检测到 48 种差异代谢物,其中 18 种代谢物下调、30 种代谢物上调。在检测到的代谢物中包括 13 种黄酮、9 种氨基酸及其衍生物、6 种酚酸、6 种生物碱、3 种脂质、3 种核酸及衍生物、2 种有机酸、1 种木质素和香豆素、1 种醌类、4 种其他类物质(图 6-4)。其中,黄酮类物质和氨基酸所占比重较高,分别占总差异代谢物的 27.1% 和 18.75%,表明这两类物质可能在钙调控花生结瘤固氮过程中起重要作用。

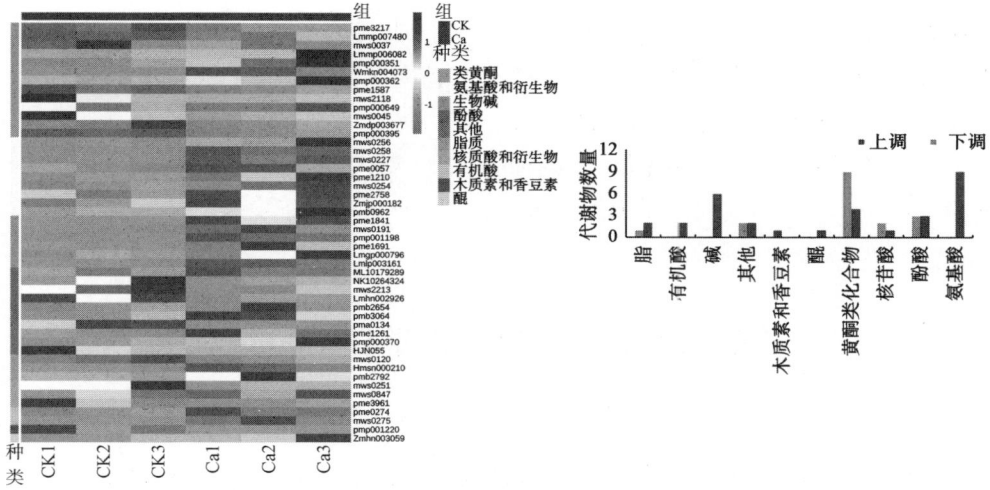

图 6-4　代谢组差异分析

六、差异代谢物的富集分析

如图 6-5 所示,差异代谢物富集的 KEGG 通路主要有氨酰基-tRNA 生物合成（aminoacyl – tRNA biosynthesis）、硫代葡萄糖苷生物合成（glucosinolate

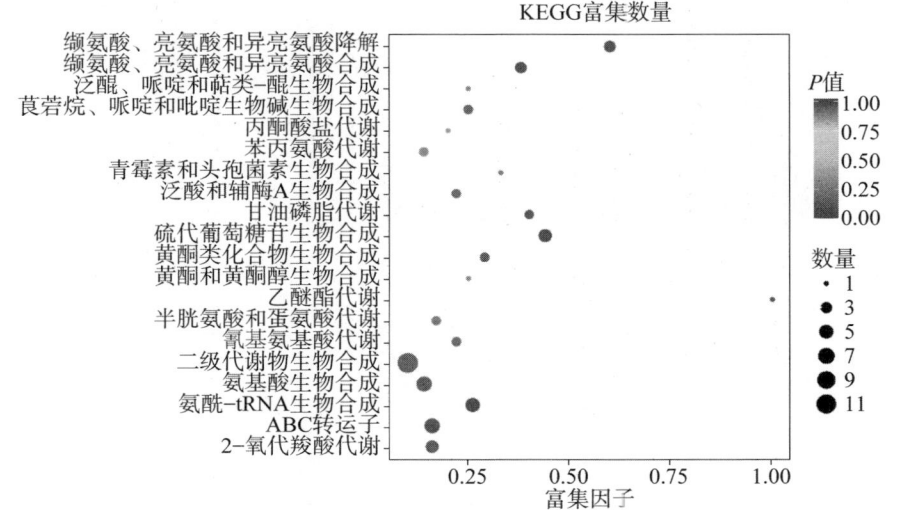

图 6-5　差异代谢物 KEGG 通路的富集分析

biosynthesis)及缬氨酸、亮氨酸和异亮氨酸合成(valine、leucine and isoleucine biosynthesis)、缬氨酸及亮氨酸和异亮氨酸降解(valine、leucine and isoleucine degradation)次生代谢物的生物合成(biosynthesis of secondary metabolism)、氨基酸的生物合成(biosynthesis of amino acids)、2-氧代羧酸代谢(2-oxocarboxylic acid metabolism)、黄酮生物合成(flavonoid biosynthesis)等。

七、转录组学和代谢组学联合分析

为了进一步了解同一生物过程的代谢物与基因之间的关联,对转录组学和代谢组学数据进行了综合分析,共得到35条显著富集的KEGG通路。如图6-6所

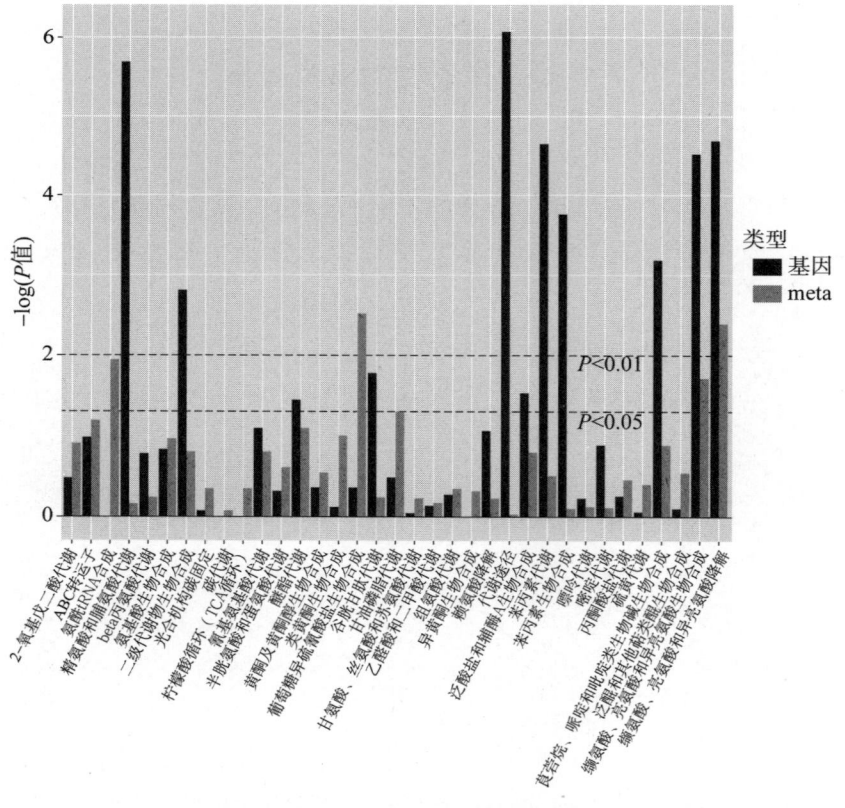

图6-6　钙处理下整合代谢组学和转录组学KEGG富集分析直方图

示,深色代表差异基因,浅色代表差异代谢物。差异代谢物主要富集的 KEGG 通路包括代谢途径、次生代谢物生物合成、氨基酸生物合成、ABC 转运因子、酰胺-tRNA 生物合成、硫代葡萄糖苷生物合成、苯丙氨酸代谢等。差异基因除了富集在上述 KEGG 通路外,还包括碳代谢、精氨酸和脯氨酸代谢、谷胱甘肽代谢等。

八、钙处理下花生根部生长素含量测定

在前期试验中发现,生长素及其信号转导途径参与调控花生结瘤固氮,因此我们对钙处理下花生根部生长素含量进行测定。如表 6-2 所示,共检测到 12 种生长素类化合物。钙处理后,虽然 ICAld、IAA-Phe-Me、IAA-Glu 和 TRA 这 4 种生长素类化合物含量上升,但差异不显著;其余 8 种生长素类化合物含量上升,且差异显著。

表 6-2 CK 和 Ca 处理中花生根部生长素含量

生长素(ng/g)	CK	Ca
TRA	0.49b	1.09a
MEIAA	2.64b	5.97a
TRP	4 377.00b	6 613.06a
ICA	5.68b	6.98a
ICAld	12.04a	10.92a
IAA-Trp	0.21b	0.43a
IAA-Phe-Me	0.30a	0.50a
IAA-Asp	3 146.84b	7 427.65a
IAA-Glu	132.04a	251.26a
IAA	19.04b	45.31a
IPA	4.55b	5.67a
IAN	0.34b	0.26a
TRA	0.49a	1.09a

九、钙对花生结瘤固氮的调控

豆科作物与根瘤共生固氮过程起始依赖于豆科作物根系分泌物对根瘤菌的趋

化作用,其中最广为人知的是黄酮类化合物,除了黄酮类化合物外,氨基酸、酚酸等对根瘤菌同样有趋化作用(Wang et al.,2020)。组氨酸、精氨酸和谷氨酸含量的增加可以明显刺激根瘤菌菌株的生长(范云六和黄信孚,1965)。施钙使花生根部氨基酸含量增加,其中包括组氨酸和精氨酸。氨基酸含量增加,既可以增加根瘤菌丰度,又能促进根瘤菌菌株生长,从而增强根瘤菌对花生的侵染,有利于花生结瘤。同时,钙促进编码蔗糖合酶的基因表达上调,这可能反映了钙处理后花生固氮酶活性增强的关键原因。

图 6-7 为 2019 年和 2020 年根瘤数量、根瘤鲜重的平均值。砂壤土和红壤增施钙肥后花生结荚期根瘤数均呈增加趋势,根瘤数分别增加 82.0 个/株、70.0 个/株;根瘤鲜重分别增加 60.0%、26.7%。总体来看,增施钙肥促进了两种土壤种植的花生结荚期根瘤数量和根瘤鲜重增加,并且壤土施用效果更好。

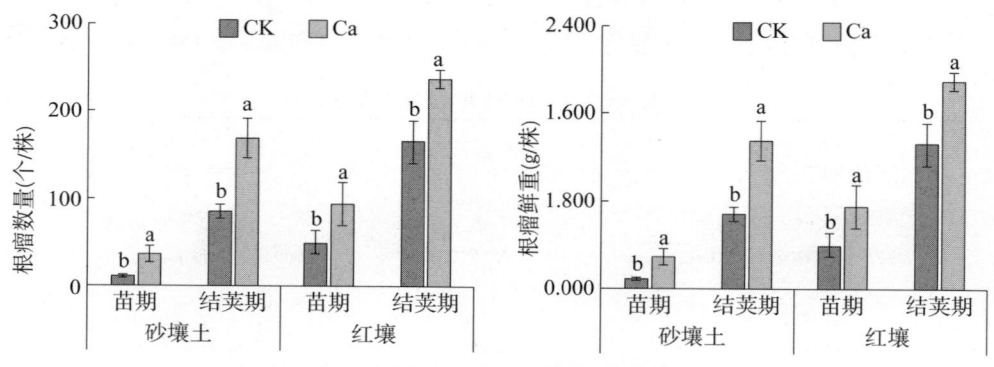

图 6-7 施钙对花生根瘤数目及鲜重的影响(两年平均值)

第二节
施钙对土壤肥力及土壤生物学特性的影响

一、对土壤耕层质量的影响

不同改良措施对土壤 pH 及中微量元素含量均有不同程度的影响(表 6-3)。总体来看,施用生物有机肥虽然略微降低了土壤 pH,但显著增加了交换性钙、镁含量,略微降低了交换性 Pb 和 Cd 含量,但差异不显著。与对照相比,施用石灰和硅钙肥显著增加了土壤 pH、交换性钙及镁含量,降低了交换性铅和镉含量。其中不施生物有机肥条件下,石灰处理较对照分别增加 6.1%、210.0% 和 157.8%,硅钙肥处理较对照分别增加 3.3%、110.0% 和 116.9%。施用生物有机肥条件下,石灰处理较对照分别增加 3.0%、430.0% 和 205.8%,硅钙肥处理较对照分别增加 0.2%、170.0% 和 128.6%。与对照相比,施用生物炭显著增加交换性镁含量,对其他指标的影响较小。在施用生物有机肥条件下,生物炭处理能够显著增加交换性钙含量。硅钙肥+生物炭处理的改良效应与生物炭处理硅钙肥处理相似。上述结果表明,不同改良措施对酸化土壤均有一定改良效果,其中石灰的作用最为明显,而生物炭的作用较小。当配施生物有机肥对其他措施的改良效果有加成作用。

表 6-3　不同改良措施对酸化土壤 pH 及部分中微量元素的影响

处理	pH	交换性钙 (%)	交换性镁 (mg/kg)	交换性铅 (mg/kg)	交换性镉 (mg/kg)
对照	4.28cd	0.010g	15.4f	11.8a	0.016a
生物炭	4.28cd	0.014fg	25.4e	10.9abcd	0.015ab

(续表)

处理	pH	交换性钙(%)	交换性镁(mg/kg)	交换性铅(mg/kg)	交换性镉(mg/kg)
石灰	4.54a	0.031b	39.7b	9.6cde	0.015bc
硅钙肥	4.42b	0.021def	33.4cd	10.1bcde	0.014bc
硅钙肥+生物炭	4.44b	0.020ef	26.9e	10.0bcde	0.013cd
均值	**4.39**	**0.019**	**28.2**	**10.5**	**0.015**
生物有机肥	4.22d	0.029bc	30.3cde	11.0abc	0.013cd
生物有机肥+生物炭	4.23d	0.028bc	26.1e	11.2ab	0.016ab
生物有机肥+石灰	4.41b	0.053a	47.1a	10.2bcde	0.013d
生物有机肥+硅钙肥	4.29cd	0.027bcd	35.2bc	9.3e	0.013cd
生物有机肥+硅钙肥+生物炭	4.32c	0.023cde	27.5de	9.6de	0.013cd
均值	**4.29**	**0.032**	**33.2**	**10.3**	**0.014**

注：同列不同小写字母代表处理间差异达0.05显著水平。下同。

二、对酸性土壤钙素活化的影响

为揭示增施钙肥和不同肥料配施对沿海地区酸性土钙素增量及活化效应，在山东省威海市文登区酸性土壤（耕层土壤为砂壤土，交换性钙含量0.18 g/kg，pH4.42）上设：单施无机肥（CK1）、无机肥/熟石灰配施（T1）、无机肥/有机肥配施（CK2）、无机肥/有机肥/熟石灰配施（T2）、无机肥/有机肥/微生物肥配施（CK3）、无机肥/有机肥/微生物肥/熟石灰配施（T3）6个处理，研究了不同肥料配施对酸性土有效钙含量等的影响。

（一）不同肥料配施对酸性土壤水溶性钙含量的影响

土壤中对植物有效的钙素包括水溶性钙和交换性钙，与作物生长相关性较好。不同肥料配施的0～20 cm、20～40 cm土层的水溶性钙含量变化规律基本一致（图6-8）。与单施无机肥相比，无机肥/有机肥配施和无机肥/有机肥/微生物肥配施均提高了水溶性钙含量，其中无机肥/有机肥配施处理比单施无机肥在整个生育期0～20 cm土层的水溶性钙含量提高48.1%，20～40 cm土层提高21.8%；无机肥/有机肥/微生物肥配施比单施无机肥在0～20 cm土层提高66.5%，20～40 cm土层提高61.4%。与不施钙肥处理相比，增施钙肥处理均显著提高了0～20 cm，20～

40 cm 土层中水溶性钙含量,其中无机肥/熟石灰配施比单施无机肥在整个生育期 0~20 cm 土层的水溶性钙含量提高 1.21 倍,20~40 cm 土层提高 1.16 倍;无机肥/有机肥/熟石灰配施比无机肥/有机肥配施处理 0~20 cm 土层提高 1.42 倍,20~40 cm 土层提高 2.03 倍;无机肥/有机肥/微生物肥/熟石灰配施比无机肥/有机肥/微生物肥配施处理 0~20 cm 土层提高 1.63 倍,20~40 cm 土层提高 1.85 倍。3 个增施钙肥处理相比,无机肥/有机肥/微生物肥/熟石灰配施的水溶性钙含量最高,其次是无机肥/有机肥/熟石灰配施处理,两者水溶性钙含量均显著高于无机肥/熟石灰配施处理。

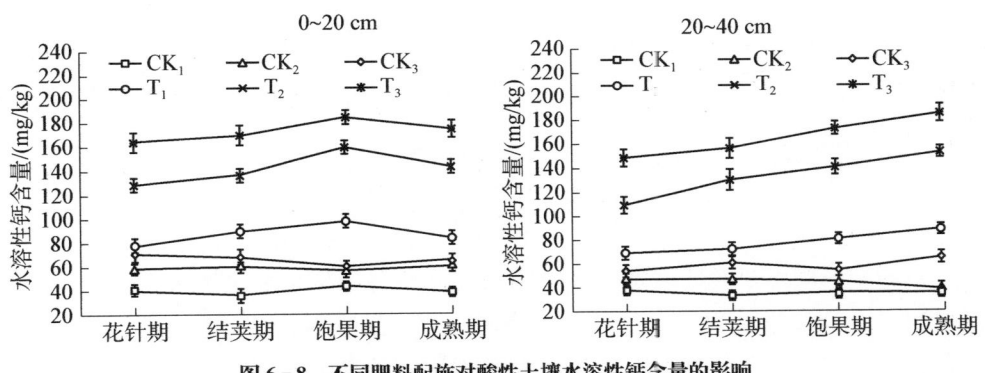

图 6-8 不同肥料配施对酸性土壤水溶性钙含量的影响

(二) 不同肥料配施对酸性土壤交换性钙含量的影响

酸性土中交换性钙含量高于水溶性钙含量,不同肥料配施的 0~20 cm、20~40 cm 土层的交换性钙含量变化规律也基本一致(图 6-9)。与单施无机肥相比,无机肥有机肥配施和无机肥/有机肥/微生物肥配施均提高了交换性钙含量,其中无机肥/有机肥配施比单施无机肥在 0~20 cm 土层的交换性钙含量平均提高 39.1%,20~40 cm 土层提高 37.2%;无机肥/有机肥/微生物肥配施各生育期平均比单施无机肥处理在 0~20 cm 土层提高 60.9%,20~40 cm 土层提高 62.5%。与不施钙肥处理相比,增施钙肥处理均显著提高了 0~20 cm 和 20~40 cm 土层中交换性钙含量,其中无机肥/熟石灰配施比单施无机肥处理在 0~20 cm 土层的交换性钙含量平均提高 1.20 倍,20~40 cm 土层提高 1.25 倍;无机肥/有机肥/熟石灰配施比无机肥/有机肥配施处理 0~20 cm 土层提高 1.53 倍,20~40 cm 土层提高 1.71 倍;无机肥/有机肥/微生物肥/熟石灰配施比无机肥/有机肥/微生物肥配施处理 0～20 cm 土层提高 1.74 倍，20～40 cm 土层提高 1.87 倍。与对水溶性钙含量影响一致，3 个增施钙肥处理以无机肥/有机肥/微生物肥/熟石灰配施的交换性钙含量最高，其次是无机肥/有机肥/熟石灰配施处理，两者交换性钙含量均显著高于无机肥/熟石灰配施处理。

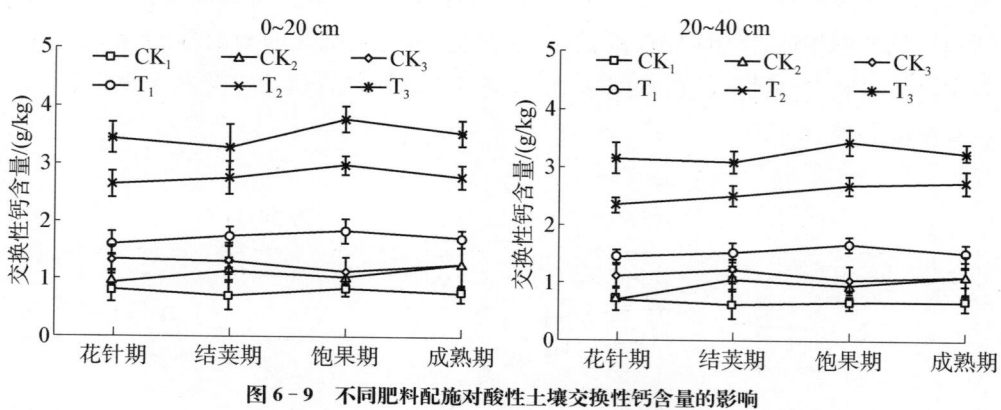

图 6-9　不同肥料配施对酸性土壤交换性钙含量的影响

不同肥料配施对酸性土壤水溶性钙和交换性含量的影响表明，增施有机肥和微生物肥（CK2、CK3）可在一定程度上增加酸性土壤中有效钙含量，但增加幅度较小，而无机肥和熟石灰配施（T1）对有效钙活化效果也不理想。本试验条件下，无机肥/有机肥/熟石灰配施（T2）和无机肥/有机肥/微生物肥/熟石灰配施（T3）能显著提高水溶性钙和交换性钙含量，尤其是 T3 处理对钙素活化作用最强。

三、对土壤酶活性的影响

本小节的研究主要结果来自曾宁波等（2023）相关研究。试验选取大粒型品种湘花 2008、中粒型品种湘花 55、小粒型品种蓝山小籽为研究材料，设 2 个肥料处理，施钙处理为每桶施 CaO 9.375 g（相当于大田施用生石灰 750 kg/hm²），对花生主要生育时期 0～20 cm 耕层和根际土的 4 种土壤酶活性进行测定与分析。

（一）蔗糖酶活性

通常情况下，土壤肥力越高，蔗糖酶活性越强，蔗糖酶活性不仅能够表征土壤生物学活性强度,也可以作为评价土壤熟化程度和土壤肥力的指标(表6-4)。耕作层土壤中,随着生育期的推进不同粒型的花生土壤蔗糖酶活性均成一条单峰曲线;除结荚期外,施钙降低了各时期大粒型花生土壤蔗糖酶活性,其全生育时期平均降幅为18.7%;也降低了中粒型花生土壤蔗糖酶活性,且全生育时期平均降幅为11.6%;但是,小粒型花生土壤蔗糖酶活性在花针期达最大值之后降幅平缓,相较于不施钙组全生育时期平均升幅为10.4%。

根际土壤中,花生苗期到花针期土壤蔗糖酶活性轻微上升,随后呈下降趋势。相对于对照组,施钙降低了除成熟期外各时期大粒型花生土壤蔗糖酶活性且全生育时期平均降幅为23.0%;施钙促使中粒型花生花针期酶活性显著升高,随后呈下降趋势,但全生育时期降幅小于大粒型品种;施钙后小粒型花生土壤蔗糖酶活性峰值后移至结荚期,生长中后期(结荚、饱果、成熟期)施钙处理组的土壤蔗糖酶显著高于对照且全生育期平均增幅为44.1%。

表6-4 施钙对种植不同粒型花生品种土壤蔗糖酶活性(mg/g)的影响

品种	土层	钙处理	苗期	开花期	结荚期	饱果期	收获期
湘花2008	0~20 cm	−	2.99b	3.68ab	2.42cd	2.01c	1.46def
		+	2.04d	3.47b	2.57c	1.88cd	1.23f
	根际	−	5.18d	3.91ab	4.59a	3.70a	1.28def
		+	2.71b	3.49ab	3.68b	2.94b	1.48ef
湘花55	0~20 cm	−	2.32cd	4.30ab	2.30cde	1.78cde	1.65bc
		+	1.97d	3.75ab	2.16cde	1.66cde	1.38def
	根际	−	2.36cd	3.66a	3.62ab	3.72a	2.18a
		+	2.35cd	4.81ab	2.81c	2.21c	1.60cde
蓝山小籽	0~20 cm	−	1.98cd	4.62b	1.65e	1.24e	1.21f
		+	2.20cd	3.28ab	2.79c	2.19c	1.82bc
	根际	−	2.27cd	3.58ab	1.80de	1.36de	1.34def
		+	2.33d	3.41a	4.04ab	3.24ab	2.04ab

注:同列标注不同字母表示差异显著。下同。

(二) 磷酸酶活性

土壤磷酸酶是催化土壤有机磷化合物矿化成无机磷的酶,可以提高土壤磷素的有效性(表6-5)。耕作层土壤中,随着生育时期的推进各粒型花生土壤酸性磷酸酶活性均呈一条单峰曲线,在施钙处理下大粒型花生和中粒型花生各时期土壤酸性磷酸酶活性降低,全生育时期平均降幅分别为13.0%、36.1%;但是施钙使小粒型花生土壤酸性磷酸酶活性升高,在花针期和成熟期显著高于不施钙处理,全生育时期平均升幅为13.2%。根际土壤中,随着生育期的推进各粒型花生土壤酸性磷酸酶活性均呈单峰曲线。施钙处理大粒型花生土壤酸性磷酸酶活性增加,前期增幅较大,后期趋缓,全生育时期平均升幅为2.1%;中粒型花生亦出现苗期至花针期酶活性迅速上升的现象但花针期后转为下降并低于对照组,其全生育时期平均降幅为9.8%;施钙处理小粒型花生土壤酸性磷酸酶活性增加且全生育时期平均升幅为8.1%。

表6-5 施钙对种植不同粒型花生品种土壤磷酸酶活性(mg/kg)的影响

品种	土层	钙处理	苗期	开花期	结荚期	饱果期	收获期
湘花2008	0~20 cm	−	1.40d	4.65de	7.64def	6.02bc	3.48abc
		+	1.03e	3.91e	7.15ef	5.07c	3.01c
	根际	−	1.08b	4.71de	7.91def	6.03bc	4.24a
		+	1.05c	5.19cd	7.33e	6.24bc	4.67ab
湘花55	0~20 cm	−	1.04d	6.15b	9.47bcd	8.64a	4.49a
		+	1.03d	3.80e	6.24f	5.19c	2.78c
	根际	−	1.27a	6.55b	11.83abc	8.72a	4.68a
		+	1.06c	8.02a	10.86a	5.31c	4.61a
蓝山小籽	0~20 cm	−	1.04d	4.86de	8.25def	7.89a	3.49abc
		+	1.04d	6.43b	9.73bcd	7.39ab	4.32a
	根际	−	1.07d	5.90bc	9.20cde	8.36a	3.98abc
		+	1.08bc	6.66b	11.30ab	8.24a	4.63a

(三) 土壤脲酶活性

耕作层土壤中,随着生育期的推进各粒型花生土壤脲酶活性均成一条单峰曲线。施钙使苗期、结荚期、饱果期大粒型花生土壤脲酶活性增加,其中苗期增加显著且全生育时期平均升幅为14.3%;施钙使中粒型花生各时期土壤脲酶活性增加,其中苗期和花针期脲酶活性显著高于未施钙处理且全生育时期平均升幅为42.9%;施钙使小粒型花生各时期土壤脲酶活性降低,其中花针期显著低于未施钙处理且全生育时期平均降幅为9.7%,但在成熟期施钙处理组酶活性略高于对照组。成熟期外各时期土壤脲酶活性均低于对照组，其中苗期降低显著且全生育期平均降幅为 16.6%，但其降低趋势平缓且在成熟期仍然保持了较高水平为 3 个品种中最高（表 6-6）。

表 6-6　施钙对种植不同粒型花生品种土壤脲酶活性（mg/g）的影响

品种	土层	钙处理	苗期	开花期	结荚期	饱果期	收获期
湘花 2008	0~20 cm	−	2.04c	4.44cdef	3.27d	2.92bc	2.67bc
		+	3.60ab	4.42cdef	3.82bc	3.41d	2.28d
	根际	−	2.33c	4.95cd	3.28d	2.93ab	2.95ab
		+	3.87ab	4.38def	4.21ab	3.76d	2.29d
湘花 55	0~20 cm	−	2.14c	2.15g	3.48cd	3.10bc	2.43bc
		+	3.33ab	5.82ab	3.80bc	3.39cd	2.66cd
	根际	−	2.15c	2.34g	4.04b	3.61b	2.83b
		+	3.66ab	6.16a	4.11b	3.67b	2.88b
蓝山小籽	0~20 cm	−	3.55ab	5.17bc	3.92bc	3.50bc	2.67bc
		+	3.02bc	4.00f	3.82bc	3.41bc	2.74bc
	根际	−	4.18a	4.74cde	4.59a	4.10b	2.78a
		+	2.36c	3.90cf	3.97b	3.55b	3.22b

（四）土壤过氧化氢酶活性

土壤过氧化氢酶来自微生物及植物根系，可促进过氧化氢的分解、缓解过氧化氢对植物的毒害作用，是生物防御体系的关键酶之一，可以作为生物活性指标用于评估土壤质量好坏（表 6-7）。耕作层土壤中，施钙增加了除成熟期外各时期大粒型花生土壤过氧化氢酶活性，其中苗期显著增加且全生育时期平均升幅为 10.8%；施钙使中粒型花生各时期土壤过氧化氢酶活性相对于未施钙组均有所增加，其中饱果期和成熟期显著高于对照组且全生育时期平均升幅为 12.5%；施钙使小粒型花生除饱果期外各时期土壤过氧化氢酶活性增加，其中成熟期显著高于对照组且全生育时期平均升幅为 4.5%。根际土壤中，随着生育期的推进各粒型花生土壤过氧化氢酶活性均呈单峰曲线。施钙增加了大粒型花生各时期土壤过氧化氢酶活性，其中结荚期和饱果期显著高于未施钙处理，全生育时期平均升幅为 11.9%；施钙增加了中粒型花生各时期土壤过氧化氢酶活性，其中结荚期土壤过氧化氢酶活性显著高于对照且全生育时期平均升幅为 6.5%；小粒型花生施钙处理组各时期土壤过氧化氢酶活性均高于对照组,全生育期平均升幅为 6.4%。

表 6-7 施钙对种植不同粒型花生品种土壤过氧化氢酶活性(mg/g)的影响

品种	土层	钙处理	苗期	开花期	结荚期	饱果期	收获期
湘花 2008	0~20 cm	−	1.32d	3.43abc	2.12e	1.82e	1.75ab
		+	1.46abc	3.66abc	2.49bcd	2.42bcde	1.54b
	根际	−	1.42abc	3.43c	2.21de	2.00a	1.99a
		+	1.47ab	3.73ab	2.90a	2.55a	1.71ab
湘花 55	0~20 cm	−	1.41abc	3.50abc	2.10e	1.38f	1.42b
		+	1.44abc	3.67ab	2.39cde	1.89bc	1.65b
	根际	−	1.41ab	3.56abc	2.27de	2.06cde	1.50b
		+	1.48abcd	3.79a	2.62abc	2.09b	1.52b
蓝山小籽	0~20 cm	−	1.39bcd	3.30abc	2.16de	1.98bcde	1.75ab
		+	1.39ab	3.52bc	2.24de	1.88de	2.03a
	根际	−	1.37cd	3.53ab	2.39cde	2.03b	2.02a
		+	1.50a	3.67abc	2.78ab	2.07bcd	2.04a

四、对土壤微生物群落结构与数量的影响

施钙肥通过调节土壤酸碱度及增加土壤钙含量从而间接影响微生物群落结构及数量。徐扬等(2024)研究表明:酸性红壤施用钙素营养可改善种子际微生物菌群结构,从而促进花生种子萌发;氧化钙的施加,使厚壁菌门、拟杆菌门、被孢霉门的相对丰度提高,担子菌门相对丰度降低;提高共生菌群数量的同时,降低了腐生菌群的数量。Shangguan et al.(2019)利用盆栽试验表明,施用氢氧化钙降低了酸性土壤中的微生物丰度,却增加了中性土的微生物活度。武盼盼等(2017)研究表明,施用熟石灰显著增加细菌、放线菌及微生物总量,却降低了真菌数量。也有研究表明,施钙对土壤微生物的影响与氮水平有关,不施氮时,施钙一定程度上降低了微生物活度,而在低氮和高氮水平下,施钙处理的细菌、真菌、放线菌、丛枝菌根真菌、腐生真菌及革兰氏阴性菌均明显高于不施钙对照(邓玉峰等,2019)。但盐胁迫下基施钙肥处理可使放线菌纲(Actinobacteria)相对丰度明显

降低,并随盐胁迫强度提高相对丰度降幅明显,且开花下针期降幅较大;噬几丁质菌科(Chitinophagaceae)和丰佑菌科(Opitutaceae)的相对丰度受盐胁迫强度和生长阶段影响显著,并随盐胁迫强度升高而显著提高(戴良香等,2022)。

参考文献

戴良香,丁红,徐扬,等.盐胁迫下配施钙肥对花生根际土壤细菌群落结构的影响.干旱地区农业研究,2022,40(04):41-50.

范云六,黄信孚.紫云英根瘤菌(*Rhizobium astragali*)的生长因素需要以及维生素、氨基酸、核酸碱基对其生长的影响.微生物学报.1965,11(02):185-194.

刘晶晶,刘春生,李同杰,等.钙在土壤中的淋溶迁移特征研究.水土保持学报,2005(04):53-56+75.

路亚.施钙对山东花生土壤特性及花生生长发育的调控机制.湖南农业大学,2020.

王建国.水钙互作对南方红壤旱地花生产量影响机制.长沙:湖南农业大学,2017.

吴刚,李金英,曾晓舵.土壤钙的生物有效性及与其他元素的相互作用.土壤与环境,2002,(03):319-322.

徐扬,张瑞英,戴良香,等.盐胁迫下氮素对花生种子萌发和种子际细菌菌群结构的调控.生物技术通报,2024,40(02):253-265.

于天一,孙秀山,石程仁,等.土壤酸化危害及防治技术研究进展.生态学杂志,2014,33(11):3137-3143.

张佳蕾,郭峰,杨莎,等.不同肥料配施对酸性土钙素活化及花生产量和品质的影响.水土保持学报,2018,32(02):270-275+320.

曾宁波,张诗慧,董露琳,等.石灰对红壤区花生土壤酶活性及经济性状的影响.中国油料作物学报,2023,45(04):817-825.

Bustos-Sanmamed P, Mao G, Deng Y, et al. Overexpression of miR160 affects root growth and nitrogen-fixing nodule number in Medicago truncatula. Functional Plant Biology, 2013,40(12):1208-1220.

Hirsch A M, Bhuvaneswari T V, Torrey J G, et al. Early nodulin genes are induced in alfalfa root outgrowths elicited by auxin transport inhibitors. Proceedings of the National Academy of Sciences, 1989,86(4):1244-1248.

Pacios-Bras C, Schlaman H R M, Boot K, et al. Auxin distribution in Lotus japonicus during root nodule development. Plant Molecular Biology, 2003,52(6):1169-1180.

Peng Z, Liu F, Wang L, *et al*. Transcriptome profiles reveal gene regulation of peanut (*Arachis hypogaea* L.) nodulation. Scientific Reports, 2017,7:40066.

Riely B K, Géraldine Lougnon, Jean-Michel Ané, *et al*. The symbiotic ion channel homolog DMI1 is localized in the nuclear membrane of *Medicago truncatula* roots. The Plant Journal, 2007,49(2):208-216.

Suzaki T, Yano K, Ito M, *et al*. Positive and negative regulation of cortical cell division during root nodule development in *Lotus japonicus* is accompanied by auxin response. Development, 2012,139(21):3997-4006.

Swarup R, Kramer E M, Perry P, *et al*. Root gravitropism requires lateral root cap and epidermal cells for transport and response to a mobile auxin signal. Nature Cell Biology, 2005,7(11):1057-1065.

Turner M, Nizampatnam N R, Baron M, *et al*. Ectopic expression of miR160 results in auxin hypersensitivity, cytokinin hyposensitivity, and inhibition of symbiotic nodule development in soybean. Plant Physiology, 2013,162(4):2042-2055.

Wang Z, Wang L, Wang Y, *et al*. The NMN module conducts nodule number orchestra. iScience, 2020,23(2):100825.

Yang S, Li L, Zhang J L, *et al*. Transcriptome and differential expression profiling analysis of the mechanism of Ca^{2+} regulation in peanut (*Arachis hypogaea*) pod development. Frontiers in Plant Science, 2017,8:1609.

第七章

花生土壤钙素活化技术与钙肥调控技术

长期过于重视氮、磷、钾肥施用，而作为必需的大量元素的钙肥长期被忽视，导致土壤可交换钙的流失无法得到补充。同时，单一、盲目施肥造成土壤板结，钙离子得不到活化和释放，土壤酸化伴随着土壤肥力退化，进而影响花生根系、果针和荚果对钙素的吸收，成为花生高产栽培中的主要限制因素之一。因此，土壤改良必须与土壤耕地质量提升同步进行。目前，不同花生生态种植区域通过钙肥与氮肥、有机肥、生物菌肥等协同施用来实现了提升土壤肥力与氮肥的减施；团队研发了钙离子活化技术及双层膜控释肥等专用肥。针对酸性、碱性土壤，因地制宜地施用不同种类的钙肥，并创建了以"提高抗逆性、促进荚果饱满度、提高钙素利用效率"为目标的外源钙与 AMF 协同改良花生障碍土壤关键技术、花生土壤钙素活化技术与钙肥调控关键技术，并开展了大量的试验与示范，实现土壤改良与花生增产。

第一节
不同土壤类型钙肥施用配比

一、盐碱地

我国部分滨海和内陆地区有大量的盐碱地。土壤的盐碱化容易造成土壤中营养成分固结和沉淀，不容易被作物利用，造成肥料利用率低下。土壤的盐碱化也不利于作物的生长发育，影响作物的产量。土壤盐碱化造成土壤中可交换钙被固定沉淀，不能满足花生籽粒发育过程中对钙的大量需求。生产上建议适当增加有机肥用量，施酸性腐熟有机肥（牛粪等）45 000～60 000 kg/hm^2，N：P$_2$O$_5$：K$_2$O：CaO 配比为 2.5：2：1.5：2，增施微生物肥（木霉制剂）150 kg/hm^2，可有效降低土壤 pH，促进花生植株发育和产量提高。

二、酸性土壤

针对酸性土壤进行有效改良并保证花生生育期对肥力需求的肥料，保证花生稳产、高产，提高肥料利用率是酸性土壤花生生产亟须解决的问题。花生可以适应略偏酸性的土壤，但过酸的土壤严重限制了花生高产。花生是喜钙作物，但酸性土壤中可交换钙的大量流失，不利于花生的生长发育。生产上建议采用碱性无机肥配施有机肥及微生物肥(解磷解钾),N:P_2O_5:K_2O:CaO 配比为 1:1.5:1.5:2。

三、中性土壤

通过有机肥及微生物肥,缓慢活化土壤中的钙素,商品有机肥 1 500 kg/hm²,与过磷酸钙(750 kg/hm²)在冬耕或春耕时施入,其他肥料作为种肥施用(精准施用缓控释肥);N:P_2O_5:K_2O:CaO 配比为 2.5:2:2.5:2。

第二节
钙肥施用技巧

一、北方花生生产区域

黄淮海、东北、新疆等花生生产区域主要采用起垄覆膜栽培,不利于钙肥追施,因此,钙肥采用基施方式,在播前施用或者种肥同播;有水肥一体化条件的地块,可以采用基施与追施方式,追施宜在开花初期进行。依据不同地块的酸碱度确定钙肥施用类型、施用量。

(一)科学选择钙肥种类

依土壤类型选择钙肥种类,缺钙的盐碱土种植花生,要选择偏酸性钙肥,如过磷酸钙、石膏、磷石膏等,不仅能满足花生对钙的需要,而且能够中和土壤的碱性,缓解盐碱对花生的危害。酸性土壤(丘陵、岗地黄红壤土,这类土壤多为酸性)要选碱性的含钙肥料,如钙镁磷肥、石灰等,不但能满足花生的钙需求,同时降低土壤酸性,有利于植株生长发育。

(二)适时施用原则

根据花生不同生长发育时期对钙需求的特点适时施用。钙肥应作为基肥早施或基施+果针入土前1周追肥。钙肥追施时,基肥占总钙肥量的60%+追肥占40%(赵品绩和王显志,2019)。钙肥主要依靠果针、幼果和荚果表面附着物直接吸收,土壤结果层钙含量对荚果和籽仁发育和充实更为重要,故钙肥最有效施法是施在结果层(土壤 8～18 cm)。在铺设滴灌水肥一体化设施的地块,钙肥施用较为简单快捷,在基肥中没有施用钙肥的地块,可以在开花下针前 1 周左右追肥,伴随着水肥管理,添加硝酸钙或其他水溶性钙肥即可补充花生所需的钙元素与其他(铁、锌、硼、钼等)矿物元素。

麦套花生和夏直播花生在播种小麦前结合耕地将所需有机肥、化肥及全部钙肥撒施;未覆膜花生钙肥也可于始花期开沟施于结果区(万书波等,2012)。

(三) 适量施用钙肥

钙含量低于 250 mg/kg 的土壤,种植花生就必须补充钙肥:一般酸性土壤,施石灰 450～1 200 kg/hm^2,或钙镁磷肥 450～750 kg/hm^2;碱性土壤,可施过磷酸钙或硫酸钙等 450～750 kg/hm^2。

二、南方花生生产区域

(1) 花生最佳施钙时间应掌握在花生开花初期前,最迟不超过果针入土的半个月内完成。

(2) 施用钙肥可选用石膏粉、贝壳粉、石灰石粉或轻质碳酸钙粉等,它们的细度要求过 0.5 mm 筛,施用量 750 kg/hm^2;如施用草木灰,施用量 1 500 kg/hm^2(林爱惜,2008)。

(3) 追施钙肥时要求在结实带(或称结荚区)环或双侧撒施,并结合培土技术,利用降雨或灌溉的增墒条件,确保入土果针能及时从施钙肥区土壤直接吸钙。

(4) 注意花生硼、钙营养平衡与搭配施用,强调在起垄整畦时增施硼砂 7.50～11.25 kg/hm^2,通过"以硼促钙"来协调和缓解花生生产"花多不齐、针多不实、果多不饱"的现实矛盾与技术难题。

第三节
花生钙肥调控关键技术

一、花生增钙与防早衰适期晚收高产栽培技术

（一）技术概述

花生是一种需钙量较大的作物，因缺钙导致花生结果数量减少、荚果空秕，严重者几乎无籽仁，造成绝产。因此，因地制宜、合理施钙是提高花生饱满度的措施之一；同时，施钙还能增强花生抗逆性，有效减缓花生生育后期衰老。

此外，传统花生高产栽培一般种植密度较大，一次性施用速效氮肥，且过度化控、病虫为害等现象经常发生，导致花生早衰现象普遍发生，收获期提前，限制了花生产量的提高，且饱果率较低，影响花生品质。多年来，花生栽培团队针对花生早衰原因及防早衰关键技术进行了研究，采用结合钙肥施用、增施缓释肥、灵活化控、综合防治病虫害等关键技术，有效解决了花生后期肥力不足、库源比失调等问题，防止了早衰现象、延长了花生生育期、提高了饱果率。采用本试验成果较传统栽培方式平均增产10%以上，增产增效十分显著。

（二）技术要点

1. 精选种子

精选籽粒饱满、活力高、大小均匀一致、发芽率≥95%的种子播种，播前选用适宜的药剂拌种或种子包衣，防治土壤病虫为害。

2. 平衡施肥

根据地力情况,配方施用化肥,增施有机肥(秸秆还田或秸秆生物质炭等)、钙肥和微生物肥,适量增施缓控释肥,确保养分平衡供应。合理选择酸碱性钙肥(钙镁磷肥、石灰、石膏等),根据产量水平和土壤缺钙程度确定用量,一般情况下作基肥用量为 450~1 200 kg/hm²,缺钙严重地块可适当增加用量;用作追肥时,在花生初花期开沟施于结果区,施用量 300~450 kg/hm²。钙肥应与微生物肥和有机肥配施,以提高土壤交换性钙含量。施肥要做到深施,全层匀施。

3. 精细整地

适时深耕翻,结合施肥及时旋耕整地,做到地平、土细、肥匀。

4. 精选种子、精细包衣

尽可能选择一级种,并进行精细包衣。减少蛴螬、金针虫、地老虎地下害虫及蚜虫等害虫为害,并预防土传病害和烂种,提高种子发芽率。

5. 合理密植

春播花生密度为 13.5 万~15.0 万穴/hm²,麦套和夏直播花生为 15.0 万~16.5 万穴/hm²,每穴 2 粒。单粒播种密度为 21 万~24 万穴/hm²。

6. 适期足墒播种

5 cm 土层日平均地温稳定在 15 ℃以上、土壤相对含水量确保 65%~70%,是培育全苗壮苗的必要条件。北方春花生播种适期为 4 月下旬至 5 月中旬,麦套花生在麦收前 10~15 天套种,夏直播花生应抢时早播。

7. 灵活化控

在花生生长中后期酌情化控和叶面喷肥。高产田花生主茎高度达到 30 cm 左右时,有旺长趋势的地块应及时喷施符合要求的生长调节剂。施药后 10~15 天,如果主茎高度超过 40 cm 可再喷施 1 次,提倡多次减量化控。中低产田视天气和降水情况决定化控时间和药量。结荚后期叶面喷施 0.2%~0.3% 的磷酸二氢钾水溶液或 2%~3% 的尿素水溶液或经过肥料登记的其他叶面肥料兑水 600 kg/hm²,均匀喷洒于植株叶面,连喷 2~3 次,每次间隔 7~10 天。

8. 防治病虫

采用综合防治措施,严控病虫为害。在结荚期之后叶面喷施杀菌剂,连喷 3 次,每次间隔 10~15 天,可提早预防叶斑病的发生。

9. 适时晚收

春花生,大粒 70% 以上(小粒 80% 以上)荚果果壳硬化、网纹清晰、果壳内壁呈青褐斑块即可收获。套种花生将收获期推迟到 10 月上旬,麦后夏直播花生延迟到

10月中旬。

二、春花生"两减一增"绿色高效栽培技术

两减一增:两减是指减少氮肥、农药施用量;一增是指增施钙肥。

(一) 施肥

1. 增施钙肥

根据地力情况,特别是往年种植的大粒花生有大量空壳的地块,依据土壤酸碱性合理选择相应的钙肥。碱性地块,增施石膏、过磷酸钙等;酸性地块,施用钙镁磷肥、熟石灰、生石灰等。根据产量水平和土壤缺钙程度确定用量,一般作基肥的用量为 450～750 kg/hm²(折合氧化钙的用量),缺钙严重地块可适当增加用量。

2. 减施氮肥

根据土壤肥力、多年施肥量确定氮肥减施量。高肥力地块或连续3年以上施肥量在 900～1 050 kg/hm²(复合肥),建议复合肥施用量 600～750 kg/hm²(氮肥用量为 90.0～112.5 kg/hm²),比常规施肥(复合肥 900～1 050 kg/hm²)减少施用复合肥 300～450 kg/hm²(氮肥减施量为 45.0～67.5 kg/hm²)。中等肥力地块复合肥施用量 750～900 kg/hm²,比常规施肥减少施用复合肥 150～300 kg/hm²(氮肥减施量为 22.5～45.0 kg/hm²)。施肥要做到先施氮磷钾肥,开展旋耕作业;再施钙肥,开展旋耕作业。

(二) 品种选择与种子处理

国家登记(鉴、认)、省审(鉴、认)定或登记的适宜当地种植、综合抗性好、高产优质、适宜机械化的大粒花生品种。剥壳与精选种子:播种前10天内剥壳,剥壳前晒种 2～3 天。选用大小均匀、饱满、无伤病的籽仁作种子,发芽率 95% 以上。种子处理:采用杀菌剂(精甲·咯菌腈、噻呋酰胺、福美双等)与杀虫剂(吡虫啉、噻虫嗪等)复配的包衣方法对种子进行包衣。

(三) 播种

1. 播期与土壤墒情

春花生播期在4月下旬至5月中旬。通常连续5天5 cm土层处的平均地温≥

15 ℃、土壤相对含水量 65%～70% 时,适宜花生播种。若遇春旱,小水润灌或喷灌造墒后再播种。

2. 种植规格

大垄双行种植。单粒播种时,密度为 19.5 万～21.0 万粒/hm²,种植规格按照 NY/T 2404 规定执行。双粒穴播时,密度为 12.0 万～13.5 万穴/hm²。

3. 播种深度

播种深度 3～5 cm。露地栽培宜深,覆膜栽培宜浅。播种较早、地温较低,或土壤湿度大、土壤黏重,适当浅播;反之,适当加深。播种同时覆膜、膜上筑土。覆膜选用地膜厚度≥0.01 mm,机械覆膜。

(四) 生长期管理

1. 放苗引苗

花生出苗时,宜上午 10 点前和下午 4 点后对覆土量少的地块抠膜放苗,防止高温灼伤。膜上有覆土的地方,应及时撤土清棵。连续缺苗的地方及时补种。

2. 水肥管理

花生幼苗期适宜的土壤相对含水量 50%～60%,花针期和结荚期适宜的土壤相对含水量 60%～70%。如遇天气持续干旱,应及时适量浇水。若遇持续阴雨,造成田间渍涝,应及时排水。如果生育中后期花生植株出现早衰,叶面喷施 1.0%～1.2% 的尿素水溶液、0.3%～0.5% 的磷酸二氢钾水溶液 600～750 kg/hm²,连喷 2 次,间隔 7～10 天。按照 NY/T 2404 规定执行。

3. 化学除草

苗前封闭除草:喷施 33% 二甲戊灵乳油 1 500 ml/hm² 兑水 450 kg 或 72% 精异丙甲草胺乳油 1 500 ml/hm² 兑水 750 kg。苗后杂草应及早防除,可喷施 5% 精喹禾灵乳油,用 1 050～1 500 ml/hm² 兑水 225 kg,对杂草茎叶进行喷雾;或对花生垄沟进行中耕,消除杂草。

4. 病虫害防治

虫害防控:选用高效低毒生物农药,同时在田间布设性诱剂、食诱剂诱杀装置等进行虫害的综合防控,减少农药使用次数 1 次,进而减少农药施用量。苗期预防蚜虫、蓟马:9% 吡虫啉可湿性粉剂 3 g 兑水 30 kg,叶面喷雾防治,可维持 10～20 天的防效。生育中后期虫害防控:防治甜菜夜蛾、斜纹夜蛾、棉铃虫、菜青虫等,应及时喷施 3.4% 甲氨基阿维菌素 225 g/hm²+20% 虫酰肼 300 g/hm² 或 4.5% 高效氯氰菊酯乳油 450～750 ml/hm²,加水 600～750 kg,均匀喷雾。

病害防控：叶斑病、锈病等病害发生初期，用60%吡唑醚菌酯·代森联水分散粒剂600 g/hm² 或 20%氟唑菌酰羟胺·苯甲 450 ml/hm² 兑水 450 kg，每隔7～15天叶面喷洒1次，连续喷2次。

5. 防控徒长

花生封垄时期，当主茎高度达到30～35 cm，应及时用5%烯效唑或15%多效唑粉剂600～750 g/hm² 加水600～750 kg，在植株顶部喷洒。若仍有徒长趋势时，可以连喷2～3次。收获时，主茎高40～45 cm 为宜。

（五）收获

80%荚果网纹清晰、果壳硬化、内壁由白色的海绵组织变成青褐色的硬化斑块结构，且种仁呈现品种特征时收获。收获后人工清除残膜。

三、酸化土壤花生"补钙降酸杀菌"施肥技术

（一）技术概述

湖南农业大学李林教授团队针对土壤缺钙造成的花生冗余生长和空壳问题开展了长达十余年的研究，提出"花生具有无限生长习性"的学术观点和花生的"五种缺钙类型"（基因型、生理型、土壤型、气候型、栽培型），创建"钙肥控冗调花增果壮籽反馈理论模型"，创制和筛选出一批耐低钙种质和新品种，建立了酸性土花生高产栽培技术规程，被遴选为省级标准和农业农村部"农业生产轻简化实用技术"。"酸化土壤花生绿色提质增产增效施肥技术"集成了全国花生施肥及相关栽培、育种成果，已经在全国多年多地试验示范，取得很好的经济与社会效益，推广前景广阔。

（二）技术要点

核心技术及其配套技术主要内容如下。

1. 选用良种

品种通过国家登记，抗当地主要病害。根据市场用途选用油用、食用品种。一般小粒和中粒品种耐酸、耐瘠、耐低钙能力较强，大粒品种偏弱。高钙土壤生产的

种子饱满、活力强,发芽率高。

2. 适地种植

选用质地疏松、不重茬、不积水、卫生安全的土壤。宜与玉米、水稻、红薯等作物轮作,不应与茄科、葫芦科作物接茬。降雨量大、地势较高的区域、沙性瘠薄的地块更易酸化和缺钙。

3. 平衡施肥

遵循降酸改土与营养、植保、环保相结合的原则,全年轮作与当季花生联合运筹的方法进行施肥管理。总体上应有机肥与化肥结合、大中微肥结合、减氮、适磷、中钾、增钙、补硼等。中等地力建议施肥量:①施腐熟农家肥 7 500～22 500 kg/hm² 或饼肥 750～1 500 kg/hm²,并施在耗肥量大的前茬作物上;②基肥施 45%～51% 氮磷钾等比例复合肥 450～750 kg/hm²,推行根瘤菌剂拌种;③氧化钙(CaO)用量,北方旱地 150～225 kg/hm²,渍涝地、盐碱地 225～300 kg/hm²,南方酸土 625～750 kg/hm²,钙肥种类酸性土采用石灰、钙镁磷肥、硅钙肥等,偏碱地施石膏;④硼砂 7.5～15 kg/hm² 做基肥,酌情补施锌、镁;⑤高产或中后期脱肥地块,结荚期至饱果期叶面喷施 0.1%～0.3% 硝酸钙、0.2%～0.3% 磷酸二氢钾、2%～3% 尿素等 1～2 次。

4. 配套技术

辅以单粒精播、药剂拌种、地膜覆盖、起垄栽培、合理灌溉、绿色植保、农艺农机融合等高产高效防害减灾技术。

(三) 适宜区域

主要适宜区域为华南、长江、云贵、华北的土壤酸化花生产区,西北、东北产区以及盐碱地酌情采纳。

(四) 注意事项

随着钙肥施用年限延长,应逐步减施,避免钙素拮抗其他养分。钙肥应施在结荚的表土层(0～10 cm)区域。熟石灰优于生石灰,以免伤害种子。

参考文献

花生防早衰适期晚收高产栽培技术规程. NY/T 2407—2013.

林爱惜.花生施钙实用新技术.福建农业,2008(07):15.
万书波,郭峰,曾英松,等.花生防空壳高产栽培技术.花生学报,2012,41(04):34-36.
赵品绩,王显志.花生科学施钙预防荚果空壳技术.植物医生,2019,32(03):57-59.
春花生"两减一增"绿色高效栽培技术规程. T/SAASS 90—2023.